普通高等教育“十二五”规划教材

物理化学实验

WULI HUAXUE SHIYAN

王金　主编　刘桂艳　副主编

化学工业出版社
·北京·

本书精炼地介绍了物理化学实验的基本知识，重点介绍了物理化学实验测量结果的表达方法和电脑处理的方法。实验内容包含热力学、电化学、动力学、表面性质和大分子溶液五大部分。教材同时包含实验数据处理的案例分析，附录部分列出了物理化学实验常用数据。

本书可供高等院校化学、生物、环境、食品、医学、冶金、石油等专业的学生使用，也可供从事化学科学研究的人员、化学专业技术人员以及与化学密切相关的交叉学科的研究人员参考。

图书在版编目（CIP）数据

物理化学实验/王金主编．—北京：化学工业出版社，2015.8（2022.8重印）

普通高等教育“十二五”规划教材

ISBN 978-7-122-24410-9

Ⅰ.①物…　Ⅱ.①王…　Ⅲ.①物理化学-化学实验-高等学校-教材　Ⅳ.①064-33

中国版本图书馆 CIP 数据核字（2015）第 138931 号

责任编辑：满悦芝　甘九林　　　文字编辑：荣世芳

责任校对：边　涛　　　装帧设计：刘亚婷

出版发行：化学工业出版社（北京市东城区青年湖南街 13 号　邮政编码 100011）

印　　装：北京天宇星印刷厂

787mm×1092mm　1/16　印张 11½　字数 281 千字　　2022 年 8 月北京第 1 版第 3 次印刷

购书咨询：010-64518888　　　售后服务：010-64518899

网　　址：http：//www. cip. com. cn

凡购买本书，如有缺损质量问题，本社销售中心负责调换。

定　　价：25.00 元

前 言

物理化学实验是化学、生物、制药、环境及相关专业的重要基础实验课程。目前使用的物理化学实验教材大多数是针对重点大学化学及生物医学类专业编写的，比较强调对理论验证的系统性，实验数量大，实验原理介绍完整，但实验内容应用性不强，实验步骤简略，对于三类本科的应用型教学不太适合。因此编写一本实验原理深入浅出，实验内容应用性强，实验步骤明确清晰，三类本科学生易于接受的教材很有必要。

在本书的编写中，始终是以“精选，实用，简明，先进”为原则，力求解决现行教材中内容偏多、实用性不强、少量实验设备陈旧和数据处理技术落后等不足的缺点。实验项目突出重点，精心筛选；实验内容突出应用，列举案例；实验步骤突出要领，简明精炼；实验方法突出创新，力求先进。

本书包含三大部分：第一章绪论介绍实验的目的、要求、安全知识，明确物理化学实验的特点和学习方法，并重点介绍了物理化学实验测量结果的表达方法和电脑处理的方法。第二章实验部分内容包含热力学、电化学、动力学、表面性质和大分子溶液五大部分，省去了结构化学部分，增加了应用性较强的溶胶、大分子溶液部分。实验项目精选了 20 个实验，每个实验都有不同的侧重点，可供化学、生物、环境、食品、医学、冶金、石油等专业使用，也可供从事化学科学研究的人员、化学专业技术人员以及与化学密切相关的交叉学科的研究人员参考使用。第三章常用实验仪器列选了物理化学实验和物质性质测定的常用实验仪器的使用方法。附录部分列出了物理化学实验常用数据表。

本书在编写过程中结合我们自身教学经验，采用了案例教学的写作思路。实验原理中给出了知识要点提醒，对实验原理进行精炼，使读者抓住重点，对实验原理有更精准的把握。在实验步骤前指明操作要领，使读者在实验过程中做到心中有数。物理化学实验的数据处理非常繁琐，计算量大，在教材中给出了案例分析，方便读者正确地处理实验数据，并且采用电脑处理数据，提高数据处理的效率和准确度。结尾画龙点睛进行实验小结，帮助读者把握本实验。

物理化学实验中的光学仪器、电子仪器较多，本书在编排上将多次使用的仪器编入第三章，而将只使用一次的实验仪器融入到具体实验中，避免读者在仪器部分和实验部分来回翻阅。在有些实验前需要预先学会使用光学仪器，并测定标准曲线后才能展开实验，本书以预备实验的形式安插在该实验中。

本书是在武汉生物工程学院 2006 年编写的《物理化学实验讲义》基础上编写，结合编者自身的教学经验，对实验内容和实验步骤进行了修改。武汉生物工程学院史竞艳、隆琪、杨爱华、马红霞、王刚提供了 12 个实验的实验素材，全书由武汉生物工程学院王金编写、统稿，刘桂艳参加修改。

武汉生物工程学院化学与环境工程系甘复兴教授审阅了全书，提出了许多宝贵的意见，在此谨表示衷心的感谢。

由于编者水平和时间有限，疏漏之处在所难免，敬请读者赐教斧正。

编者

2015 年 6 月

目录

第一章 绪 论

第一节 物理化学实验的目的和要求

一、物理化学实验的目的

物理化学实验是与物理化学理论课密不可分的一门实验课程，是以实验手段研究物质的物理化学性质及其与化学反应之间的关系。

物理化学实验的主要目的如下。

① 掌握物理化学实验的基本方法和技能。

② 掌握常见的物理化学性质的测量原理和方法，熟悉物理化学实验常用仪器和设备的操作与使用。

③ 掌握观察、记录和处理实验现象和数据的正确方法。

④ 加深理解物理化学理论课程中所学的基本理论和概念，提高用物理化学理论解决实际化学反应中问题的能力。

二、物理化学实验的要求

1. 预习实验

进实验室前需要完成：阅读实验教材的有关内容，了解实验目的、实验原理和仪器、设备的正确使用方法，并写出预习报告。预习报告内容包括：实验目的、实验原理、操作步骤、注意事项和原始数据记录表。撰写预习报告注意简明扼要，重点是实验原理、操作步骤和注意事项。特别提醒：预习时要仔细阅读实验所涉及的实验仪器部分的内容。由于物理化学实验通常采用循环安排，实验内容往往超前于理论课程讲授的内容，所以实验预习尤为重要。

进入实验室后首先要穿上实验服，核对仪器和药品，查看是否完好齐备，发现问题及时向指导老师报告，认真听取指导老师的实验讲解，提出预习中碰到的问题，并接受教师的提问、解答和指导，做好实验准备工作。

2. 实验操作

学生要严格遵守实验室的规章制度，注意安全，爱惜实验仪器，节约实验耗材和药品，保持实验室的清洁和安静，听从老师的指导。实验不准无故迟到、早退、旷课，病事假要通知指导老师并申请补做，否则该实验记零分。

学生进入实验室后不可盲目动手，通过预习应该心中有数，严禁进入实验室才看板书，“照方抓药”。实验操作时，要严格按照操作规程使用仪器，仔细观察实验现象，详细记录实验条件和原始数据。未经教师允许，不得擅自改变操作方法。在实验过程中，要持有细心和耐心的态度，实验操作有条有理，实验记录一丝不苟。实验仪器出现故障或损坏要及时报告，并进行登记，并按有关规定处理。实验结束前应整理实验数据，并交给指导教师检查是否有误，以便及时地补测或重测，经教师检查合格签字后才能拆卸实验装置。实验完毕后，应清洗、核对仪器，经指导教师同意后，方可离开实验室。

3. 数据记录

要养成良好的实验数据记录习惯，根据实验仪器的精度，把原始数据详细准确地记录在预习报告上。数据记录尽量采用表格形式，做到整洁、清楚，不随意涂改。在不得已的情况下，可在不正确的数据上划一道线，作为记号，若时间允许重新测量，在原始数据旁边再写上正确的数据。在任何时候都不能随意撕去记录页。

4. 实验报告

实验报告的内容包括实验目的、实验原理、实验仪器和试剂，操作步骤、当天实验时的气压和室温、数据处理、思考题。数据处理应有处理步骤，而不是只列出处理结果。按预先设计的表格填入原始数据，作图必须用规定的坐标图纸，认真书写，或采用计算机绘图，独立完成。

三、物理化学实验的学习方法

1. 抓住实验测定的物理量

在物理化学实验中，测定的物理量往往较多，要抓住实验数据处理中最终要获取的那个物理量。由此倒推，逐步弄清这个物理量的测量与计算方法，即实验原理。

2. 明确实际测量的量

物理化学实验直接测定的物理量往往并不是实验最终测定的量。这是物理化学实验的特点，它往往利用物理手段，测定体系的物理性质，来分析计算实验最终需要求解的内容。例如在中和热的测定中，通过测定体系的温度，来分析中和反应放出的热量，又如在蔗糖水解的实验中通过测定体系的旋光度来分析实验的反应速率。

3. 准确记录实验数据

在进行物理化学实验过程中，主要内容是实验数据的记录，每个实验都有大量的实验数据需要记录，实验数据的准确与否直接决定了实验的成败，因此在实验中错记或漏记实验数据都会导致最终的实验结果有较大的出入。

4. 明确数据处理思路，准确绘制数据曲线

实验数据处理最常用的方法就是图解法，它能够清晰地看出物理量的变化趋势。在物理化学实验中往往用坐标纸绘图或电脑（Excel 或 Origin）绘图。电脑绘图不仅数据准确，而且复杂繁多的计算可以通过 Excel 或 Origin 准确地计算处理。

第二节　物理化学实验的安全知识

一、防毒

化学实验室中的药品大部分都有毒性，例如萘、苯甲酸等药品，所以实验前应了解所用药品的毒性及防护措施。使用后的实验药品不可随意丢弃，有机试剂不可倒入下水道中，而应收集到指定的位置或废液缸中，避免污染环境。在实验室不要饮食，不要喝水，餐具也不要带入到实验室，以防止中毒。

物理化学实验室特别要注意防止汞中毒。实验室常会使用到含汞的药品或仪器，如各类含汞的电极。汞的毒性很大，进入体内后不易排出。汞中毒分，急性中毒和慢性中毒两种，急性汞中毒多是高汞盐引起的，如 $HgCl_2$ 吸入 0.1～0.3g 就会导致人死亡。室温下汞的安全蒸气压为 0.16Pa（0.000012mHg），当比此浓度大时，吸入汞蒸气就会导致慢性中毒，症状有头昏、头痛、失眠、多梦，随后有情绪激动或抑郁、焦虑和胆怯以及多汗、皮肤划痕症

（人工荨麻疹）等。

身体染汞后的处理方法如下。皮肤接触：脱去污染的衣着，立即用流动清水彻底冲洗，然后将衣服用塑料袋包裹好，以防止乱扔，造成二次污染。眼睛接触：立即提起眼睑，用大量流动清水或生理盐水冲洗。食入：误服者立即漱口，给饮牛奶或蛋清。慢性中毒者应离开现场避免进一步接触。急救完毕后都应进一步就医。

破损的含汞仪器不能乱扔，应及时报告指导老师。若汞掉落在地面、台面或水槽中，先用吸管尽可能吸起汞珠，将其收集起来，并在破损的仪器、地面和散落的汞珠上撒上硫粉。剩余的汞不能随意丢弃，更不能倒入下水道。擦过汞的滤纸应也用硫粉充分混合与收集的汞珠一起处置。

汞若散落出来，应保证实验室通风良好。

二、防爆炸

可燃气体与空气混合后，当两者的比例达到爆炸极限时，受到热源的诱发就会爆炸。与空气相混合的某些气体的爆炸极限见表 1-2-1。

表 1-2-1 与空气相混合的某些气体的爆炸极限（20℃，101325Pa）

气体	爆炸高限(体积分数)/%	爆炸低限(体积分数)/%	气体	爆炸高限(体积分数)/%	爆炸低限(体积分数)/%
氢	74.2	4.0	乙酸	—	4.1
乙烯	28.6	2.8	乙酸乙酯	11.4	2.2
乙炔	80.0	2.5	一氧化碳	74.2	12.5
苯	6.8	1.4	水煤气	72	7.0
乙醇	19.0	3.2	煤气	32	5.3
乙醚	36.5	1.9	氨	27.0	15.5
丙酮	12.8	2.6	甲醇	36.5	6.7

实验室经常接触一些易挥发的溶剂，当气温较高时，易挥发的溶剂就会形成较高的蒸气压。在实验室使用可燃气体时，要防止气体逸出。要保持室内良好的通风，在大量使用这些可燃气体时，严禁使用明火，更不允许在实验室里吸烟，同时也要防止电火花引燃气体。有些药品如过氧化物受热或受震动易引发爆炸。严禁将强氧化剂和强还原剂放在一起，避免二者混合引发爆炸。

三、防火

实验室有许多有机物非常容易燃烧，如乙醇，大量使用时应保持室内通风，并且室内不能有明火或电火花。

实验室如果着火不要惊慌，应根据着火的原因进行灭火。若着火的是金属钠、钾、镁或过氧化钠，应用干砂进行灭火，不能用水灭火。比水轻的液体如苯、丙酮等着火，可用泡沫灭火器灭火。电器设备或带电系统着火，可用二氧化碳灭火器灭火。

四、防腐蚀

在物理化学实验中会用到强酸、强碱等具有腐蚀性的化合物，这些药品碰到皮肤和衣物会有一定的腐蚀性，进实验室后必须穿实验服，必要的时候须戴手套取用。在使用有腐蚀性的液体试剂时要防止溅到皮肤上，尤其要防止溅入眼内，若溅入眼内应及时就医治疗。

盛装过腐蚀药品的容器，做完试验后应及时清洗，尤其是金属容器，防止在放置过程中进一步腐蚀。

五、高压钢瓶的使用

实验室中常常储存有高压的实验气体。我国根据气体的种类规定了承装气体钢瓶的色标，见表 1-2-2。

表 1-2-2 我国常用钢瓶的色标

钢瓶名称	瓶身颜色	字样	字样颜色	横条颜色
氮气瓶	黑色	氮	黄色	棕色
氧气瓶	蓝色	氧	黑色	
氢气瓶	深蓝色	氢	红色	红色
压缩空气瓶	黑色	压缩空气	白色	
二氧化碳气瓶	黑色	二氧化碳	黄色	
氦气瓶	棕色	氦	白色	
液氨瓶	黄色	氨	黑色	
氯气瓶	草绿色	氯	白色	白色
乙炔气瓶	白色	乙炔	红色	
氟氯烷气瓶	绿白色	氟氯烷	黑色	
石油气瓶	灰色	石油气	红色	
粗氩气瓶	黑色	粗氩	白色	
纯氩气瓶	灰色	纯氩	绿色	

气瓶的出口都安装有减压阀，使用时检查减压阀是否已关，方法是逆时针旋转阀门，直至阀门螺杆松动为止。使用气瓶时，打开钢瓶总阀，此时高压表上有瓶中气体的总压。然后打开减压阀直至实验所需的压力为止。使用完毕后，先关总阀，等减压阀内的余气逸出后，再关闭减压阀。

搬运气瓶时要小心轻放，放在钢瓶架上，并套上钢瓶链。钢瓶在储存时应放在阴凉、远离电源和火源的位置，并固定在支架上。可燃性气体和物质应与氧气瓶分开放置。

可燃性气瓶的螺丝为反丝，不可燃性或助燃性气瓶为正丝，不可混用。使用钢瓶时，工具和手上不可有油污，用易燃溶剂清洗油污须待全部挥发干燥后再使用，防止爆炸。开启气瓶时，头或身体不可正对阀门，防止阀门和压力表冲出伤人。钢瓶内气体不可用尽，以防外界空气进入钢瓶。一般保持在 0.5MPa 表压以上。

第三节 物理化学实验中的误差和实验数据的有效数字

一、物理化学实验中的误差

在实验中直接测量一个物理量时，由于测量技术和人们观察能力的局限，测量值与真实值不可能完全一致，其差值即为误差。只有知道实验结果的误差，才能了解结果的真实性和可靠性。根据引起误差的原因及特点，可将误差分为以下几类。

1. 系统误差

系统误差是指由于某种不确定原因引起的误差，也叫规律误差。例如仪器本身不准确造成的误差，化学试剂不纯、不准，测定方法不完善，使用经验公式，个人观察习惯等。

采用校正仪器、改进实验方法、提高试剂纯度、制定标准操作规程等措施，可使系统误差减小。

2. 偶然误差

偶然误差是由不确定的偶然因素引起的误差，其方向和大小是可变的，有时大，有时小，有时正，有时负。偶然误差可用“多次测定，取平均值”的方法来减小。

3. 过失误差（粗差）

过失误差是由于实验者粗心、不正确的操作或测量条件的突变所引起的误差。过失误差是不允许发生的，只要仔细专心地从事实验，是完全可以避免的。

所以，系统误差和过失误差总是可以设法避免的，而偶然误差是不可避免的，因此最好的实验结果应该只可能含有偶然误差。

二、测量的准确度与测量的精密度

准确度是指测量结果的准确性，即测量结果偏离真值的程度。而真值是指在消除过失误差和系统误差的前提下，用已消除系统误差的实验手段和方法进行足够多次的测量所得的算术平均值或者文献手册中的公认值。

精密度是指重复测量一个样品的物理量数值的一致程度，即测量值的重现性。因此测量的准确度和精密度是有区别的，高精密度不一定能保证有高准确度，但高准确度必须有高精密度来保证。

三、误差的表示方法

（1）测量的准确度用绝对误差和相对误差来表示　绝对误差表示测量值与真实值的接近程度。相对误差表示绝对误差占真实值的比例，即：

$$\text{绝对误差}=\text{测定值}-\text{真实值}$$

$$\text{相对误差}=\frac{\text{绝对误差}}{\text{真实值}}\times 100\%$$

（2）测量的精密度是指测量值和算数平均值的偏差程度，用以下3种方法表达。

① 平均误差：$\delta=\frac{\sum|d_i|}{n}$。式中，$\delta$ 为平均误差；d_i 为测量值 x_i 与算术平均值 $\bar{x}$ 之差；n 为测量次数，且 $\bar{x}=\frac{\sum x_i}{n}$，$i=1, 2, \cdots, n$，以下同上。

② 标准误差（或称均方根误差）：$\sigma=\sqrt{\frac{\sum d_i^2}{n-1}}$。

③ 或然误差：$P=0.675\sigma$。

在物理化学实验中通常采用平均误差或标准误差来表示精密度。平均误差的优点是计算简便，但这种误差可能会掩盖质量不高的测量值。标准误差对一组的测量误差感觉会比较灵敏，因此它是表示精密度的较好方法，在实验中多采用标准误差。

四、有效数字与运算法则

1. 有效数字

在测定的实验数据中所涉及的所有可靠数字（即大于和等于最小分度的数值）和可疑数字（比最小分度小的数值）一起称为有效数字。例如移液管测得的液体体积15.61mL，其中1、5、6是可靠数字，1是估计出的可疑数字，有效数字为四位。

实验测定的数据中分直接测定值和间接测定值。那些直接从设备上读取的数值为直接测定值，通过公式运算得到的数值为间接测定值。

① 在直接测定值的记录中应保证测定值与设备的精密度相符，即数据的最后一位数字是仪器最小刻度的估计值。例如，25mL的移液管的最小刻度是0.1mL，则记录15.51mL是合理的，记录15.5mL或15.510mL是错误的，因为它们分别缩小和夸大了仪器的精密度。

② 在确定有效数字时，需注意“0”这个符号，有时它是有效数字，有时它不是有效数字。若0是作为普通数字来使用的，它就是有效数字。例如移液管25.00mL，这里的0是有效数字。若0仅是用来确定小数点的位置，它不能算有效数字。例如分析天平称量的0.0015g，前面三个0都不是有效数字。

③ 在记录数据时采用指数形式。因为在单位换算时若不采用指数形式很容易混淆有效数字的位数。例如质量25.0g若换算成mg为单位，则可表示成为2.50×10^4mg，若表示成为25000mg，就会误认为有五位有效数字。

④ 对数运算中，对数的首位数不是有效数字，对数中小数的位数才是有效数字，并且与真数的有效数字相同。例如$\lg K=9.53$，$K=3.4\times10^9$，有效数字是两位，而不是三位。

2. 运算法则

在运算的时候，舍弃过多的不确定数字时应采用“四舍六入五留双”的原则。若须舍弃的数字大于或等于6则进位，若舍弃的数字小于或等于4则舍弃，若舍弃的数字恰好是5，则须看舍去5后的最后一位数字是否为偶数，若是偶数则直接舍去，若是奇数则进位。例如有下列数值7.165和7.155，要化为三位有效数字则都变为7.16。

① 数值在进行加减时，以运算中小数点后位数最少者为准。

② 数值在乘除时，最后计算结果的有效数字应以运算中有效数字最少者为准。

③ 数值在乘方和开方时，结果可多保留一位。

④ 数值在对数运算时，对数中小数的位数与真数的有效数字相同。

⑤ 计算式中的常数（如π、e），乘除因子$\left(如\sqrt{2}、\frac{1}{3}\right)$，以及一些取自手册的常数，可按需要取有效数字，一般取4位有效数字。

⑥ 在计算平均数值时，若参加平均的数值有4个以上，则平均值的有效位数可多取一位。

第四节　物理化学实验测量结果的表达

物理化学实验数据经初步处理后，为了表达实验结果所得出的规律，通常采用列表法、图解法、方程式法。由于在基础物理化学实验数据处理中大多运用图形表示法，因此以下重点讨论图解法，对列表法和方程式法只做简单介绍。

一、图解法

1. 图解法在物理化学实验中的应用

图解法又称作图法，用它表达物理化学实验数据，能清楚地显示出所研究的变量的变化趋势，还可通过图中的曲线外推、线性拟合等对数据进一步处理。

（1）求外推值　当需要的数据不能直接测定，只能通过测定允许条件下的数值，根据数值间的函数关系，将实验数据所做的图像延伸至测量范围以外得到函数的极限值。例如黏度法测定高聚物的相对分子质量实验，只能通过外推法求得浓度趋于零时的黏度值，求得相对分子质量。

（2）求测定数据间的线性函数表达式　当测定的数据呈线性关系时，将数据连成直线，得到直线的斜率和截距，根据这条直线的斜率数值能计算出实验所测定的物理量。例如饱和蒸气压的测定中 $\ln p$ 与 $\frac{1}{T}$ 呈线性关系，通过斜率可求出实验温度范围内液体的平均摩尔汽化热 $\Delta_{vap}H_m$。

（3）求拐点或转折点　函数的拐点或转折点，在图形中可直接读出。例如乙醇-环己烷汽-液平衡相图中最低恒沸点的温度和组成，Sn-Bi 金属相图步冷曲线上的凝固点都可直接读出来。

（4）从图形中查得更多的被测物理量的数值　从绘制的图线上找到指定自变量（横坐标）对应的点，其纵坐标值即是所需物理量的数值。例如从雷诺校正图中能直接读出校正后的温度数值，从乙醇-环己烷溶液的折射率-浓度的变化直线上可通过折射率查得对应的浓度。

（5）做切线求函数的微商　对曲线上的某点做切线，其斜率即是该点求函数的微商。例如在溶液表面张力的测定中，通过表面张力和溶液浓度间的微商值可求出汽-液界面上的吸附量。

2. 图解法的作图要点

① 绘制图形时坐标标度的选择应以方便从坐标纸上读数为原则。一般应选择一个单位坐标格的 1、2、5 倍数的坐标格为一个基本坐标标度，不应选择 3、7、9 倍数的坐标格为一个基本坐标标度。

② 绘制图形时不一定从原点（0，0）开始为起点，可从略小于最小测量值的整数或小数开始，使图形位于坐标平面的中心并在图纸上分布均匀。例如乙醇-环己烷溶液的折射率-浓度的变化直线上的折射率若最小值都大于 1.36，则可从 1.36 开始作为纵坐标的起点。

③ 坐标分度值要表示测量结果的精度。在坐标纸上取得最小格子所表示的有效数字的最后一位可靠数字。例如折射率的测定值为 1.3721，可靠数字为千分位上的 2，则坐标纸上最小格代表折射率 0.001。分度值不可表示得太大，否则不能准确地反映变量间的关系。

④ 图形绘制分布均匀。应让尽可能多的点落在曲线上，其他的点均匀分布在线的两侧，线条清晰光滑。线条上的点不可太大，也不可太小，应可粗略地表示实验的测量误差。

⑤ 绘图时使用铅笔和直尺作图，不可随手绘制。

⑥ 曲线绘制好后，标上坐标轴代表的物理量及单位，注明测定时的温度和压强，并在图中标出单位数值的大小或曲线的函数关系式，在图下注明图形的名称。

⑦ 在绘制切线时可采用镜像法。如图 1-4-1 用一块平面镜垂直地通过 P 点，此时在镜中可以看到该曲线的镜像。调节平面镜与 a 点的垂直位置，注意平面镜始终与坐标纸面垂直并通过 P 点，使镜内曲线影像与原曲线连成一条光滑的曲线，看不到折点，此时沿镜面所做的直线就是曲线上 P 点的法线。作该法线的垂线即为 P 点的切线。

二、列表法

在物理化学实验中，常用表格来表示测定的实验数据和处理的实验结果。将自变量和因

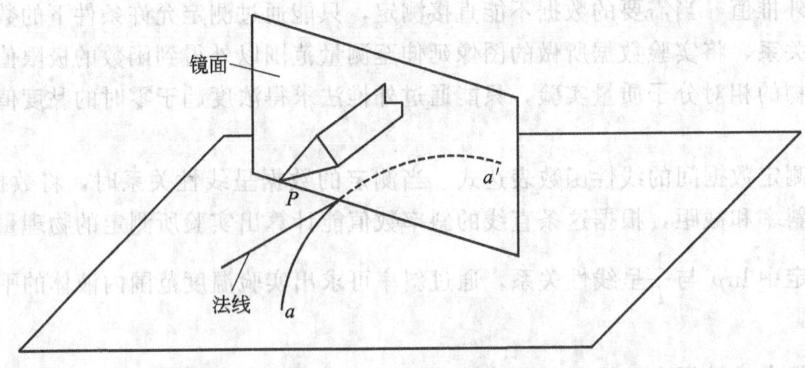

图 1-4-1 镜像法做切线

变量一个一个地对应着排列起来，从表格上就能清楚、迅速地看到不同自变量下因变量对应的数值。

在绘制表格时，每一个表格都有一个能概括表格所有内容的名称。表中的每一行（或列）都应标明该行所表示物理量的名称、单位。自变量在表格中的排列最好依次递增或递减，在数据记录时数字排列要对齐，更应注意有效数字的位数。若数据用指数的形式表示，为简明起见可将指数放在该行（或列）物理量的名称旁边，但指数上的正负号应变号。例如乙酸的电导率为 3.40×10^{-2}S/m，该行（或列）的物理量可写成电导率$\times10^{2}$/(S・m)，表格中的数填 3.40 即可。

三、方程式法

该法是将实验中各个变量的关系用函数关系式表示出来。物理化学实验中有很多实验的因变量与自变量呈线性关系，可通过求出直线方程 $y=mx+b$，得到直线方程中的截距和斜率，从而求得需测量的物理量。例如饱和蒸气压的测定中，求出 $\ln p$ 与 $\frac{1}{T}$直线的斜率就能计算出乙醇的平均摩尔汽化热。直线的截距和斜率可用作图法求得，尤其是用计算机作图和拟合曲线非常快捷方便。

第五节 Origin 在物理化学实验中的应用举例

Origin 是由 Origin Lab 公司开发的一个高级科学绘图、数据分析软件，近年来越来越受到科研工作者的欢迎。

一、Origin 8.0 工作界面的介绍

1. 常用的功能键介绍

图 1-5-1 中第一排是菜单栏，能够实现大部分功能。菜单栏中最常用的就是“File”、“Edit”和“Analysis”。

“File”：用来新建数据表窗口或绘图窗口，打开、保存文件用的。

“Edit”：主要会用到“Copy Page”选项，可以把绘制的图像保存到 Word 文档中去。

“Analysis”：分析功能操作。对绘图窗口能对散点进行线性拟合、对曲线上的点进行微分。

图中菜单栏的下方是工具栏，工具栏中间一排有文字的字体、字号、字形和特殊效果的

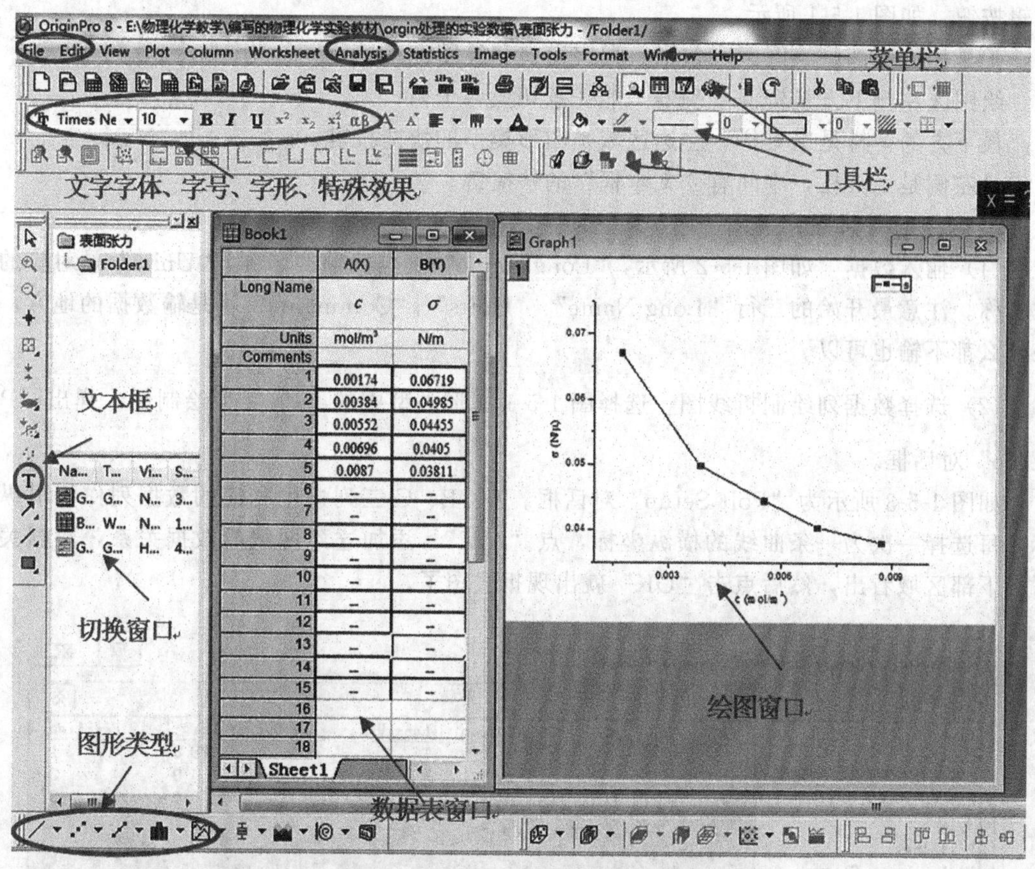

图 1-5-1　Origin 8.0 工作界面截图

Book1

	A(Y)	B(X1)	C(X2)
Long Name	T	y	x
Units	℃		
Comments			
1	78.8	0	0
2	73.7	0.161	0.043
3	70.3	0.586	0.117
4	66.0	0.601	0.377
5	66.1	0.643	0.865
6	67.2	0.653	0.931
7	77.9	0.694	0.984
8	80.6	1.000	1.000
9			

Sheet1

图 1-5-2　数据表窗口

编辑按钮，如图 1-5-1 所示。

工具栏的下部是绘图区，包括数据表窗口和绘图窗口。

绘图区左侧下方是资源管理器，能任意切换各个窗口。

最下方的一排是工具栏，左边区域是图形类型的快捷按键。

最左侧是工具栏，中间有“文本框”的快捷键。

2. 常用的对话框介绍

（1）输入数据　如图 1-5-2 所示，“Long Name”是坐标轴的名称，“Units”是对应的单位名称。注意最开始的三行“Long Name”、“Units”、“Comments”不是输数据的地方，如果什么都不输也可以。

（2）选择数据列绘制折线图　选择图 1-5-1 图形类型中的 类型绘制图，弹出“Polt Setup”对话框。

如图 1-5-3 所示为“Polt Setup”对话框。A、B、C 三列选中相应的数据列作为横纵坐标，每选择一次为一条曲线的横纵坐标，点“Add”，添加这条曲线的数据关系，数据关系可在下部区域看出，然后点击“OK”就出现折线图了。

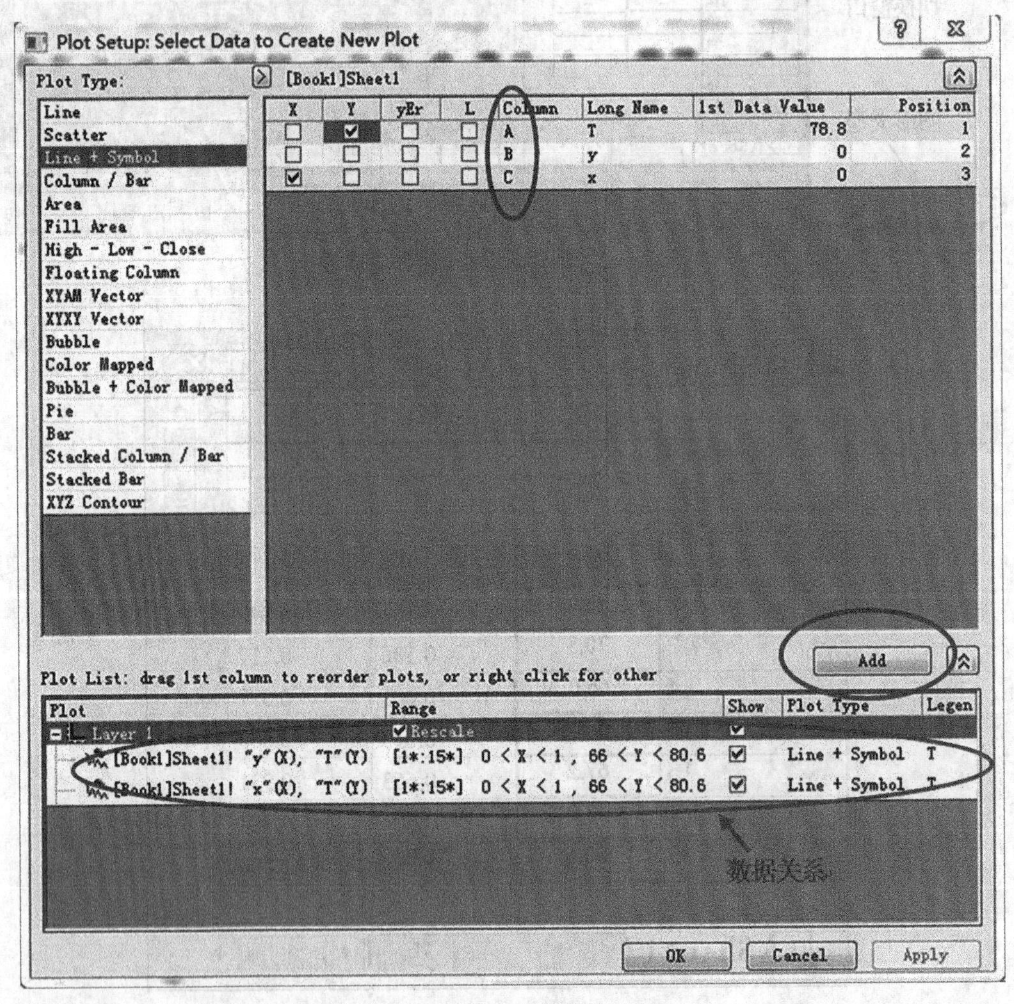

图 1-5-3　选择数据列对话框

图 1-5-4 为绘制的折线图。图 1-5-4 中横纵坐标轴的名称及对应的单位，正是图 1-5-2 中“Long Name”和“Units”的内容。

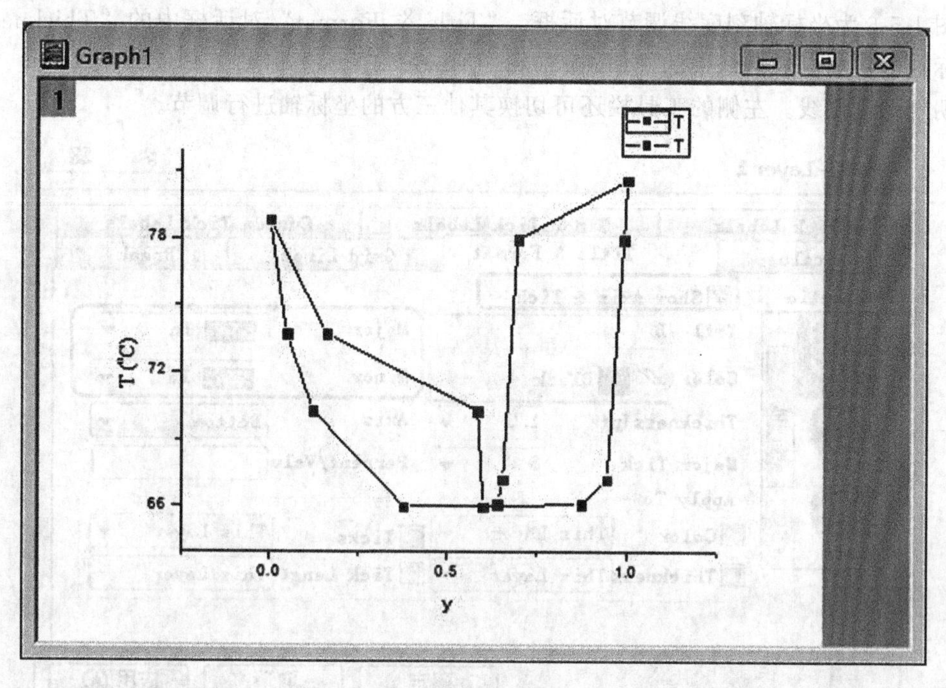

图 1-5-4 绘图窗口

(3) 坐标轴的调节 双击纵坐标轴，弹出坐标轴数值范围调节对话框，如图 1-5-5 所示。

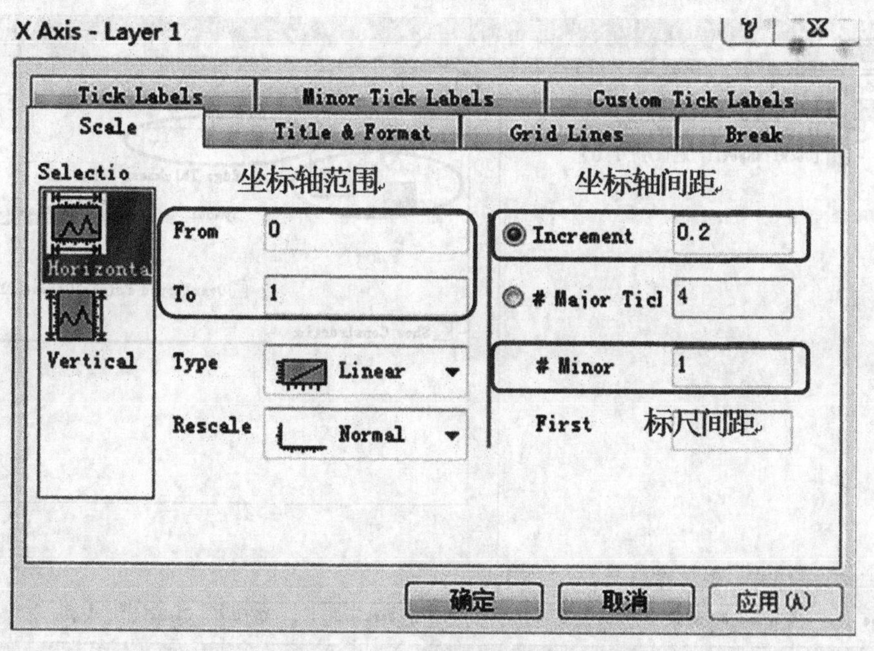

图 1-5-5 坐标轴数值范围调节对话框

“Scale”对话框中的“From”是坐标轴的最小值，对话框中的“To”是坐标轴的最大值。“Increment”是单元格长度，“#Minor”是单元格中再分1等分。左侧的工具栏还可切换横坐标轴的范围进行调节。

图1-5-6为坐标轴刻度线调节对话框。“Title & Format”对话框中的“Thickness”表示坐标轴的粗细，对话框中的“Major”和“Minor”表示坐标轴上刻度线的方向，“Out”表示朝外的刻度线。左侧的工具栏还可切换其他三方的坐标轴进行调节。

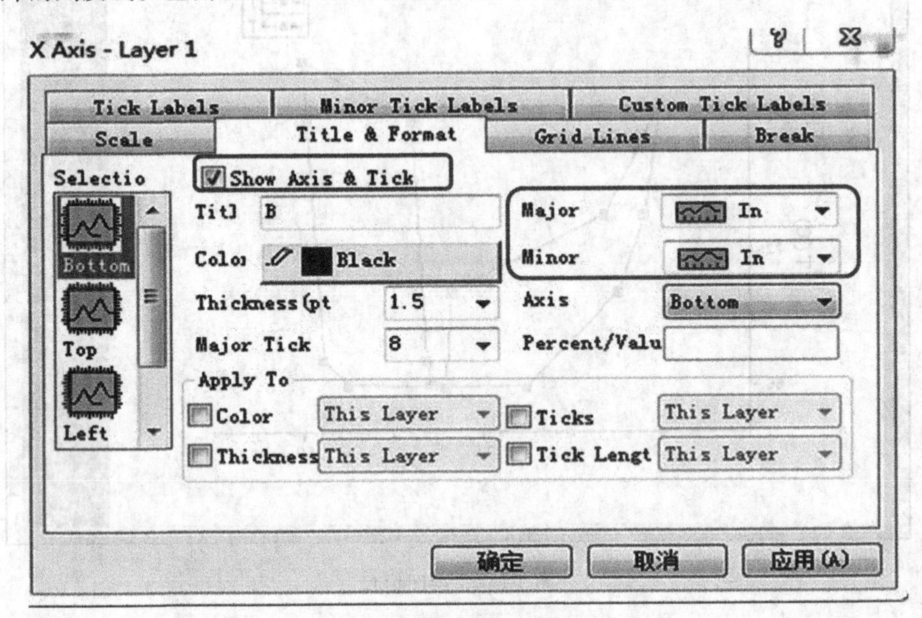

图1-5-6 坐标轴刻度线调节对话框

(4) 曲线的美化 双击图中的点，出现数据点、线调节对话框，如图1-5-7所示。

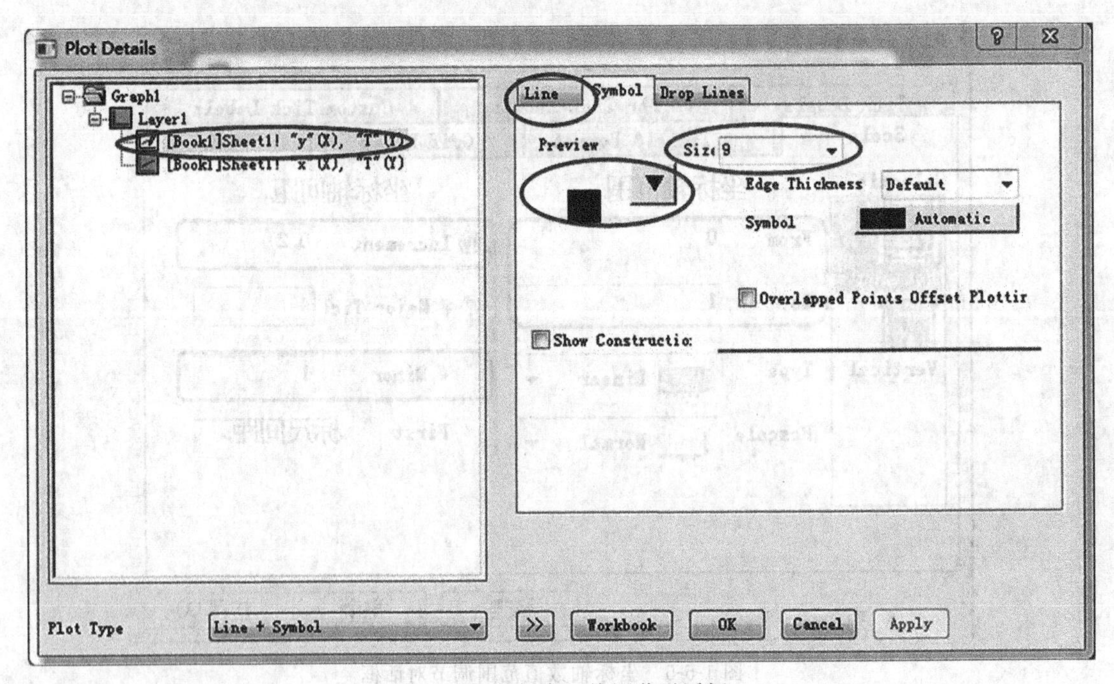

图1-5-7 数据点、线调节对话框

“Size”可调节点的大小，“Preview”可调节点的类型，“Line”中可调节曲线的粗细和颜色。左侧的“［Book1］系列”可选择图中的不同曲线进行调节。

二、Origin 在“二元液系的汽-液平衡相图”中的应用

利用 Origin8.0 对表 1-5-1 中的数据进行相图制作，步骤如下。

表 1-5-1 乙醇-环己烷溶液室温下沸点与组成的数据

实验气压：p=100.03kPa；本次实验的室温：t'=23.2℃

$V_{乙醇}$/mL		20	20	20	20	2.6	1.4	0.4	0
$V_{环己烷}$/mL		0	1	3	15	20	20	20	20
$T_{沸点}$/℃		78.8	73.7	70.3	66.0	66.1	67.2	77.9	80.6
气相冷凝液	折射率		1.3690	1.3974	1.3984	1.4012	1.4019	1.4046	
	组成 $y_{环己烷}$	0	0.161	0.586	0.601	0.643	0.653	0.694	1
液相	折射率		1.3611	1.3660	1.3834	1.4161	1.4205	1.4240	
	组成 $x_{环己烷}$	0	0.0433	0.117	0.377	0.865	0.931	0.984	1
恒沸温度：						恒沸组成：			

1. 创建数据列

打开 Origin8.0，其默认打开了一个 Sheet 窗口，该窗口为 A、B 两列。选择菜单栏中“Column”中的“Add New Column”添加一个新列。分别选中 A、B、C 三列，每选中一列（整列变为黑色）单击鼠标右键，在弹出来的菜单中选择“Set As”，然后根据数据设置为 X 轴和 Y 轴，此时所需要的三列数据为“YXX”。将平衡温度、液相和气相的环己烷含量按照顺序排列在 A、B、C 三列中。注意不要从 Long Name 开始输入数据，应从 1 行开始输入。此时数据的状态如图 1-5-2 所示。

2. 绘制曲线

选择图形类型点线型，见图 1-5-1。点击图标后软件自动生成一个名称为“Plot Setup”的窗口。因为在绘制的图中会有两条线，分别是温度-气相组成的曲线与温度-液相组成的曲线。第一条线 X、Y 的选择：A 列作 Y 轴，B 列作 X 轴，所以在第一行 A 数据的选择中在 Y 方框打钩，在第二行 B 数据的选择中在 X 方框打钩，然后点“Add”，此时第一条线温度与气相组成的曲线数据选好了。第二条线 X、Y 的选择：A 列作 Y 轴，C 列作 X 轴，所以在第一行 A 数据的 Y 方框打钩，在第三行 C 数据的 X 方框打钩，然后点“Add”，此时第二条线温度与液相组成的曲线数据选好了，然后点“OK”，如图 1-5-3 所示，弹出“Graph1”的窗口，见图1-5-4。

3. 修饰曲线

双击图中的曲线，弹出“Plot Details”的对话框，如图 1-5-8 所示。

在“Line”选择卡中的“Connect”下拉菜单中选择“B-Spline”选项，Origin 会自动将数据点拟合成平滑的曲线。在“Line”选择卡中的“Width”下拉菜单中选择线的粗细，例如选择“2”，在“Line”选择卡中的“Color”下拉菜单中选择线的颜色，例如选择“Red”，单击“OK”按钮。

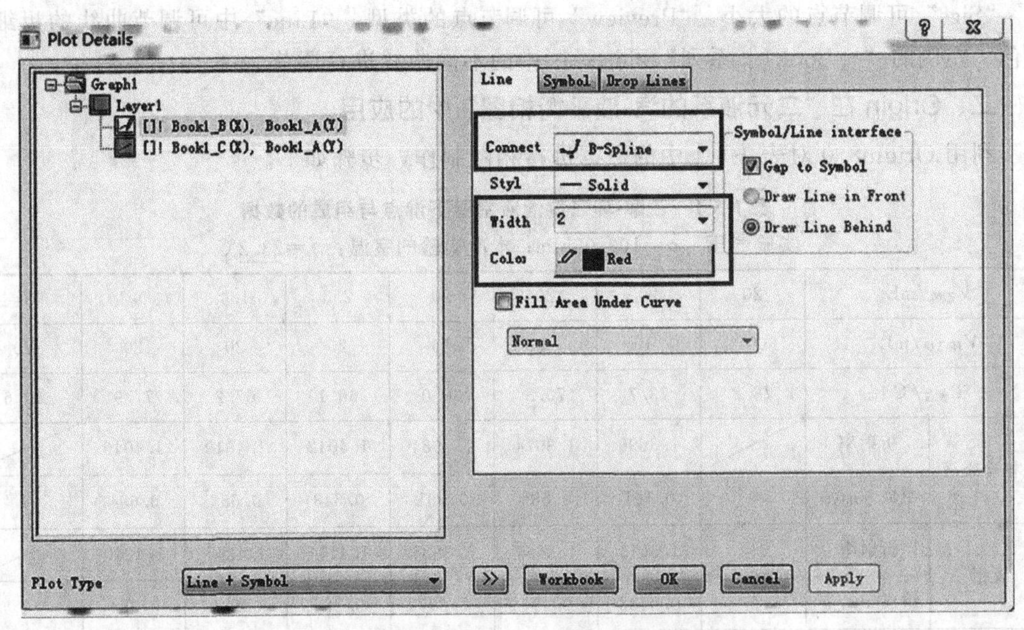

图 1-5-8　修饰曲线的弧度、粗细、颜色的对话框

4. 修改坐标轴

双击 X 轴下方的数据，弹出“X Axis-Layer 1”对话框，如图 1-5-5 所示。在对话框中选择“Scale”，选择横坐标轴的范围和单位长度。在本次设置中，坐标轴上的数值范围是从 0 到 1，最小单位长度为 0.2，单位长度中的分割线为“1”。点击坐标轴上的数据，如图 1-5-1所示，通过工具栏中的字体、字号、字形和特殊效果的编辑按钮，修改 X 轴下方数字的字体和大小。

图 1-5-6 为调节刻度线方向的对话框。选择“Title & Format”，在“Major”和“Minor”栏下拉栏中选择“In”，使主、次刻度线朝里，然后切换至左侧的 Y 轴进行修改，单击“确认”按钮。

5. 美化图像

按 Ctrl＋T 快捷键，在弹出的“Customize Toolbar”对话框中的“Toolbar”列表中，将“Tools”一项勾选即可。双击坐标轴的“A”、“B”字样，即可更改坐标轴的名称。注意在输入坐标轴的名称时需正确选择字体，否则输入的字符不可读。

如图 1-5-9 所示，在上方的工具条中点击下拉菜单，菜单中有两处都为有“宋体”，若选择“T 宋体”字体是水平排列的，若选择菜单中“@宋体”字体是竖直排列的。然后点击左侧工具栏中的“Text Tool”，在图中的适当位置加上所需内容。双击坐标轴，显示四个方向的坐标轴。如图 1-5-6 所示，在弹出的对话框中“Title & Format”分别选中左列的“Top”和“Right”，在“Show Axis &Tick”一栏前面打钩。在“Major”和“Minor”栏下拉栏中选择“None”，单击“确定”按钮。双击曲线上的点，在弹出的对话框中既可更改点的大小、形状，也可改变线的颜色、粗细。

如图 1-5-10 所示，乙醇-环己烷汽-液平衡相图全部制作完成。

6. 获得点坐标

如图 1-5-11 所示，点击左侧工具栏中的“Zoom In”，点住左键不放选中需要读数的点

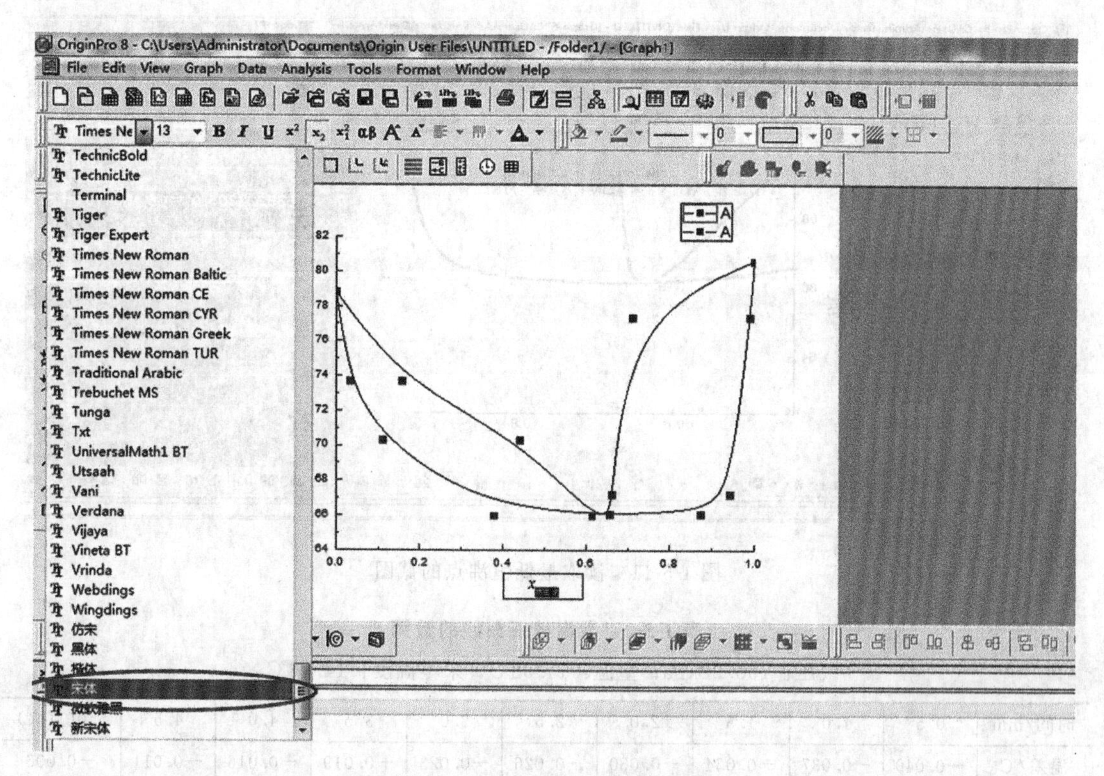

图 1-5-9 选择输入字体的截图

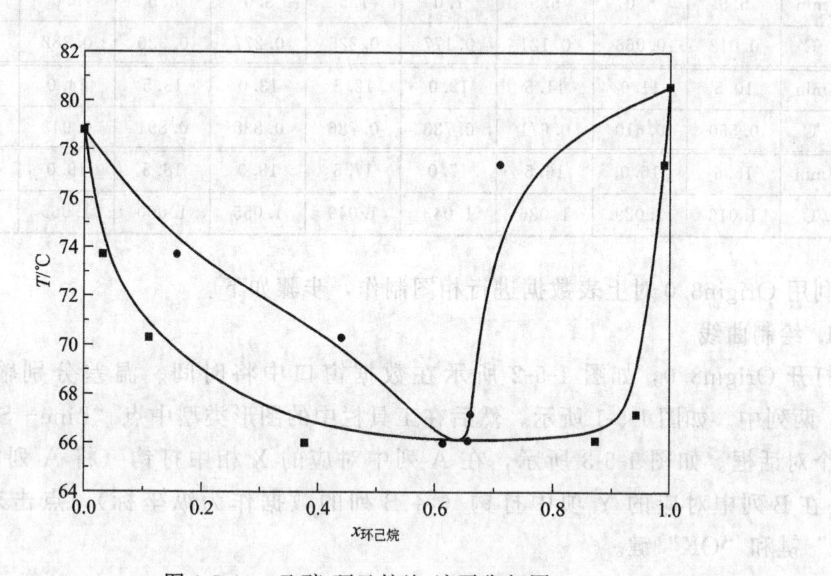

图 1-5-10 乙醇-环己烷汽-液平衡相图

的区域，此时读数的点放大，然后在左侧工具栏中点击“Screen Read”，使光标与交点重合，点击左键，弹出的对话框中 X、Y 为交点的横、纵坐标数值（0.636，66.1）。此时相图的最低恒沸点的温度为 66.1℃，组成为 0.636。

三、Origin 在“雷诺校正”中的应用

雷诺校正的时间和温差见表 1-5-2。

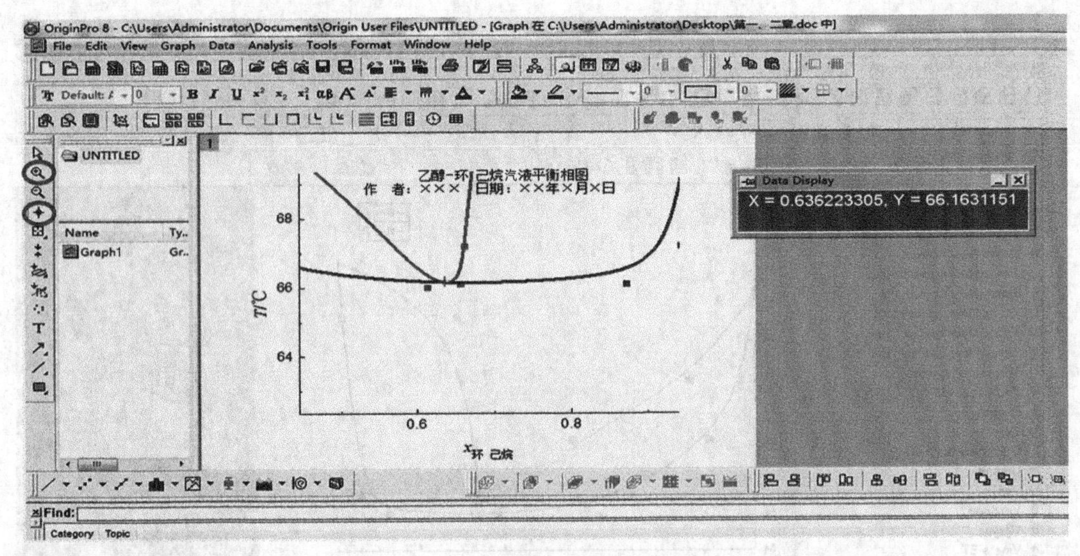

图 1-5-11　读取最低恒沸点的截图

表 1-5-2　雷诺校正曲线的数据

气压：100.32kPa；室温：14.62℃，采零温度：14.22℃。

时间/min	0.5	1.0	1.5	2.0	2.5	3.0	3.5	4.0	4.5	5.0(点火)
温差/℃	−0.040	−0.037	−0.034	−0.030	−0.026	−0.023	−0.019	−0.016	−0.011	−0.006
时间/min	5.5	6.0	6.5	7.0	7.5	8.0	8.5	9.0	9.5	10.0
温差/℃	0.012	0.066	0.121	0.177	0.225	0.277	0.330	0.382	0.434	0.486
时间/min	10.5	11.0	11.5	12.0	12.5	13.0	13.5	14.0	14.5	15.0
温差/℃	0.550	0.610	0.671	0.733	0.786	0.838	0.891	0.943	0.996	1.006
时间/min	15.5	16.0	16.5	17.0	17.5	18.0	18.5	19.0	19.5	20.0
温差/℃	1.016	1.029	1.036	1.043	1.049	1.055	1.060	1.065	1.069	1.073

利用 Origin8.0 对上表数据进行相图制作，步骤如下。

1. 绘制曲线

打开 Origin8.0，如图 1-5-2 所示在数据窗口中将时间、温差分别输入 A（X1）、B（Y1）两列中。如图 1-5-1 所示，然后在工具栏中的图形类型中点“Line+Symbol”，此时弹出一个对话框。如图 1-5-3 所示，在 A 列中对应的 X 相中打钩（将 A 列的数据作为横坐标），在 B 列中对应的 Y 项中打钩（将 B 列的数据作为纵坐标），点击对话框右下角的“Add”键和“OK”键。

如图 1-5-12 绘制出一条线。

2. 线性拟合

从图 1-5-13 可知整个曲线分成 3 段，加热前温度略有升高，近似为一条直线，是第一段；在加热时温度持续上升；在加热后余热使温度略有升高，近似为一条直线是第三段。对第一段和第三段进行线性拟合。

拟合第一条直线。点击工具栏中的“Analysis”在下拉菜单中点击“Fitting”，在子菜单中选中“Fit Line”，在 3 级菜单中点“Open Dialog…”，在弹出的对话框中找到“Input

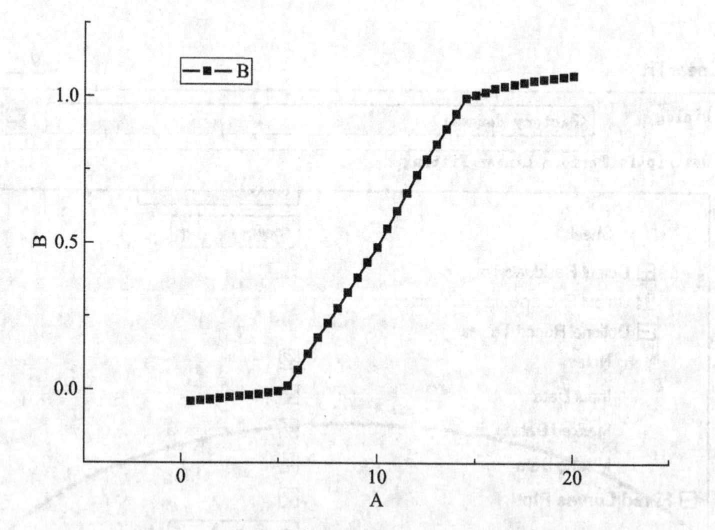

图 1-5-12　绘制的温差随时间的变化曲线

Data”。点击选取需拟合到直线上的点的范围键 。

如图 1-5-13 所示，选中需要拟合的点，打开缩小的“Linear Fit”对话框。

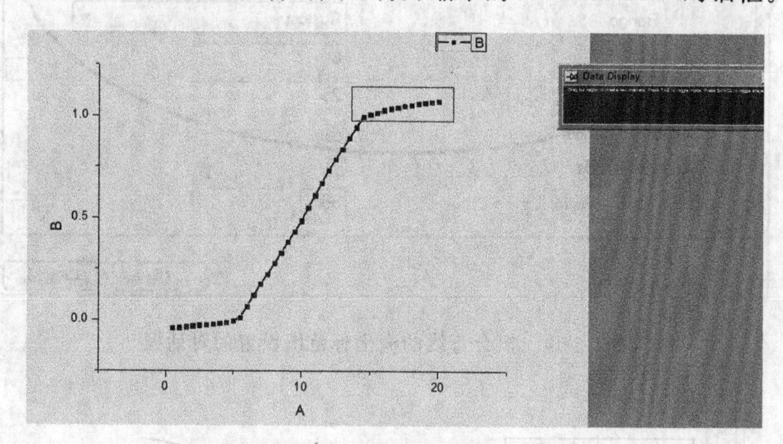

图 1-5-13　选取需拟合直线点的截图

图 1-5-14 为“Linear Fit”对话框，在“Fitted Curves Plot \ X Data Type \ Range”下拉表单选“Custom”，设置拟合的直线横坐标范围，在本次实验中最大横坐标选 25 和最小横坐标选 8。点击“OK”键，在继续弹出的对话框中继续点击“Cancel”键。如图 1-5-15 中的直线，为拟合第一条直线。

点击工具栏中的“Analysis”，在下拉菜单中点击“Fitting”，在子菜单中选中“Fit Line”，在 3 级菜单中点“Open Dialog…”，在弹出的对话框中找到“Input Data”，点击选取需拟合到直线上的点的范围键 ，选中需要拟合的点。打开缩小的“Linear Fit”对话框，在“Fitted Curves Plot \ X Data Type \ Range”下拉表单选“Custom”，设置拟合的直线横坐标范围，在本次实验中最大横坐标选 14 和最小横坐标选 0，此时有两条红色的拟合直线和一条曲线在“Graph1”中。

3. 添加辅助线

找到中点 I，因为加热起始点为－0.006℃，拐点为 0.996℃，所以 I 点的纵坐标为

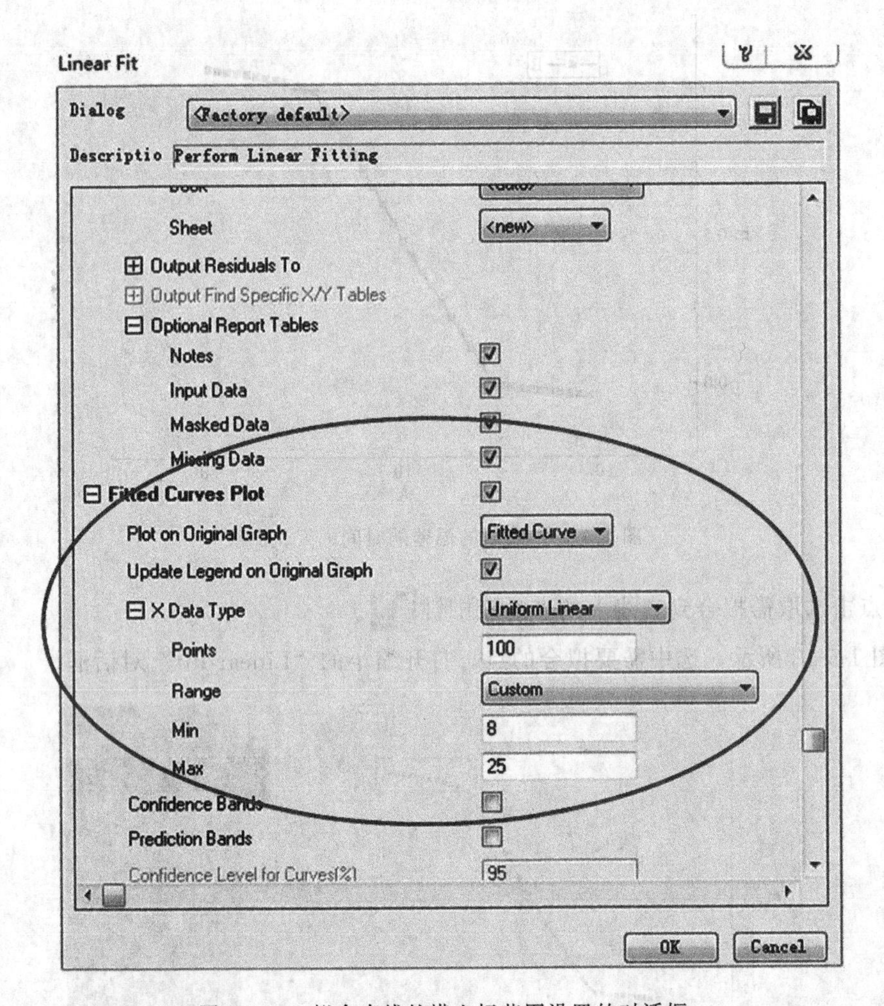

图 1-5-14　拟合直线的横坐标范围设置的对话框

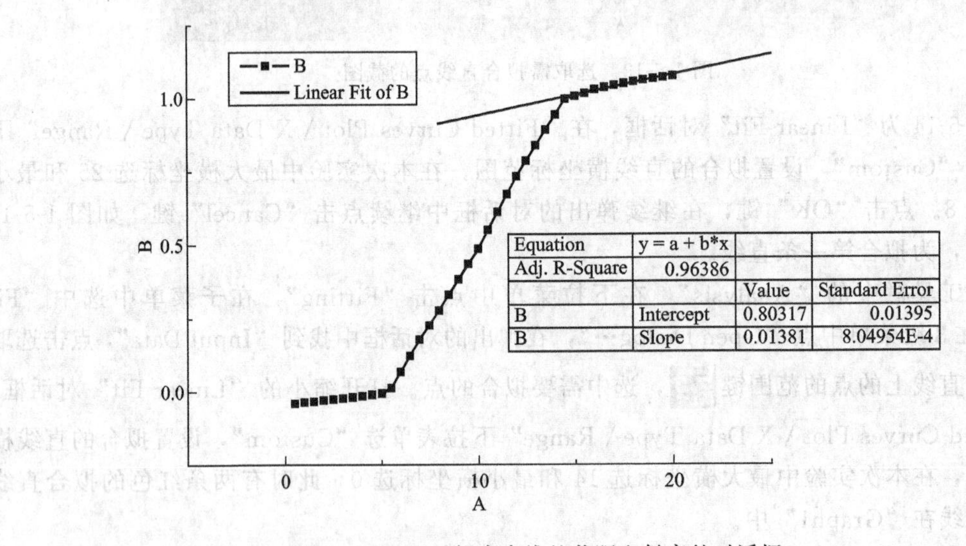

Equation	y = a + b*x		
Adj. R-Square	0.96386		
		Value	Standard Error
B	Intercept	0.80317	0.01395
B	Slope	0.01381	8.04954E-4

图 1-5-15　显示拟合直线的截距和斜率的对话框

[0.996－(－0.006)]/2＝0.501℃。为了准确地选中0.501，可修改纵坐标轴上的单位长度。双击纵坐标的数值，如图1-5-5所示。

点击左侧工具栏中的“Draw Data”工具按钮，在图中点击鼠标左键后鼠标变成十字光标，为了使十字光标放大，按几下空格键，将十字光标点中0.501，按回车键在纵坐标上生成第一个点，利用键盘上的光标移动键向右移动至曲线交点位置，按回车键，产生第二个点。

图1-5-16为曲线上绘制水平辅助线的图。

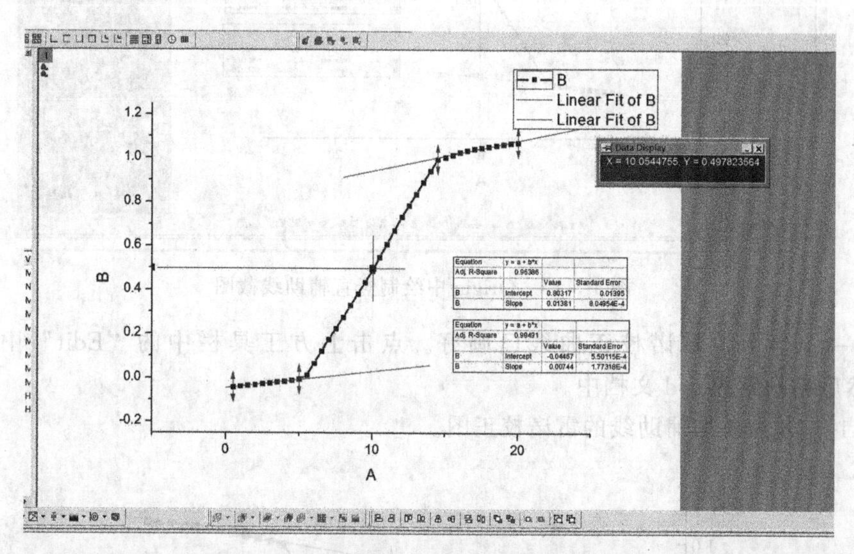

图1-5-16 Origin中绘制水平辅助线截图

向下移动光标至横坐标直至与拟合的直线相交，按回车键生成第三个点，从图中的“Data Display”中可知交点的横纵坐标（10.0，0.033)。

向上移动光标至拟合曲线的上方按回车键，产生第四个点，如图1-5-17所示。从图1-5-17中的“Data Display”中可知交点的横纵坐标（10.0，0.939)。点击工具栏上的“箭头”按钮，取消画线模式，双击所画的点，在弹出的对话框Preview调点的类型，如图1-5-7所示，在点的类型下拉菜单中选中最后一个空白图标，使线上的点消失，点“OK”。

图1-5-16和图1-5-17为曲线上绘制辅助线的图。

4. 标注点

点“Text Tool”，在上方的交点旁点击，然后输入“*C*（10.0，0.939）”，在下方输入“*A*（10.0，0.033）”，每次输入前需点击“Text Tool”。输入文字和符号时注意字体，点击上方工具栏中字体的下拉菜单，如图1-5-1所示，选中“Time New Roman”。此时*AC*间纵坐标的差值（真实温差）＝0.939－0.033＝0.906。

5. 标注横纵坐标轴

点击纵坐标旁的B，输入汉字“温差/℃”，点击纵坐标旁的A，输入汉字“时间/min”。选中输入的汉字，点击上方工具栏中字体的下拉菜单，选择菜单下方中的“宋体”。

6. 调整坐标轴刻度的区间

双击X刻度线，弹出对话框，在“Scale”中的“Increment”中的数值改为2，“Minor”为1，点“确定”。此时横坐标的数值区间为2，区间内有一个等分。然后点击左下方的“Vertical”，“Increment”中的数值改为0.2，“Minor”为1。此时纵坐标的数值区间为0.2，

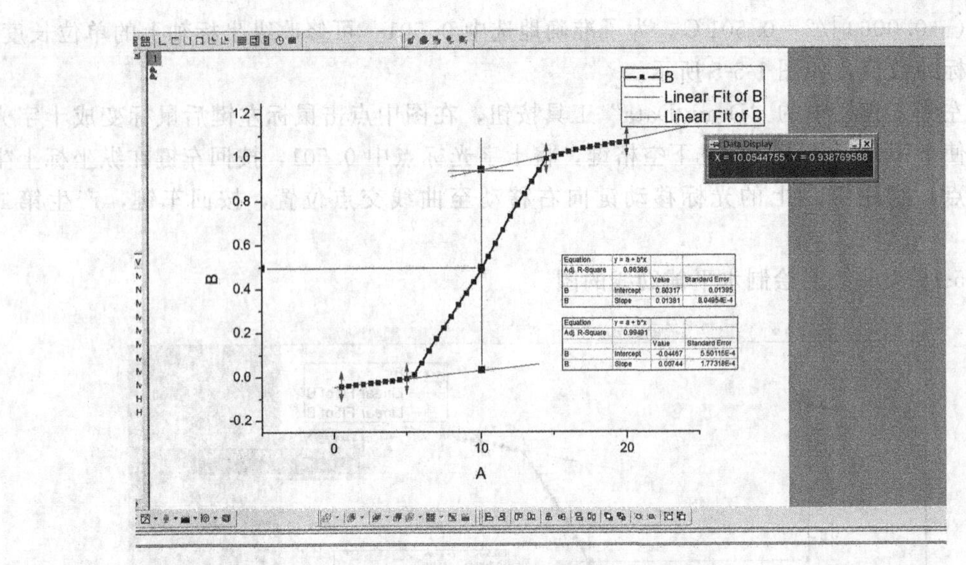

图 1-5-17　Origin 中绘制竖直辅助线截图

区间内有一个等分，雷诺校正曲线已画好。点击上方工具栏中的“Edit”中选“Copy Page”，然后粘贴到 Word 文档中。

如图 1-5-18 为添加辅助线的雷诺校正图。

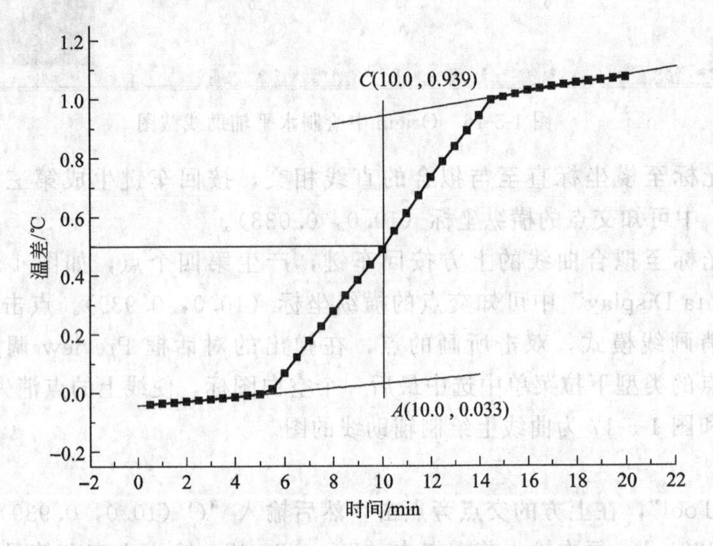

图 1-5-18　雷诺校正图

四、Origin 在“液体饱和蒸气压的测定”实验数据处理中的应用

由 Origin8.0 的版本中计算和绘制乙醇饱和蒸气压的测定中的数据线，数据见表 1-5-3。

表 1-5-3　测定乙醇饱和蒸气压的实验数据

室温：25℃；采零时室内气压：$p^{\ominus}=101.430$kPa。

T/℃	$\Delta p_{仪器}$/kPa	$p=\Delta p_{仪器}+p^{\ominus}$/kPa	T/K	$T^{-1}\times10^3$/K	$\ln(p/\text{kPa})$
45	−78.25		318.15	3.1432	
50	−71.82		323.15	3.0945	

续表

T/℃	$\Delta p_{仪器}$/kPa	$p=\Delta p_{仪器}+p^{\ominus}$/kPa	T/K	$T^{-1}\times10^3$/K	$\ln(p/\text{kPa})$
55	−64.04		328.15	3.0474	
60	−54.44		333.15	3.0017	
65	−43.12		338.15	2.9573	

1. 输入数据

打开Origin8.0，在数据里窗口中增加四列。选择“Column”菜单中的“Add New Column”添加四个新列，这四个新列依次为C、D、E、F。将表格中T/℃、$\Delta p_{仪器}$、T/K、$T^{-1}\times10^3$/K四列的数据依次输入到A列、B列、D列和E列。

2. 计算数据列

如图1-5-19所示，将鼠标移至C列，鼠标变为一个向下的黑色箭头，点左键使C列全部变黑，点鼠标右键，在下拉菜单中选择“Set Column Values…”。在弹出的对话框“Set Values”“Col（C）”后面输入“Col（B）+101.430”，点“OK”键。这是B列中的数据$\Delta p_{仪器}$都加上$p^{\ominus}$，计算$p=\Delta p_{仪器}+p^{\ominus}$。同理再点左键使F列全部变黑，点鼠标右键，在下拉菜单中选择“Set Column Values…”。在弹出的对话框“Set Values”“Col（F）”后面输入“ln(Col(C))”，点“OK”键。这是将C列中的数据取对数，计算$\ln(p/\text{kPa})$。

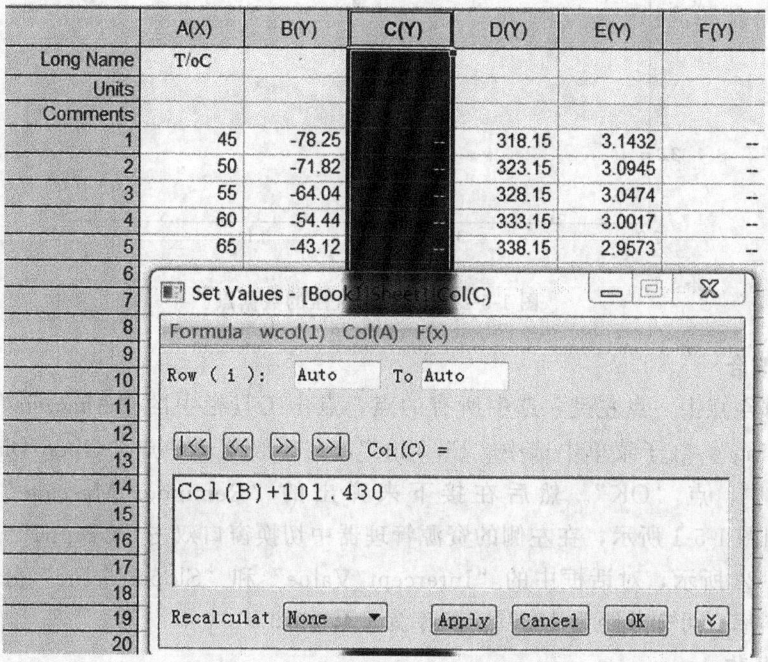

图1-5-19　Origin8.0计算实验数据

如图1-5-20为计算后的实验数据。

3. 描点

在底部的工具栏中选择散点类型，此时弹出一个对话框，在E列中对应的X相中打钩（将E列的数据作为横坐标），在F列中对应的Y项中打钩（将F列的数据作为纵坐标），点击对话框右下角的“Add”键，点“OK”键。

	A(X)	B(Y)	C(Y)	D(Y)	E(Y)	F(Y)
Long Name	T/oC					
Units						
Comments						
1	45	-78.25	23.18	318.15	3.1432	3.1433
2	50	-71.82	29.61	323.15	3.0945	3.3881
3	55	-64.04	37.39	328.15	3.0474	3.6214
4	60	-54.44	46.99	333.15	3.0017	3.8499
5	65	-43.12	58.31	338.15	2.9573	4.0658

图 1-5-20　计算后的实验数据

如图 1-5-21 为描出的饱和蒸气压的数据点。

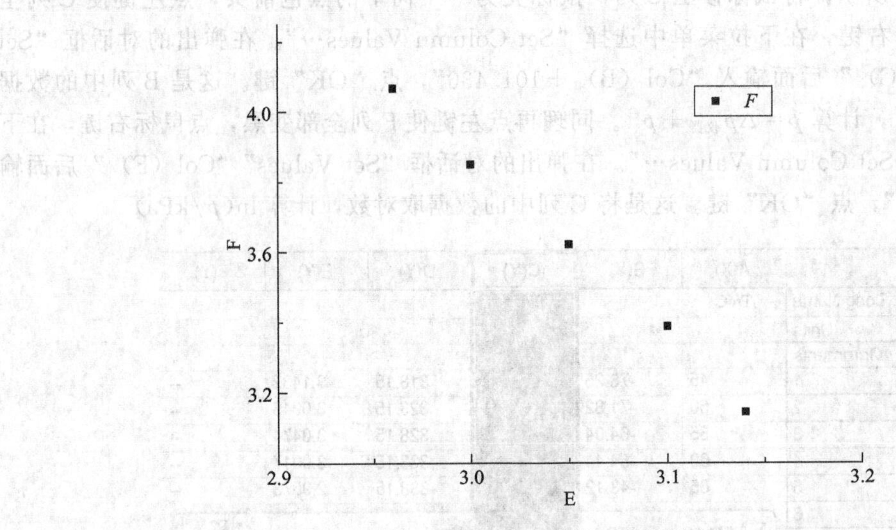

图 1-5-21　饱和蒸气压的数据点

4. 线性拟合

将鼠标移至点上，点左键，选中所有的点，点击工具栏中的“Analysis”，在下拉菜单中点击“Fitting”，在子菜单中选中“Fit Line”，在 3 级菜单中点“Open Dialog…”，在弹出的对话框中，点“OK”。然后在接下来弹出的“Reminder Message”对话框中点“Cancel”。如图 1-5-1 所示，在左侧的资源管理器中切换窗口双击“Graph1”。

如图 1-5-22 所示，对话框中的“Intercept/Value”和“Slope/Value”分别是拟合的直线的截距和斜率。可知截距为 18.75，斜率为－4.966。

5. 添加名称

选中纵坐标上的 F，在框内输入“ln(p/kPa)”。选中横坐标上的 E，在框内输入“$T^{-1}\times 10^3$/K”。在左侧工具栏中，选文本框键“T”，在文本框中输入直线方程“ln(p/kPa)＝－4.966 $T^{-1}\times 10^3$＋18.75”，注意输的字母是“Time New Roman”，“×”是宋体，“T”、“p”是斜体，“－1”是上标。在工具栏中的选择字体。在工具条中的选择字体、改变字体样式。

6. 美化图表

双击坐标轴，在对话框中选择“Title & Format”，在“Major”和“Minor”下拉栏中

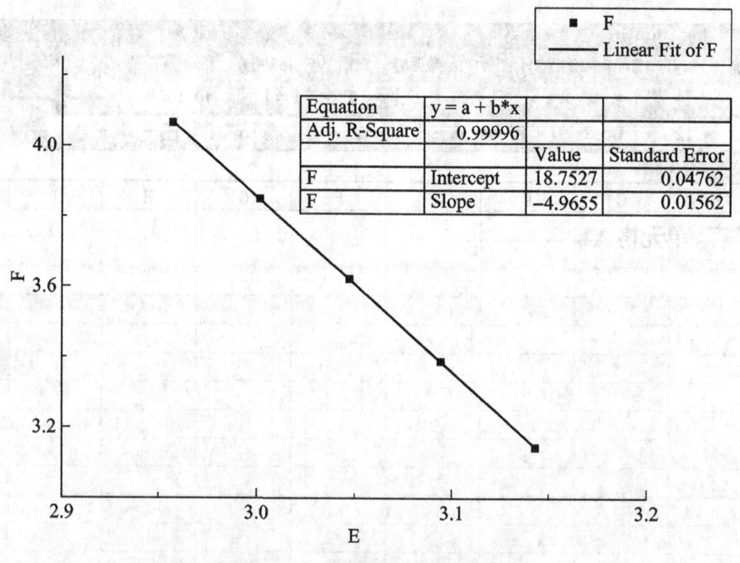

图 1-5-22 数据点拟合的直线

选择“In”，使主、次刻度线朝里，在“Tickness”处改变坐标轴的粗细。选择“Title Labels”“Point”处修改 X 轴下方数字的大小，单击“确认”按钮。双击直线，在对话框“Polt Details”中“Color”处改变线的颜色，“Width”处改变线的粗细。

如图 1-5-23 为绘制的乙醇饱和蒸气压的线性图。

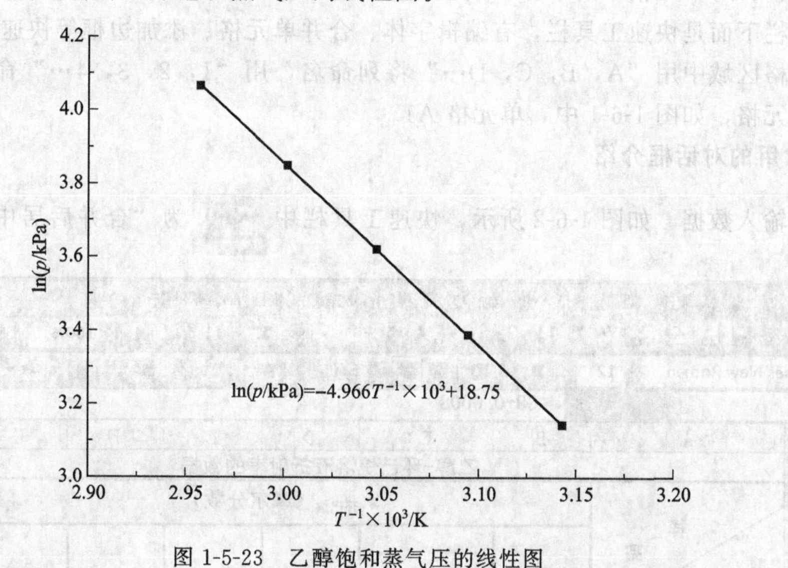

图 1-5-23 乙醇饱和蒸气压的线性图

第六节 Excel 在物理化学实验中的应用

一、Excel 工作界面的介绍

1. 常用的功能键介绍

如图 1-6-1 中第一排是菜单栏，能够实现大部分功能。菜单栏中最常用的就是“插入”、“格式”。

“插入”要用到的就是“图表”和文本框选项，可以选择图形的类型，给图表插入文本注释。

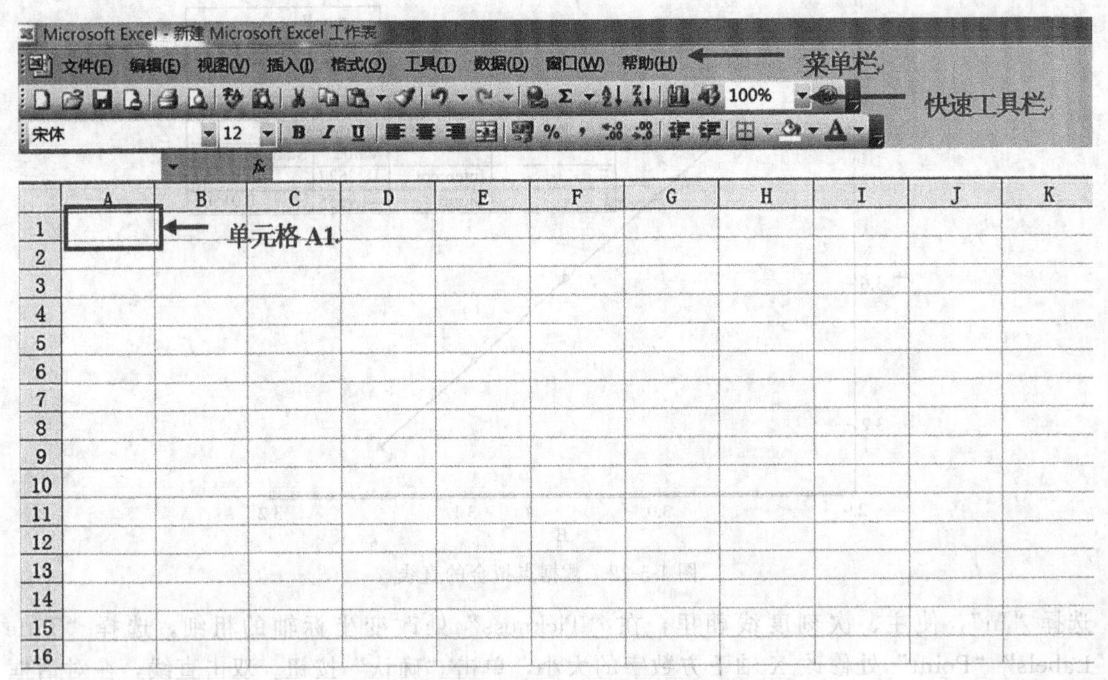

图 1-6-1　Excel 工作界面截图

“格式”：对单元格中的字体、数值、边框进行编辑。

菜单栏下面是快速工具栏，有编辑字体、合并单元格、添加边框等快速功能。

单元格区域中用“A，B，C，D…”将列命名，用“1，2，3，4…”命名行，通过行、列命名单元格，如图 1-6-1 中，单元格 A1。

2. 常用的对话框介绍

（1）输入数据　如图 1-6-2 所示，快速工具栏中 为“合并后居中”，能合并单元

文件(F) 编辑(E) 视图(V) 插入(I) 格式(O) 工具(T) 数据(D) 窗口(W) 帮助(H)

Times New Roman　12　100%

=G8+0. 0008

	A	B	C	D	E	F	G	H
1	乙醇-环己烷溶液折射率的数据							
2	样品 / 项目	$x_{环己烷}$（摩尔分数）						
3		0	0.2	0.4	0.6	0.8	1	蒸馏水
4	1	1.3595	1.3716	1.3810	1.4006	1.4134	1.4216	1.3326
5	2	1.3575	1.3713	1.3731	1.4010	1.4136	1.4226	1.3321
6	3	1.3603	1.3709	1.3708	1.4005	1.4132	1.4226	1.3317
7	$n^{24}_{待测,平均}$	1.3591	1.3713	1.3750	1.4007	1.4134	1.4223	1.3321
8	$n^{24}_{待测,校正}$	1.3596	1.3718	1.3755	1.4012	1.4139	1.4228	
9	$n^{22}_{待测,校正}$	1.3604	1.3726	1.3763	1.4020	1.4147	1.4236	

图 1-6-2　单元格工具栏

格。在菜单栏中，点“格式”、“单元格”，弹出“单元格格式”对话框。

图 1-6-3 为“单元格格式”对话框，在“字体”中调节单元格中字的字体、字形、字号和上下标。

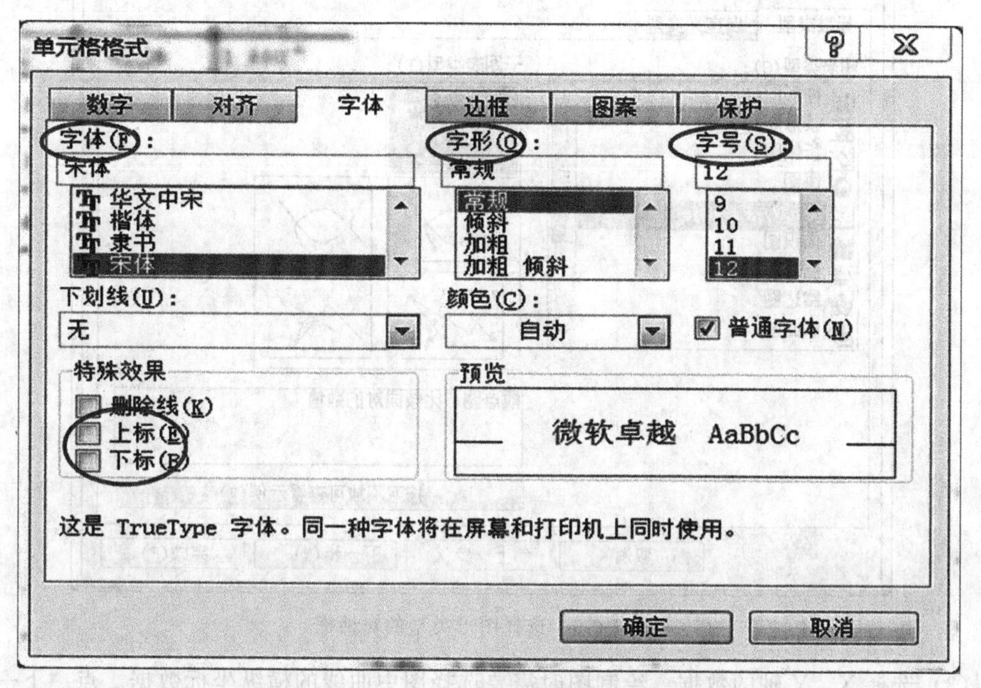

图 1-6-3　单元格格式中字体对话框

如图 1-6-4 所示，在“数值”中调节数值小数位的位数。

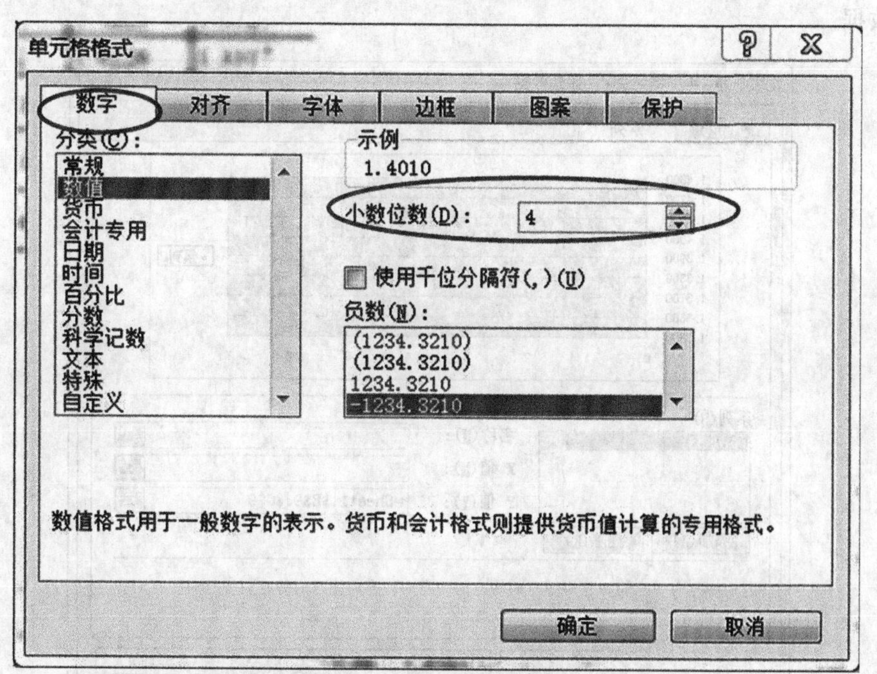

图 1-6-4　单元格格式中数字对话框

(2) 选择图形类型　在菜单栏中，点“插入”“图表”，弹出“图表类型”对话框。

如图 1-6-5 所示，在“标准类型”中选中“XY 散点图”的“散点图”类型。

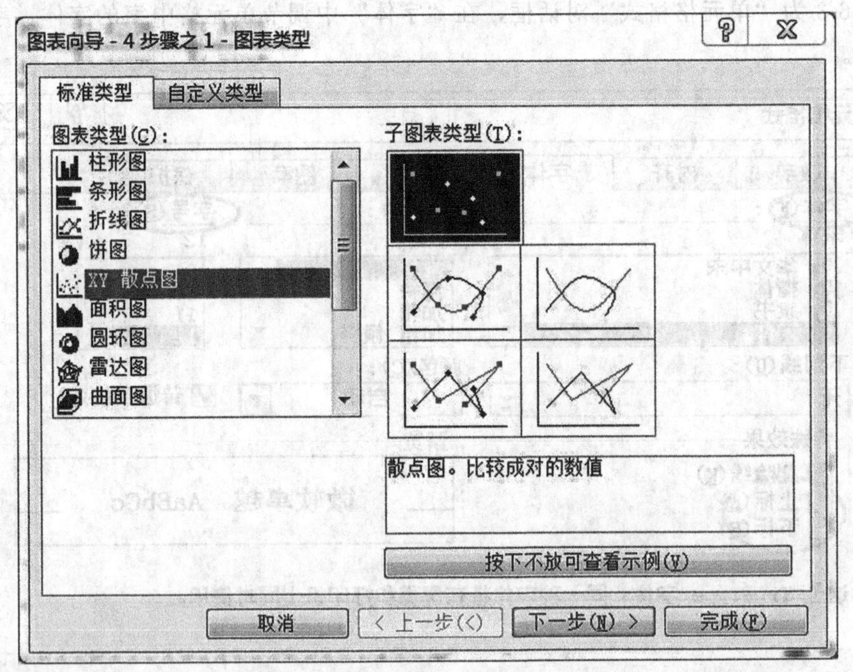

图 1-6-5　选择图形类型的对话框

（3）选择 X、Y 轴的数据　绘制图时需要选择图中曲线的横纵坐标数据。点“下一步”，弹出“图表源数据”对话框。如图 1-6-6 所示，在相应值后点 ，在单元格区域内选择所需的数据。

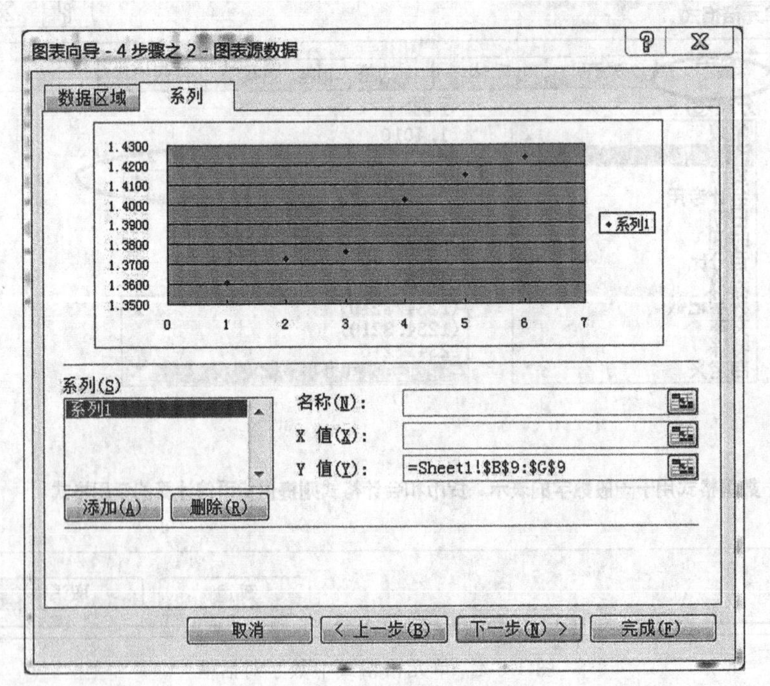

图 1-6-6　选择数据的对话框

（4）添加标题　横纵坐标轴和图表需要添加标题，如图 1-6-7 所示。

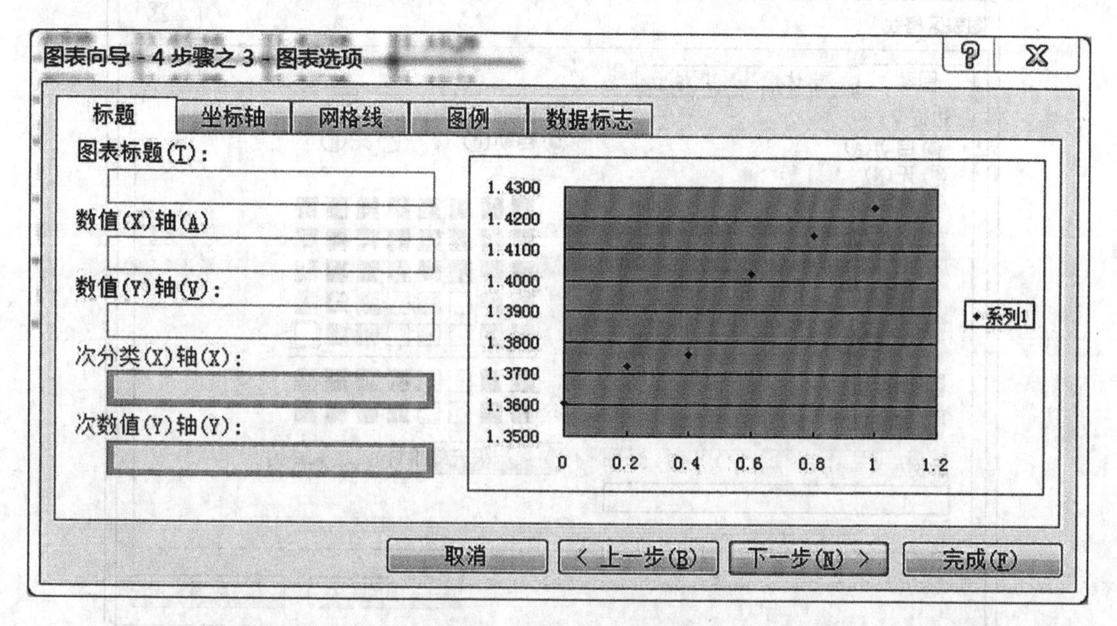

图 1-6-7　添加标题的对话框

（5）坐标轴的格式　刻度线、刻度范围、最小刻度、数字的字体、数字的位数和对齐方式分别在“图案”、“刻度”、“字体”、“数字”和“对齐”中调节，如图 1-6-8 所示。

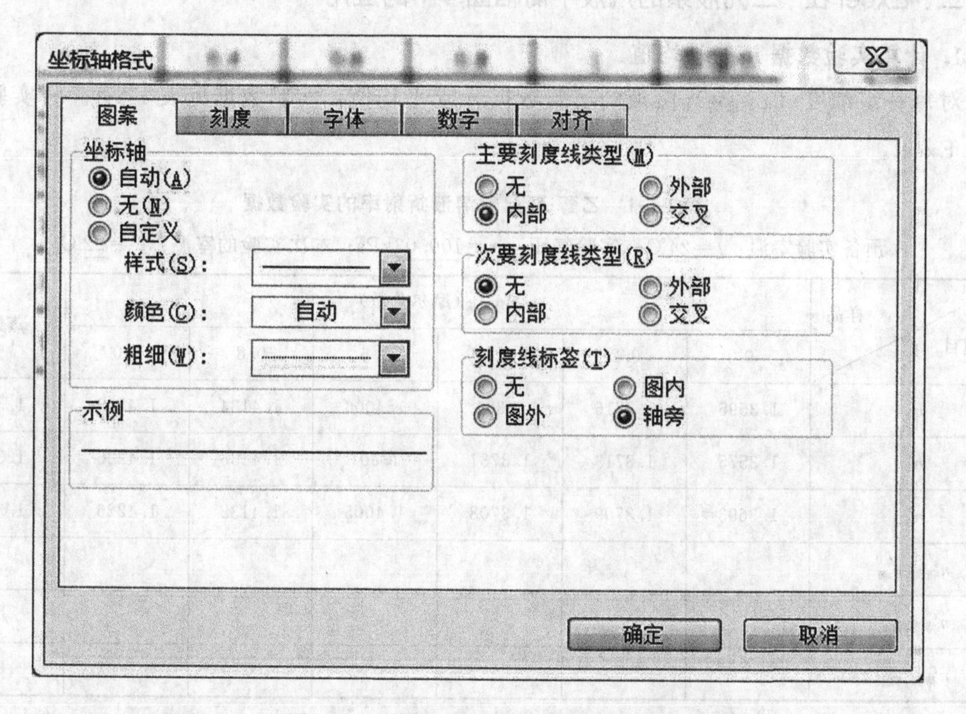

图 1-6-8　修改坐标轴的格式的对话框

（6）美化　修改图中曲线的粗细、颜色、区域的背景色、点反键，在弹出下拉菜单中点中“图表区格式”，如图 1-6-9 所示。

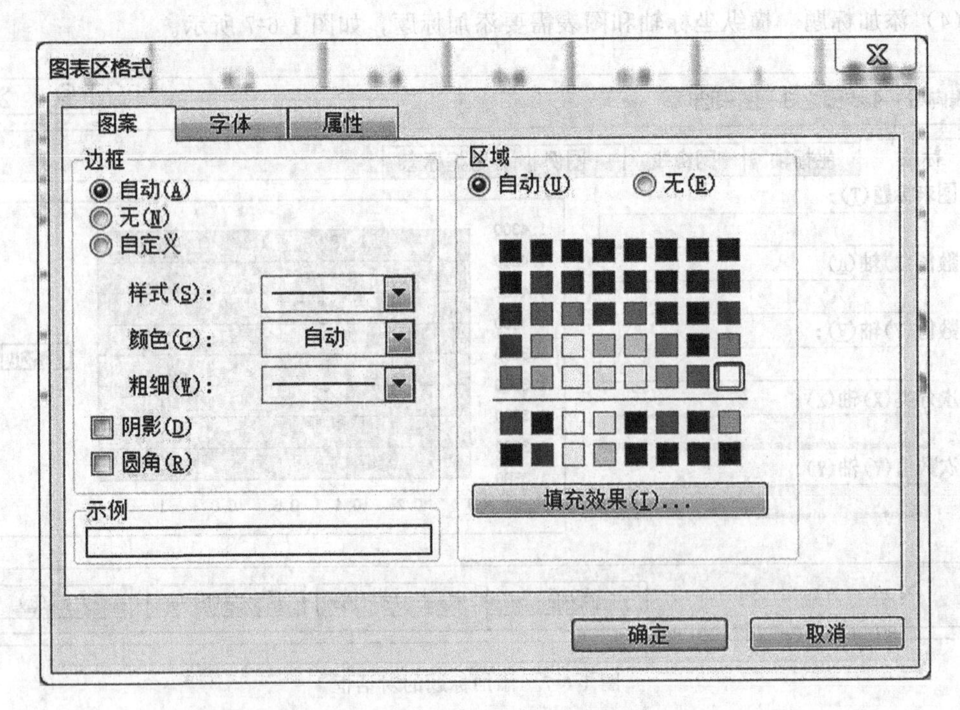

图 1-6-9　美化图表区格式的对话框

二、Excel 在“二元液系的汽液平衡相图”中的应用

1. 计算实验数据 n 的平均值

对每一组浓度（$x_{环己烷}$）溶液的实验数据 n 求平均值，实验数据见表 1-6-1。将实验数据输入 Excel。

表 1-6-1　乙醇-环己烷溶液折射率的实验数据

预备实验室温：t=24℃；实验气压：p=100.03kPa；本次实验的室温：t'=22℃

项目＼样品	$x_{环己烷}$（摩尔分数）						蒸馏水
	0	0.2	0.4	0.6	0.8	1.0	
n_1	1.3595	1.3716	1.381	1.4006	1.4134	1.4216	1.3326
n_2	1.3575	1.3713	1.3731	1.401	1.4136	1.4226	1.3321
n_3	1.3603	1.3709	1.3708	1.4005	1.4132	1.4226	1.3317
$n^t_{待测,平均}$							
$n^t_{待测,校正}$							
$n^{t'}_{待测,校正}$							

如图 1-6-10 所示，在 Excel 中输入数据。选中 B7 单元格，在单元格中输入“=(B4+B5+B6)/3”，求 B4～B6 3 个数据的平均值。然后“回车”即可得到 B7 中的 $n^{24}_{待测,平均}$。将鼠标移到 B7 的右下角变为一个黑色十字，拖动十字至 G7，则所有的平均值算出。

SUM	=(B4+B5+B6)/3							
	A	B	C	D	E	F	G	H
1	乙醇-环己烷溶液折射率的数据							
2	样品 / 项目	$x_{环己烷}$（摩尔分数）						
3		0	0.2	0.4	0.6	0.8	1	蒸馏水
4	1	1.3595	1.3716	1.3810	1.4006	1.4134	1.4216	1.3326
5	2	1.3575	1.3713	1.3731	1.4010	1.4136	1.4226	1.3321
6	3	1.3603	1.3709	1.3708	1.4005	1.4132	1.4226	1.3317
7	$n_{待测，平均}^{24}$	=(B4+B5+B6)/3						1.3321
8	$n_{待测，校正}^{24}$							
9	$n_{待测，校正}^{22}$							

图 1-6-10 计算一列平均值的截图

2. 校正的实验数据 n

为了得到 24℃的校正数据 $n_{待测,校正}^{24}$ 需在各个浓度的实验数据的平均值上减去仪器误差 $\Delta n=-0.0005$，因此 $n_{待测,校正}^{24}=n_{待测,平均}^{24}-\Delta n=n_{待测,平均}^{24}-(-0.0005)=n_{待测,平均}^{24}+0.0005$，如图 1-6-11 所示。

SUM	=B7+0.0005							
	A	B	C	D	E	F	G	H
1	乙醇-环己烷溶液折射率的数据							
2	样品 / 项目	$x_{环己烷}$（摩尔分数）						
3		0	0.2	0.4	0.6	0.8	1	蒸馏水
4	1	1.3595	1.3716	1.3810	1.4006	1.4134	1.4216	1.3326
5	2	1.3575	1.3713	1.3731	1.4010	1.4136	1.4226	1.3321
6	3	1.3603	1.3709	1.3708	1.4005	1.4132	1.4226	1.3317
7	$n_{待测，平均}^{24}$	1.3591	1.3713	1.3750	1.4007	1.4134	1.4223	1.3321
8	$n_{待测，校正}^{24}$	=B7+0.0005						
9	$n_{待测，校正}^{22}$							

图 1-6-11 计算 $x_{环己烷}=0$ 时的 $n_{待测,校正}^{24}$ 折射率的截图

本次实验室温 22℃下的折射率。根据温度每升高 1℃，折射率下降 4×10^{-4}，所以每个 24℃的折射率需加上 0.0008，求得 22℃下液体的折射率 $n_{待测,校正}^{22}=n_{待测,校正}^{24}+0.0008$，见表 1-6-2。

3. 拟合折射率-组成的标准直线

（1）绘制数据点 ①选择图形的类型。如图 1-6-5 所示，选择“XY 散点图”中的“散点图”类型。②选择横纵坐标数据。如图 1-6-6 所示，在“图表源数据”的对话框中选择所需的 X、Y

表 1-6-2 Excel 处理乙醇-环己烷溶液折射率的数据结果

预备实验室温：$t=\underline{24}$℃；实验气压：$p=\underline{100.03}$kPa；本次实验的室温：$t'=\underline{22}$℃

项目＼样品	$x_{环己烷}$（摩尔分数）						蒸馏水
	0	0.2	0.4	0.6	0.8	1.0	
1	1.3595	1.3716	1.3810	1.4006	1.4134	1.4216	1.3326
2	1.3575	1.3713	1.3731	1.4010	1.4136	1.4226	1.3321
3	1.3603	1.3709	1.3708	1.4005	1.4132	1.4226	1.3317
$n^{24}_{待测,平均}$	1.3591	1.3713	1.3750	1.4007	1.4134	1.4223	
$n^{24}_{待测,校正}$	1.3596	1.3718	1.3755	1.4012	1.4139	1.4228	
$n^{22}_{待测,校正}$	1.3604	1.3726	1.3763	1.4020	1.4147	1.4236	

数据。③添加标题，如图 1-6-7 所示。

（2）拟合折射率-组成的标准直线　如图 1-6-12 所示，选中图中的点，点反键，在弹出的菜单中选择“添加趋势线”。如图 1-6-13 和图 1-6-14 在对话框“添加趋势线”中选“线性”“显示公式”。

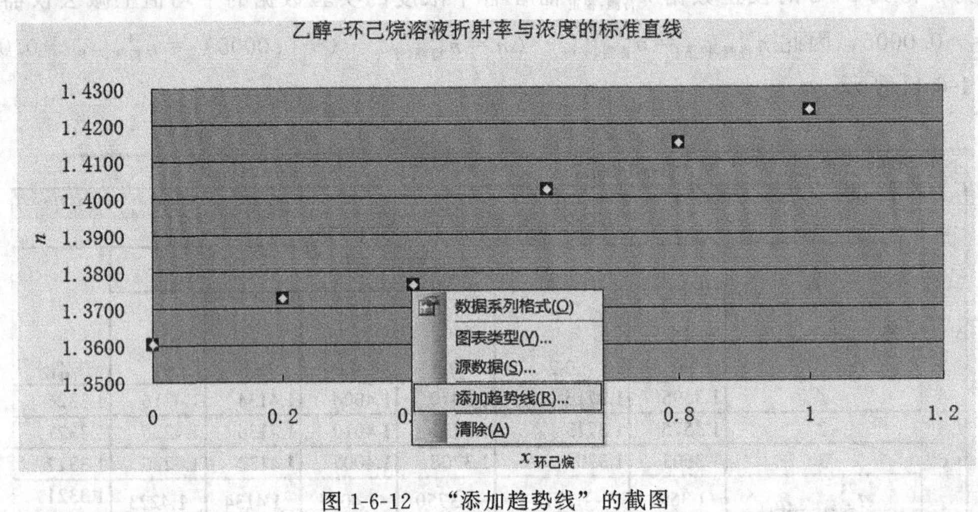

图 1-6-12 “添加趋势线”的截图

点“确定”，生成图 1-6-15。

修改坐标轴刻度，如图 1-6-8 所示。点反键在“坐标轴格式”“刻度”中调节横坐标范围为 0～1。

美化图形，如图 1-6-9 所示，修改图中图表区域的颜色、线型的粗细，如图 1-6-16 所示。

4. 计算乙醇-环己烷溶液组成的数据

根据标准直线方程 $y=0.0669x+1.3582$，纵坐标是折射率，横坐标是摩尔分数。现在已知的是纵坐标折射率，求横坐标的数值 $x=(y-1.3582)/0.0669$。

如图 1-6-17 所示，在单元格 D6 格中输入“=(D5－1.3582) /0.0669”，求得 D6 格折

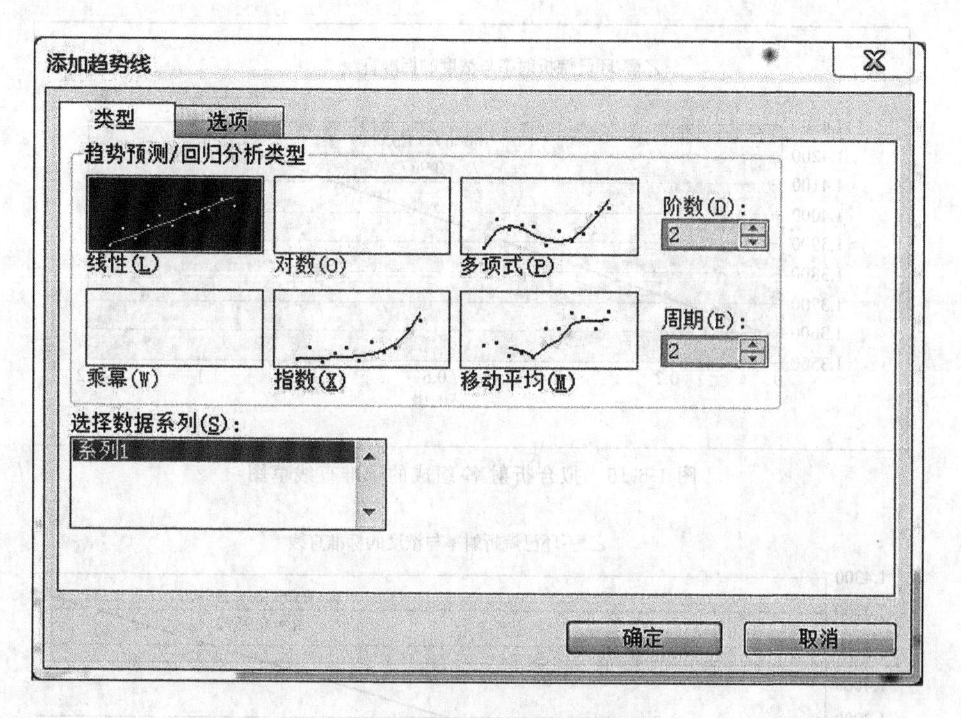

图 1-6-13　选择趋势线类型对话框

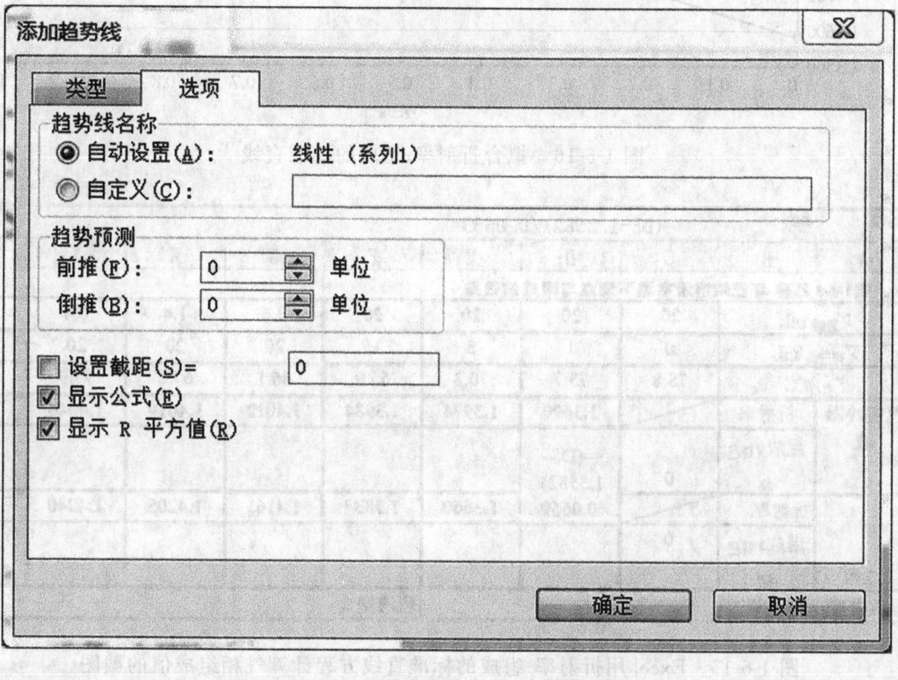

图 1-6-14　修改趋势线格式对话框

射率对应的气相摩尔分数，即直线中的横坐标 x。将鼠标移到 D6 的右下角变为一个黑色十字，拖动十字至 I6，则所有的气相组成值算出。同理求得所有的液相组成值，整个数据见表1-6-3。

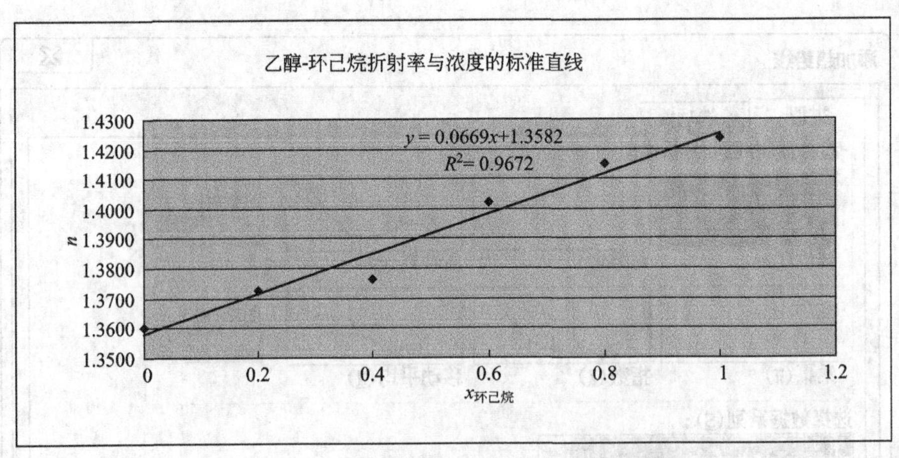

图 1-6-15　拟合折射率-组成的标准直线草图

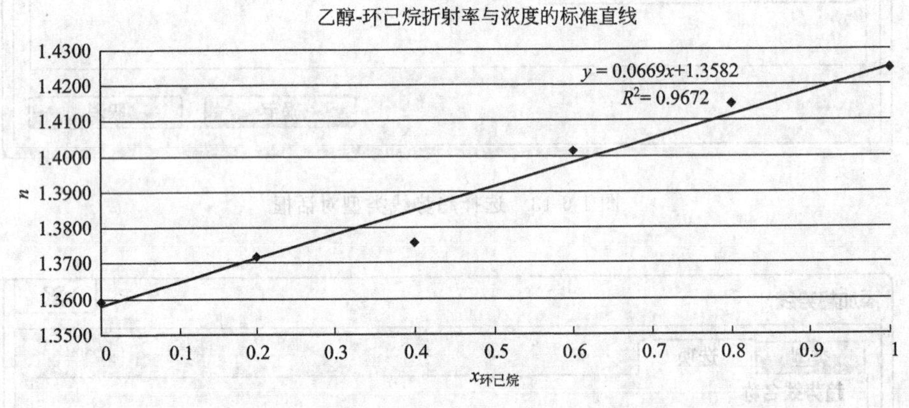

SUM　=(D5-1.3582)/0.0669

	A	B	C	D	E	F	G	H	I	J
1	表1-6-3 乙醇-环己烷溶液室温下沸点与组成的数据									
2	$V_{乙醇}$/mL		20	20	20	20	2.6	1.4	0.4	0
3	$V_{环己烷}$/mL		0	1	3	15	20	20	20	20
4	$T_{沸点}$/℃		78.8	73.7	70.3	66.0	66.1	67.2	77.9	80.6
5	气相冷凝液	折射率		1.3690	1.3974	1.3984	1.4012	1.4019	1.4046	
6		组成$y_{环己烷}$	0	=(D5-1.3582)/0.0669						1
7		折射率			1.3660	1.3834	1.4161	1.4205	1.4240	
8	液相	组成$x_{环己烷}$	0							1
9	恒沸温度:				恒沸组成:					

图 1-6-17　Excel 用折射率-组成的标准直线方程计算气相组成值的截图

5. 绘制温度-气（液）组成曲线。

(1) 选择图形的类型　在工具栏中点击“插入”的“散点图”，选择“带平划线的散点图”。

表 1-6-3　Excel 计算的乙醇-环己烷溶液室温下沸点与组成的数据

实验气压：p=100.03kPa；本次实验的室温：t'=22℃

$V_{乙醇}$/mL		20	20	20	20	2.6	1.4	0.4	0
$V_{环己烷}$/mL		0	1	3	15	20	20	20	20
$T_{沸点}$/℃		78.8	73.7	70.3	66.0	66.1	67.2	77.9	80.6
气相冷凝液	折射率		1.3690	1.3974	1.3984	1.4012	1.4019	1.4046	
	组成 $y_{环己烷}$	0	0.161	0.586	0.601	0.643	0.653	0.694	1
液相	折射率		1.3611	1.366	1.3834	1.4161	1.4205	1.424	
	组成 $x_{环己烷}$	0	0.0433	0.117	0.377	0.866	0.931	0.984	1
恒沸温度：			恒沸组成：			气压： 室温：			

（2）添加两条曲线的数据　在“图表源数据”“系列”中选择纵坐标数据温度，横坐标数据 $y_{环己烷}$，如图 1-6-18 所示。继续点“添加”，在“系列 2”中选择纵坐标数据温度，横坐标数据 $x_{环己烷}$，如图 1-6-19 所示。

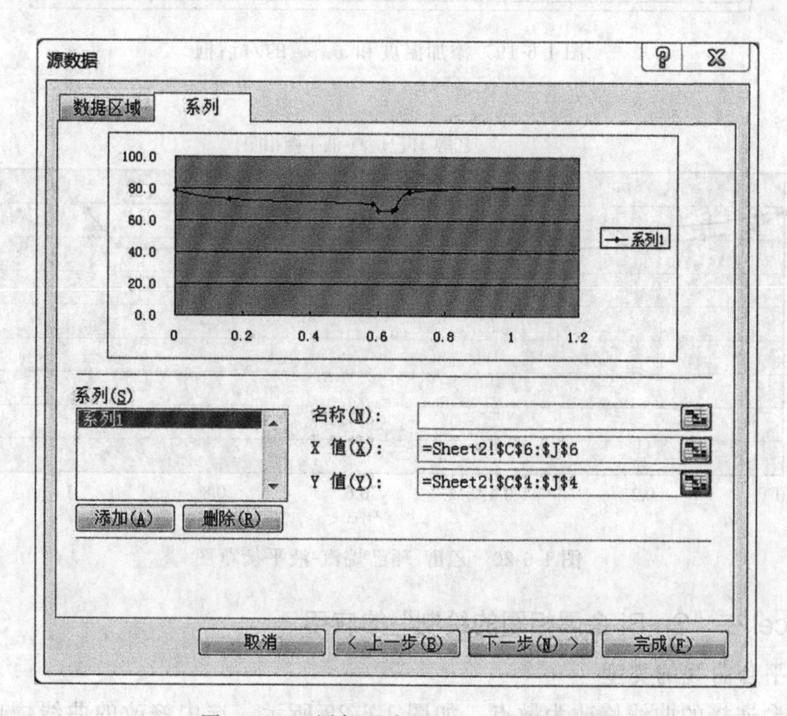

图 1-6-18　添加温度和 $y_{环己烷}$ 的对话框

（3）添加坐标轴、标题　如图 1-6-20 所示。

（4）修改坐标轴刻度　选中刻度轴，点反键，在“坐标轴格式”“刻度”中将横坐标范围调整为 0～1，纵坐标范围调整为 65～85。

（5）美化曲线　在背景色区域点反键，选中“绘图区格式”，在对话框中修改图中图表区域的颜色，如图 1-6-21 所示。

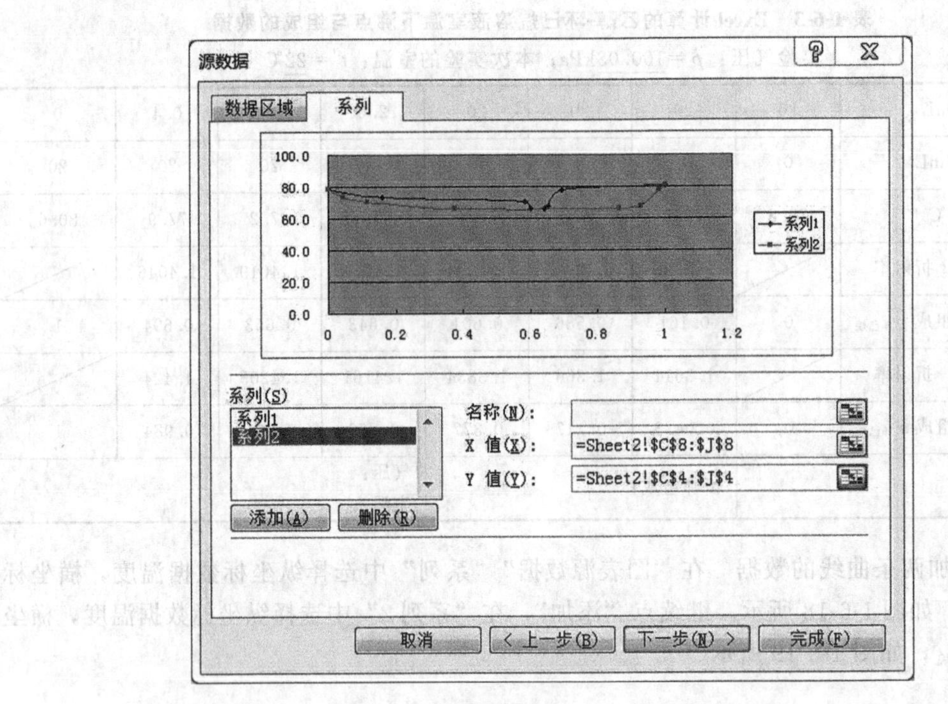

图 1-6-19　添加温度和 $x_{环己烷}$ 的对话框

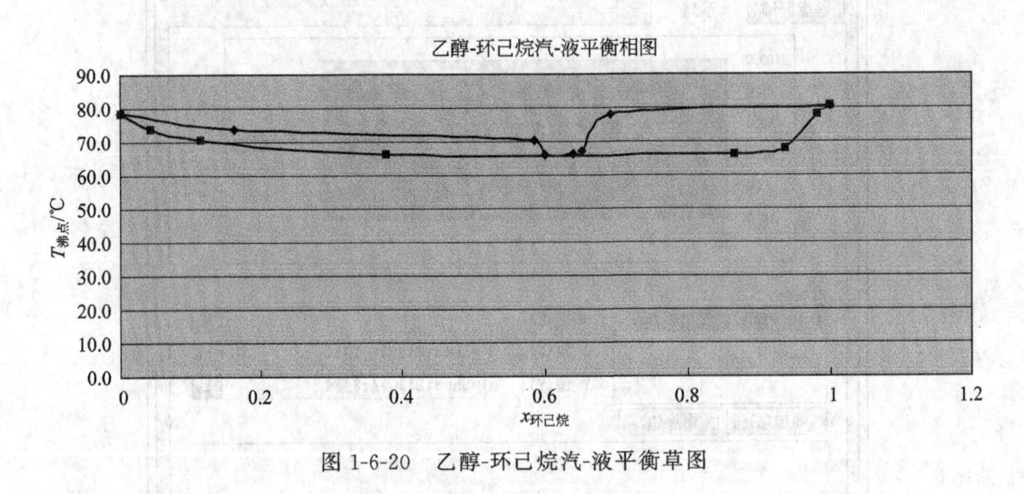

图 1-6-20　乙醇-环己烷汽-液平衡草图

三、Excel 在“Sn-Bi 金属相图的绘制”的应用

1. 修改平台曲线的类型

① 将平台连接的曲线修改为散点。如图 1-6-22 所示，选中修改的曲线，点反键，选择“图表类型”。如图 1-6-5 所示，在“标准类型”中选中的是“XY 散点图”的“散点图”类型。

② 将散点添加趋势线。点中 4 个散点，鼠标点反键，在下拉菜单中点“添加趋势线”，弹出对话框“设置趋势线格式”。如图 1-6-23 所示为“添加趋势线”对话框。在“趋势预测”中，“前推”写 20，是将横坐标范围由 20 前推至 0。“倒推”写 20，是将横坐标范围由 80 倒推至 100。

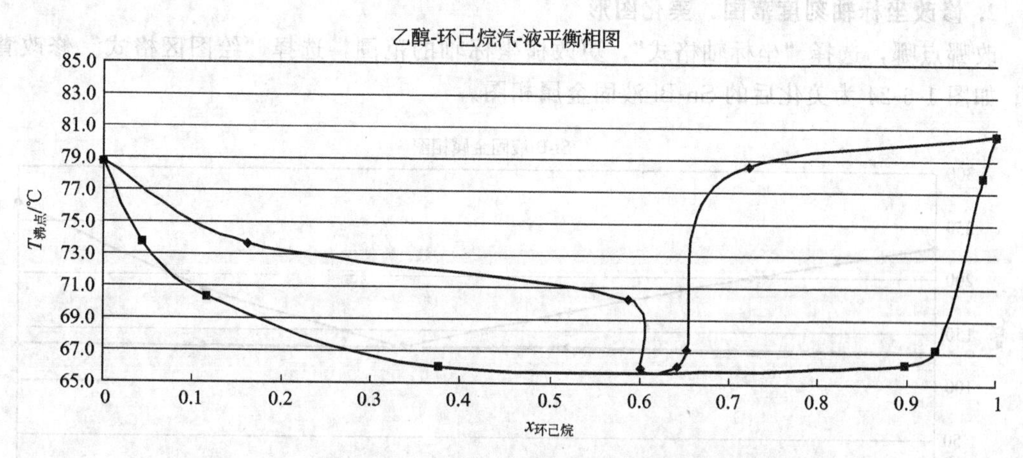

图 1-6-21　乙醇-环己烷汽-液平衡相图

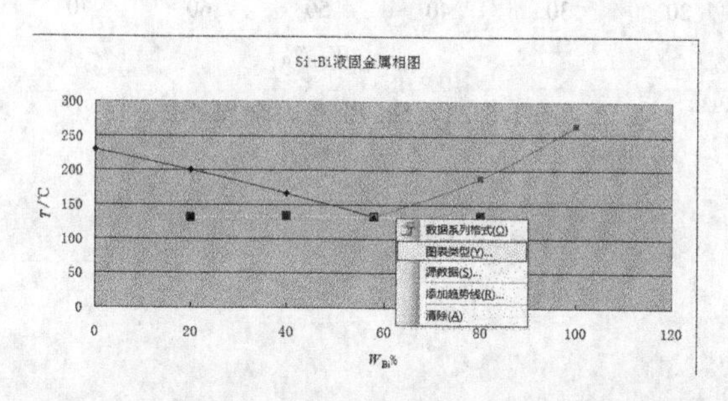

图 1-6-22　平台曲线调出“更改系列图标对话框”的截图

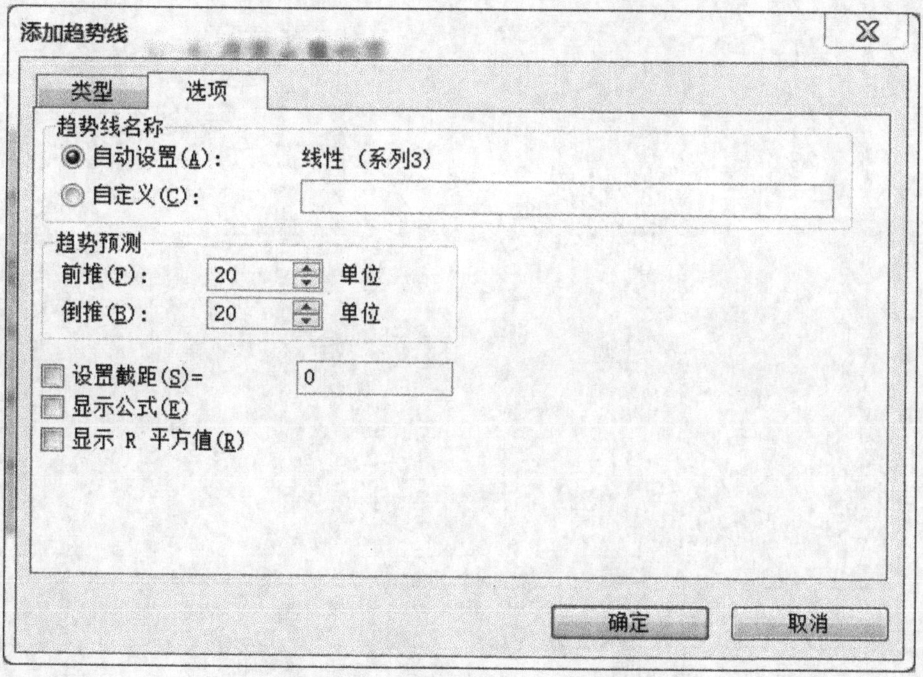

添加趋势线

类型　选项

趋势线名称

◉ 自动设置(A):　　线性（系列3）

◎ 自定义(C):

趋势预测

前推(F):　20　单位

倒推(B):　20　单位

☐ 设置截距(S)=　0

☐ 显示公式(E)

☐ 显示 R 平方值(R)

确定　取消

图 1-6-23　“设置趋势线格式”对话框的截图

2. 修改坐标轴刻度范围，美化图形

改哪点哪，选择“坐标轴格式”，更改横坐标轴的范围，选择“绘图区格式”修改背景色。如图 1-6-24 为美化后的 Sn-Bi 液固金属相图。

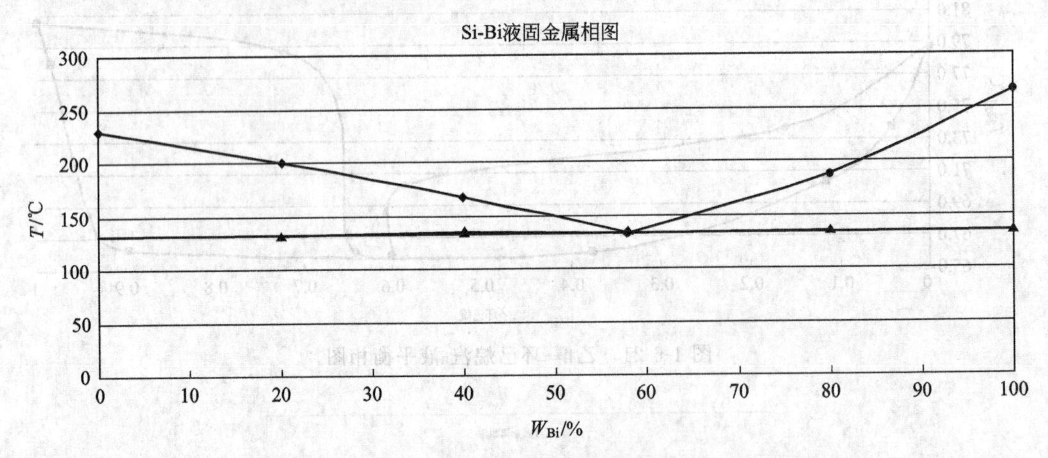

图 1-6-24　Sn-Bi 液固金属相图

第二章 实验部分

第一节 中和热的测定

一、实验目的

1. 掌握用量热计直接测定中和热的测定方法。

2. 学习用雷诺图解法进行数据处理，以求得温差 ΔT 的方法。

3. 测定盐酸与氢氧化钠反应的中和热。

二、实验原理

知识要点：

1. 孤立体系中量热计和环境没有热交换，所以量热计内部放出的热量等于该量热计升高温度吸收的热量。

2. 采用电加热的方式得到已知的热量，测定升高的温度求出量热计的总比热容。

3. 量热计吸收的热量等于量热计的总比热容与量热计升高的温度的乘积，求出量热计内化学反应放出的热量。

在一定温度和浓度下，酸和碱进行中和反应时产生的热效应称为中和热。对于强酸和强碱，由于它们在水中完全解离，中和反应实质上是 H^+ 和 OH^- 的反应。因此不同的强酸强碱的中和热几乎是相同的。

在 25℃，一个标准大气压时，1mol 强酸和 1mol 强碱进行中和反应的热化学方程式为：

$$H^+ + OH^- \longrightarrow H_2O \quad \Delta_r H_m^\ominus = -57.36\text{kJ/mol} \tag{2-1-1}$$

本实验利用量热计测定盐酸和氢氧化钠中和反应的 $\Delta_r H_m^\ominus$。量热计是绝热系统，中和反应放出的热量全部被量热计及内部的物质吸收，温度每升高 1K 量热计及内部的物质吸收的热量称为量热计的总比热容 k。因此量热计吸收的热量 Q 的计算式如下：

$$Q = k\Delta T \tag{2-1-2}$$

式中，k 为量热计的总比热容，J/K；ΔT 为量热计吸热后升高的温度，K。

本实验首先采用电热法标定量热计的总比热容 k。对量热计中的电加热丝施以功率 W，并通电时间 t（s）后，使量热计中的水及各部分获得热量 Q，升高温度 ΔT（图 2-1-1）。根据式(2-1-2) 可知，量热计的总比热容 k 为：

$$k = \frac{Q}{\Delta T} = \frac{Wt}{\Delta T} \tag{2-1-3}$$

式中，W 为电加热丝的功率，W；t 为通电时间，s。等量酸碱的中和热 $\Delta_r H_m^\ominus$ 由下式计算：

$$\Delta_r H_m^\ominus = -\frac{Q}{n_{酸(碱)}} = -\frac{k\Delta T}{cV} \times 1000 \tag{2-1-4}$$

式中，c 为酸（或碱）溶液的初始浓度，mol/L；V 为酸（或碱）溶液的体积，mL，酸、碱的浓度相等；负号“—”表示反应放热。

三、实验仪器与试剂

一体化中和热测定装置（图 2-1-1），25mL 的移液管，500mL 的量筒，洗耳球，1mol/L 的 HCl 和 1mol/L 的 NaOH。

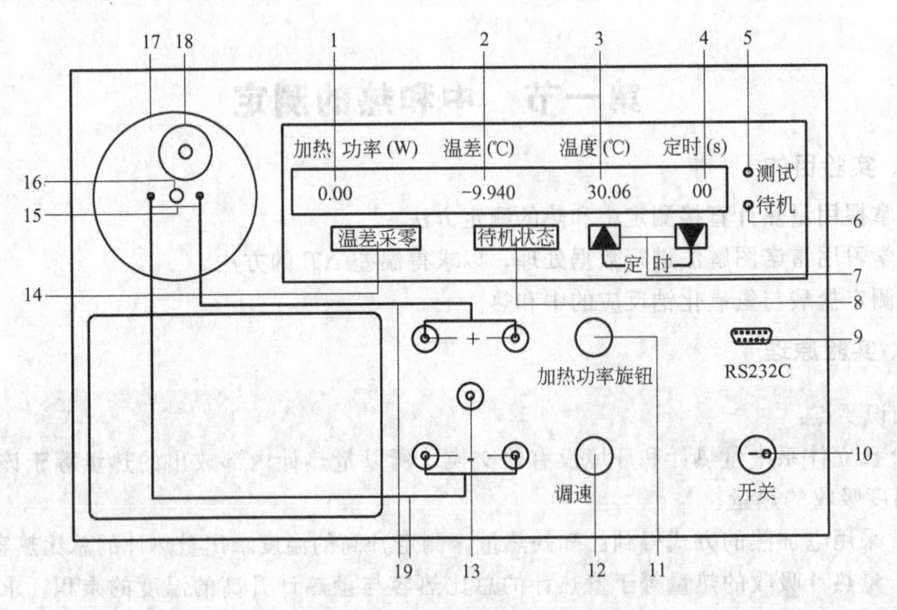

图 2-1-1　一体化中和热测定装置

1—显示屏中加热功率数值；2—显示屏中温差数值；3—显示屏中温度数值；4—显示屏中定时数值；5—测试指示灯；6—待机指示灯；7—“定时”键；8—“待机状态”键；9—RS232C 串行口；10—总开关；11—加热功率旋钮；12—调速旋钮；13—正负极插孔；14—“温差采零”键；15—电热丝的正负极接头；16—温度传感器；17—量热计；18—碱储液管；19—导线

四、实验步骤

操作要领：

1. 测定量热计总比热容 k 时，调节电功率至 2.5W 的电加热，记录通电时间和量热计通电前、加热中、断电后整个的温差数值。

2. 在测定中和热时，拔开碱式储液管的活塞加热，记录反应前、中、后整个的温差数值。

3. 在实验中用于搅拌的转子常常不转，注意温度传感器的深度和转子的转速，保证转子匀速转动。

1. 样品准备

如图 2-1-2 所示，在量热计中装好 500mL 蒸馏水，放入搅拌磁子，调节适当的转速，在瓶盖上插入温度传感器在加热丝上面 1cm 左右，塞紧瓶盖。盖好瓶盖后从碱式储液罐的槽口观察转子是否在转动。

2. 量热计总比热容 k 的测定

① 调节功率。在测定前打开一体式测定仪的总电源，首先将正负极的导线连接在电热丝的两端，然后按“状态转换”键，将“待机”状态转换为“测量”状态（测试指示灯亮），

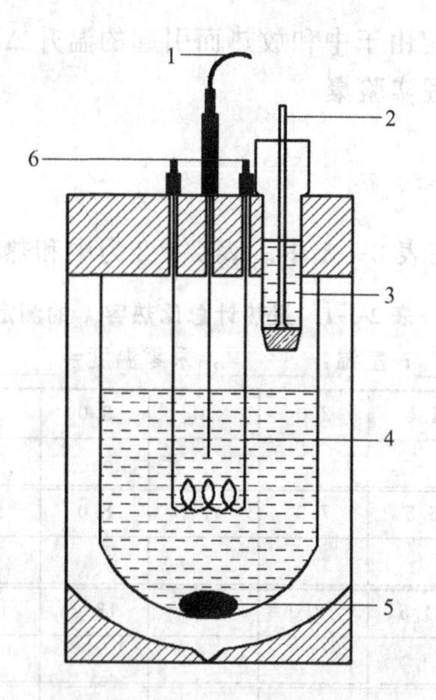

图 2-1-2 量热计

1—温度传感器；2—玻璃棒；3—碱储液管；4—电热丝；

5—磁力搅拌器；6—电热丝正负极接头

调节“加热功率旋钮”，使功率显示栏的数值变为 2.5W，如图 2-1-1 所示。调节好后将电热丝的正负极接头与正负极导线断开，再按“状态转换”键，将“测量”状态转换为“待机”状态。

② 设置精密数字温度温差仪。调节“调速”旋钮，使量热杯中的转子转动。等温差一栏的数值不再上升后，按“温差采零”键，并按住“▲”键不放，定时温差记录间隔时间，定时 30s。

③ 按下“状态转换”键，使状态变为“测试”。此后每 30s 记录一次温差 ΔT。当记下第十个读数（第十次蜂鸣器鸣响）时，立即将电热丝的正负极接头与正负极导线连接，此时加热开始，记录通电开始时间，并继续每 30s 记录一次温差 ΔT。

注：在通电过程中必须保持加热功率 W 恒定，并记录其数值。

④ 待温差升高 0.8～1.0℃（第三十次蜂鸣器鸣响）时，断开电热丝的正负极接头与正负极导线连接。断电后再测十次温差 ΔT，每 30s 记录一次，关闭总电源。

⑤ 用雷诺校正法作图求出由于通电而引起的温升 ΔT_1。

3. 中和热的测定

① 将量热杯中的水倒掉，用干布擦净，重新用量筒取 400mL 蒸馏水注入其中，然后加入 50mL 1mol/L 的 HCl 溶液。再取 50mL 1mol/L 的 NaOH 溶液注入碱储液管中，仔细检查是否漏液。

② 重新启动一体式测定仪的总电源，调速保证磁子在转动（从碱式储液罐的槽口观察）。待温差稳定后，在“待机”状，按“温差采零”键，并按住“▲”键不放，定时 30s。按“状态转换”键，将“待机”状态转换为“测量”状态，每 30s 记录一次温差 ΔT，记录十次。

③ 然后迅速拔出玻璃棒，加入碱溶液，继续每隔 30s 记录一次温差 ΔT，记录十次（注意整个过程时间是连续记录的）。

④ 用雷诺校正法作图确定由于中和放热而引起的温升 ΔT_2。

4. 断电，清洗仪器，清理实验桌

五、数据记录与处理

1. 数据记录

记录时间和温度的读数在表 2-1-1 中。表 2-1-2 为中和热的测定数据表。

表 2-1-1 量热计总比热容 k 的测定

气压：________；室温：______，采零温度＝______，功率：______。

时间/min	0.5	1.0	1.5	2.0	2.5	3.0	3.5	4.0	4.5	5.0(通电)
温差/℃										
时间/min	5.5	6.0	6.5	7.0	7.5	8.0	8.5	9.0	9.5	10.0
温差/℃										
时间/min	10.5	11.0	11.5	12.0	12.5	13.0	13.5	14.0	14.5	15.0(断电)
温差/℃										
时间/min	15.5	16.0	16.5	17.0	17.5	18.0	18.5	19.0	19.5	20.0
温差/℃										

表 2-1-2 中和热的测定

气压：________；室温：______，采零温度＝______。

时间/min	0.5	1.0	1.5	2.0	2.5	3.0	3.5	4.0	4.5	5.0(加碱)
温差/℃										
时间/min	5.5	6.0	6.5	7.0	7.5	8.0	8.5	9.0	9.5	10.0
温差/℃										

2. 雷诺法校正温差 ΔT-t 曲线

(1) 连接各点得 ΔT-t 曲线。

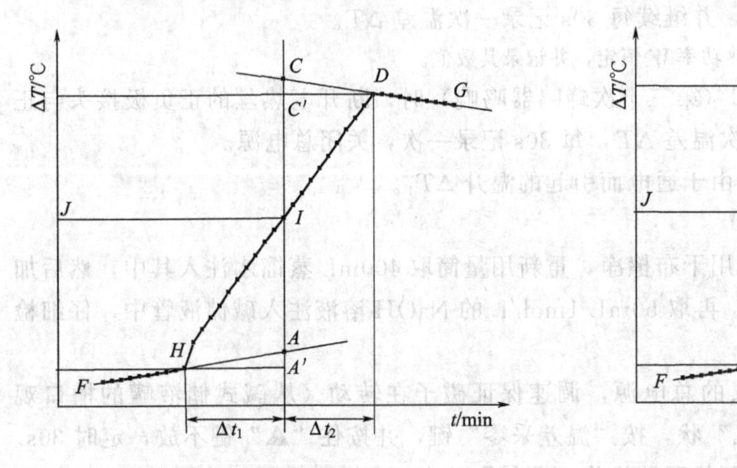

图 2-1-3 雷诺温度校正图

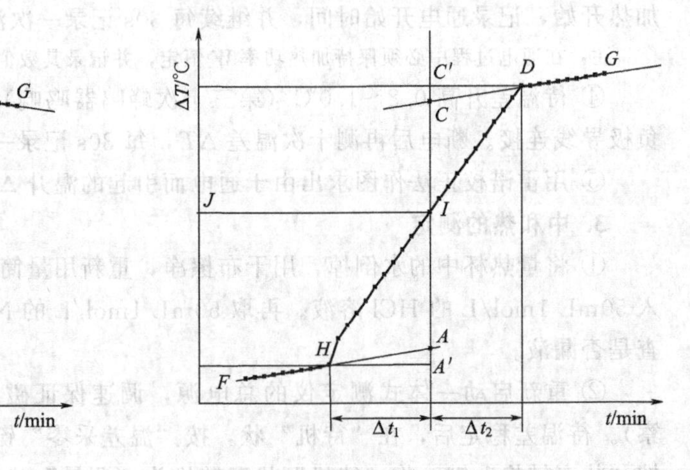

图 2-1-4 绝热良好情况下的雷诺校正图

(2) 雷诺法：如图 2-1-3 所示，D 点为曲线的最高点（或拐点），将 D 点以后的数据线性拟合成一条直线为 DG。H 点为开始加热点，将 H 点以前的点线性拟合成一条直线为

FH。I 点为 DH 纵坐标的中点。过 I 点做一条竖直线，交 DG 线于 C 点，交 FH 线于 A 点。其间 AC 的温度差值即为经过校正的温升 ΔT。

由于量热计并不是严格的绝热系统，量热计会与环境产生热交换，同时搅拌器也会产生热量。所以观察到在加热前 FH 并不是一条水平直线，充分吸热后 DG 线也不是一条水平直线。在量热计中搅拌引进的能量，将造成温度的升高，如 FH 线。从图 2-1-3 中可知，升温的时间为 Δt_1，温度升高的速率为 FH 的斜率。Δt_1 内由于环境的原因造成的温升等于升温速率乘以升温时间，即为 AA' 间的温差。同样量热计向环境的热漏造成的温度降低，如 DG 线。从量热计的温度等于环境的温度（I 点到 D 点）期间都在放热降温，降温的时间为 Δt_2，量热计的温度高于环境温度后的降温速率为 DG 线的斜率，由于环境的原因造成降低的温度为 CC' 间的温差。

从上述分析可知，$A'C'$ 间的温差并不是量热计内的热量产生的温差，AA' 间的温差是由于环境引进的能量而升高的温度，因此从 $A'C'$ 中扣除，CC' 间的温差是量热计向环境的热漏造成的温度降低，计算时必须补充进来。故可认为，AC 两点的差值较客观地表示了样品中和或电加热引起的升温数值 ΔT。

在某些情况下，量热计的绝热性能良好，热漏很小，而搅拌器功率较大，不断引进的能量使得曲线不出现极高温度点，如图 2-1-4 所示，校正方法相似。

（3）作图法求出由于通电而引起的温度变化 ΔT_1，确定由于中和而引起温度变化的 ΔT_2。

3. 量热计总比热容的计算

由实验可知，通电所产生的热量使量热计温度上升 ΔT_1：$k=Q/\Delta T_1=Wt/\Delta T_1$。

4. 中和热的计算

反应的摩尔热效应可表示为：$\Delta_r H_m^{\ominus}=-\dfrac{Q}{n_{酸(碱)}}=-\dfrac{k\Delta T}{cV}\times 1000$。

六、注意事项

1. 数字恒流电源输出的最大电压是 15V，为安全电压。

2. 连接恒流电源正极和负极的电线不能短接或接触打火。

3. 电源线连接加热器前，先加入液体防止通电后加热器干烧。

4. 在测量过程中，应尽量保持测定条件的一致。如水和酸碱溶液体积的量取，搅拌速度的控制，初始状态的水温等。

5. 实验所用的 1mol/L NaOH、HCl 溶液应准确配制，必要时可进行标定。

6. 电加热测定温差 ΔT_1 过程中，要经常察看电流强度和电压是否保持恒定。

7. 测定中和反应时，当加入碱液后，温度上升很快，要读取温差上升所达的最高点，若温度是一直上升而不下降，则说明量热计绝热良好，应记录上升变缓慢的开始温度及时间。

七、思考题

1. 为何在测定量热计的总比热容 k 时，必须把温度计、试管、玻璃棒等都放在量热器内？

2. 实验中为何记录的是温差，而不是温度？

3. 实验中为何要确保转子转动？

案例分析

实验测得的数据见表2-1-3、表2-1-4。

表2-1-3　量热计的总比热容 k 的测定的数据

气压：100.32kPa；室温：24.59℃，采零温度＝24.22℃，功率：2.5W

时间/min	0.5	1.0	1.5	2.0	2.5	3.0	3.5	4.0	4.5	5.0(通电)
温差/℃	−0.040	−0.037	−0.034	−0.030	−0.026	−0.023	−0.019	−0.016	−0.011	−0.006
时间/min	5.5	6.0	6.5	7.0	7.5	8.0	8.5	9.0	9.5	10.0
温差/℃	0.059	0.092	0.122	0.152	0.186	0.217	0.247	0.278	0.311	0.341
时间/min	10.5	11.0	11.5	12.0	12.5	13.0	13.5	14.0	14.5	15.0(断电)
温差/℃	0.371	0.404	0.434	0.467	0.497	0.528	0.560	0.594	0.623	0.654
时间/min	15.5	16.0	16.5	17.0	17.5	18.0	18.5	19.0	19.5	20.0
温差/℃	0.683	0.683	0.680	0.676	0.671	0.669	0.665	0.662	0.659	0.655

表2-1-4　中和热的测定的数据

气压：100.31kPa；室温：24.59℃，采零温度＝24.19℃

时间/min	0.5	1.0	1.5	2.0	2.5	3.0	3.5	4.0	4.5	5.0(加碱)
温差/℃	0.005	0.005	0.006	0.013	0.017	0.021	0.025	0.028	0.031	0.033
时间/min	5.5	6.0	6.5	7.0	7.5	8.0	8.5	9.0	9.5	10.0
温差/℃	0.789	0.938	0.943	0.938	0.933	0.928	0.923	0.919	0.914	0.910

首先求得电加热使量热计吸收的热量：$Q=Wt=2.5\times(15.0-5.0)\times60\text{s}=1.5\times10^3\text{J}$

采用雷诺法校正，参照绪论中Origin在“雷诺校正”中的应用，求得电加热使量热计的温升 ΔT_1。

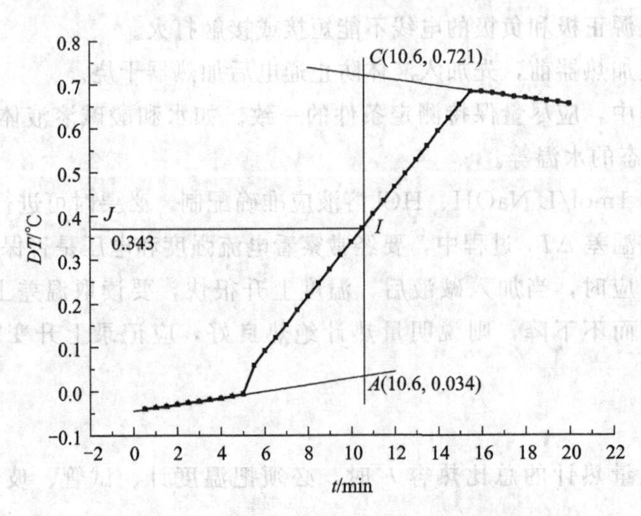

图2-1-5　雷诺法校正的电加热温差图

加热起始点为−0.006℃，最高点为0.683℃，中点 I 的纵坐标为0.343℃。

由图 2-1-5 可知，$\Delta T_1=0.721-0.034=0.687$℃，所以量热计的总比热容 k 为：

$$k=\frac{Q}{\Delta T_1}=\frac{1.5\times10^3}{0.687}=2.2\times10^3 \text{J/K}$$

根据表 2-1-4 中的数据作图，求得中和反应的反应热使量热计升高的温度 ΔT_2。

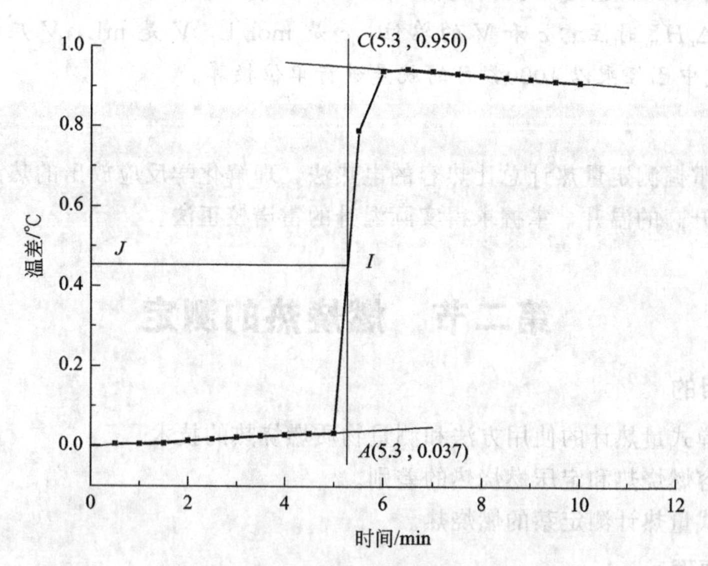

图 2-1-6 雷诺法校正的中和加热温差图

由图 2-1-6 可知，$\Delta T_2=0.950-0.037=0.913$℃

由于酸碱是等摩尔的反应，所以 $n_{酸}=n_{碱}=50.00\text{mL}\times1.000\text{mol/L}$，反应的摩尔热效应可表示为：

$$\Delta_r H_m^{\ominus}=-\frac{Q}{n_{酸(碱)}}=-\frac{k\Delta T_2}{cV}\times1000=-\frac{2.2\times10^3\times0.913}{1.000\times50.00}\times1000=-4.0\times10^4 \text{J/mol}$$

计算过程的注意事项：

1. 在拟合直线时，注意拟合的直线所选取的点的范围。

如图 2-1-7，若曲线上的第三段是上升的曲线，则选取温差升高减缓的点以后的数据为

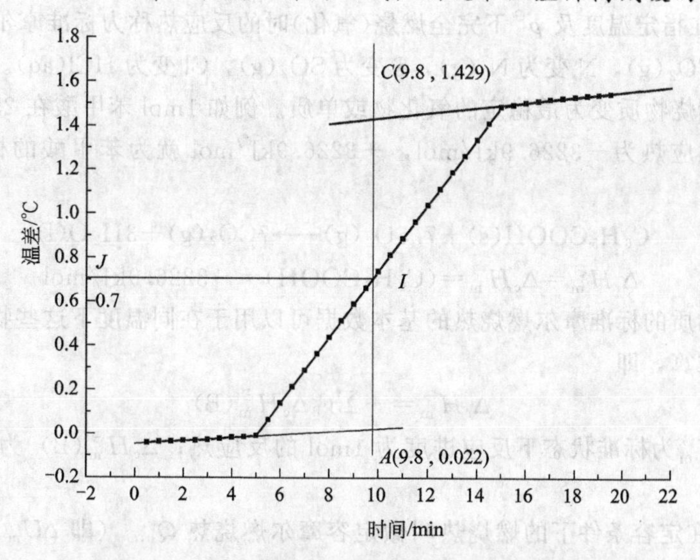

图 2-1-7 绝热性能良好的雷诺法校正的温差图

拟合直线的范围。

2. 在曲线上标出 I 点时，注意是加热起始点（H 点）至最高点（或拐点 D 点）的中点。

3. 在计算 k 时，注意 $Q=UIt$，实验中 t 的单位是 min，带入单位应是 s，应乘以 60s。

4. 在计算 $\Delta_r H_m^\ominus$ 时注意 c 和 V 的单位，c 是 mol/L，V 是 mL，V 应换算为 L 才能计算。所以在公式中已经乘以 1000，目的就是进行单位换算。

实验小结：

本实验应掌握测定量热计总比热容的电热法，理解化学反应放出的热量等于量热计的总比热容乘以升高的温升，掌握求得实际温升的雷诺校正法。

第二节　燃烧热的测定

一、实验目的

1. 掌握氧弹式量热计的使用方法和测量物质燃烧热的技术。
2. 了解定容燃烧热和定压燃烧热的差别。
3. 用氧弹式量热计测定萘的燃烧热。

二、实验原理

知识要点：

1. 定容燃烧热和定压燃烧热的关系式为 $Q_{p,m}=Q_{v,m}+\Delta nRT$；$\Delta n$ 是 1mol 物质燃烧的反应式中产物气体的摩尔数与反应物气体的摩尔数之差。

2. 采用已知燃烧热的苯甲酸燃烧，测定升高的温度求出量热计的总比热容。

3. 量热计吸收的热量等于量热计的总比热容与量热计升高的温度的乘积，算出量热计内萘燃烧时放出的热量，即定容燃烧热。

1. 标准摩尔燃烧热

1mol 物质在指定温度及 $p^\ominus$ 下完全燃烧（氧化）时的反应热称为标准摩尔燃烧热。如化合物中的 C 变为 $CO_2(g)$，N 变为 $N_2(g)$，S 变为 $SO_2(g)$，Cl 变为 HCl(aq)。所谓完全燃烧或完全氧化是指燃烧物质变为最稳定的氧化物或单质。例如 1mol 苯甲酸在 25℃、一个标准大气压下燃烧，反应热为 −3226.9kJ/mol，−3226.9kJ/mol 就为苯甲酸的标准摩尔燃烧热。反应方程式为

$$C_6H_5COOH(s)+7.5O_2(g)\longrightarrow 7CO_2(g)+3H_2O(l)$$

$$\Delta_r H_m^\ominus=\Delta_c H_m^\ominus=(C_6H_5COOH)=-3226.9\text{kJ/mol}$$

测定出各物质的标准摩尔燃烧热的基本数据可以用于在同温度下这些物质发生的化学反应的反应热的求算，即

$$\Delta_r H_m^\ominus=-\sum \nu_B \Delta_c H_m^\ominus(B) \tag{2-2-1}$$

式中，$\Delta_r H_m^\ominus$ 为标准状态下反应进度为 1mol 的反应热；$\Delta_c H_m^\ominus(B)$ 为 B 物质的标准摩尔燃烧热。

1mol 物质在定容条件下的燃烧热叫做定容摩尔燃烧热 $Q_{v,m}$（即 ΔU_m），在定压条件下燃烧叫做定压摩尔燃烧热 $Q_{p,m}$（即 ΔH_m）。根据热力学第一定律的推导，已知定容摩尔燃

烧热可求出定压摩尔燃烧热，计算式为

$$Q_{p,\mathrm{m}}=Q_{v,\mathrm{m}}+\Delta nRT \tag{2-2-2}$$

式中，Δn 为 1mol 物质燃烧的反应式中，产物中气体的总摩尔数与反应物中气体的总摩尔数之差，mol；R 为气体常数；T 为反应的绝对温度，K。由上述可知－3226.9kJ/mol 为苯甲酸的定压摩尔燃烧热 $Q_{p,\mathrm{m}}$。

2. 燃烧热测定原理

本实验利用量热仪为绝热系统，根据能量守恒定律，首先在氧弹中用质量为 m 的引燃丝点燃质量为 m_1 的苯甲酸燃烧，放出的热量全部被内筒和其中的水吸收，温度上升。若知道苯甲酸的定容摩尔燃烧热 $Q_{v,\mathrm{m}}$（苯甲酸）、每克引燃丝的燃烧热 q 和量热仪的温升 $\Delta t_{苯甲酸}$，则由下式可算出量热仪的总比热容 k。

$$-\left[mq+\frac{m_1}{M_{苯甲酸}}Q_{v,\mathrm{m}}(苯甲酸)\right]=k\Delta t_{苯甲酸}$$

$$k=-\left[mq+\frac{m_1}{M_{苯甲酸}}Q_{v,\mathrm{m}}(苯甲酸)\right]/\Delta t_{苯甲酸} \tag{2-2-3}$$

式中，$M_{苯甲酸}$ 为苯甲酸的摩尔质量，g/mol；$Q_{v,\mathrm{m}}$（苯甲酸）的单位为 J/mol；k 的单位为 J/K；m 和 m_1 的单位为 g；q 的单位为 J/g；$\Delta t_{苯甲酸}$ 的单位为 K。

保持内外筒中的水量不变，仪器不变，则量热仪的总比热容 k 也不变。在氧弹中用质量为 m' 的引燃丝点燃质量为 m_2 的萘燃烧，放出的热量仍然全部被内筒和其中的水吸收，上式依然适用，则由式算出萘的定容燃烧热 $Q_{v,\mathrm{m}}$（萘）。

$$-\left[m'q+\frac{m_2}{M_{萘}}Q_{v,\mathrm{m}}(萘)\right]=k\Delta t_{萘}$$

$$Q_{v,\mathrm{m}}(萘)=-\frac{M_{萘}}{m_2}(k\Delta t_{萘}+m'q) \tag{2-2-4}$$

式中，$M_{萘}$ 为苯甲酸的摩尔质量，g/mol；$\Delta t_{萘}$ 为萘和引燃丝燃烧使量热仪的温升，K；$Q_{v,\mathrm{m}}$（萘）的单位为 J/mol；m' 和 m_2 的单位为 g。

三、实验仪器与试剂

SHR-15 燃烧热精密数字温度温差仪，氧弹式量热计，氧弹，压片机，氧气瓶，充氧机，苯甲酸（A.R），萘（A.R），引燃丝。

四、实验步骤

操作要领：

1. 测定量热计总比热容 k 时，燃烧苯甲酸和引燃丝，记录点火前、后整个的温差数值。

2. 在测定萘的定容燃烧热时，燃烧萘和引燃丝，记录点火前、后整个的温差数值。

3. 在两次记录温差数值前，调节内筒的水温比外筒的水温低 1K；在记录数值时，搅拌应开启。

1. 量热仪的总比热容 k 的测定

(1) 称量 在天平上粗略称取 0.5g 左右的苯甲酸，在压片机中压成片状［图 2-2-1(a)］。压成片状后，再利用压片机顶出样品，如图 2-2-1(b) 所示。再在天平上准确称量，记录苯甲酸的药片质量。在天平上精确称量引燃丝的质量。

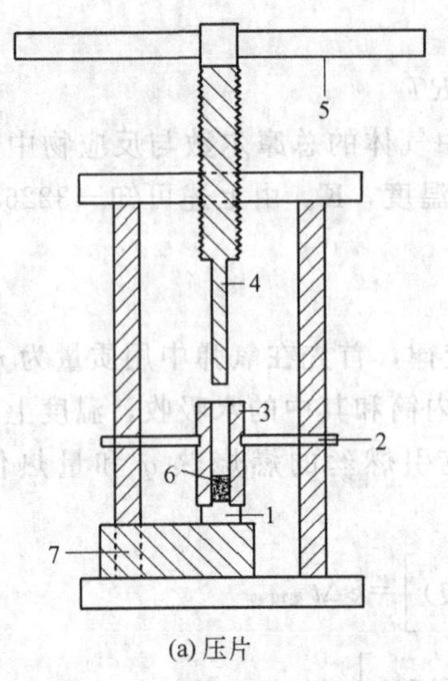

(a) 压片

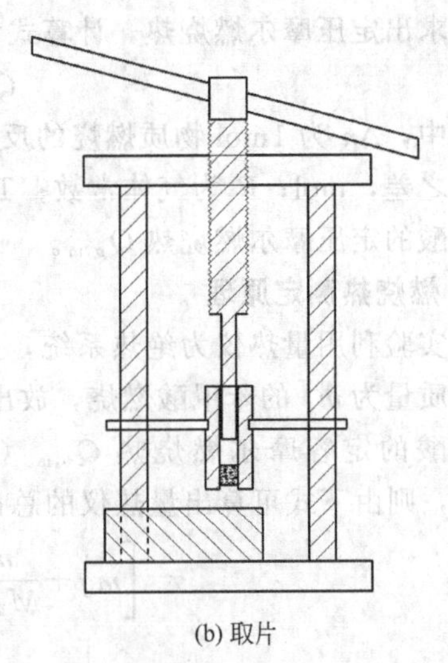
(b) 取片

图 2-2-1　压片机压片和取片图

1—样品筒底盖；2—保护架；3—样品筒；4—顶杆；5—旋转手柄；
6—样品粉末；7—底台

(2) 制样　如图 2-2-2 所示，苯甲酸药片装样，引燃丝中部贴紧样品，但不可碰到坩埚的内壁，将引燃丝固定套下移，卡住引燃丝，固定在电极杆上。在氧弹中加 10mL 水，然后充氧，如图 2-2-3 所示，下拉拉杆向氧弹中充入氧气，至充氧机上的压力表指为约 0.5MPa。将排气针按在氧弹的充气口，将氧弹中的氧气放掉，借以赶出氧弹中的空气，再下拉拉杆向氧弹中充入氧气，直至充氧机上的压力表指为约 2MPa。

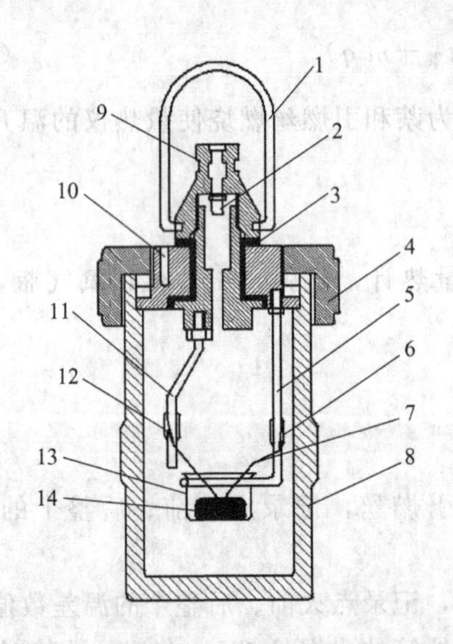

图 2-2-2　氧弹结构图

1—氧弹拉环；2—氧弹的充气口；3—绝缘片；4—氧弹盖；
5—负极电极杆；6—引燃丝固定套；7—引燃丝；8—氧弹筒；9—正极接口；10—负极接口；11—正极电极杆；
12—引燃丝固定槽；13—坩埚；14—燃烧样品

1
接氧瓶
3
4
2

图 2-2-3　氧弹充氧示意图

1—拉杆；2—支架；3—充氧压力表；4—氧弹

(3) 控制水温　如图 2-2-4 所示，打开精密数字温度温差仪，首先将温度传感器插入内

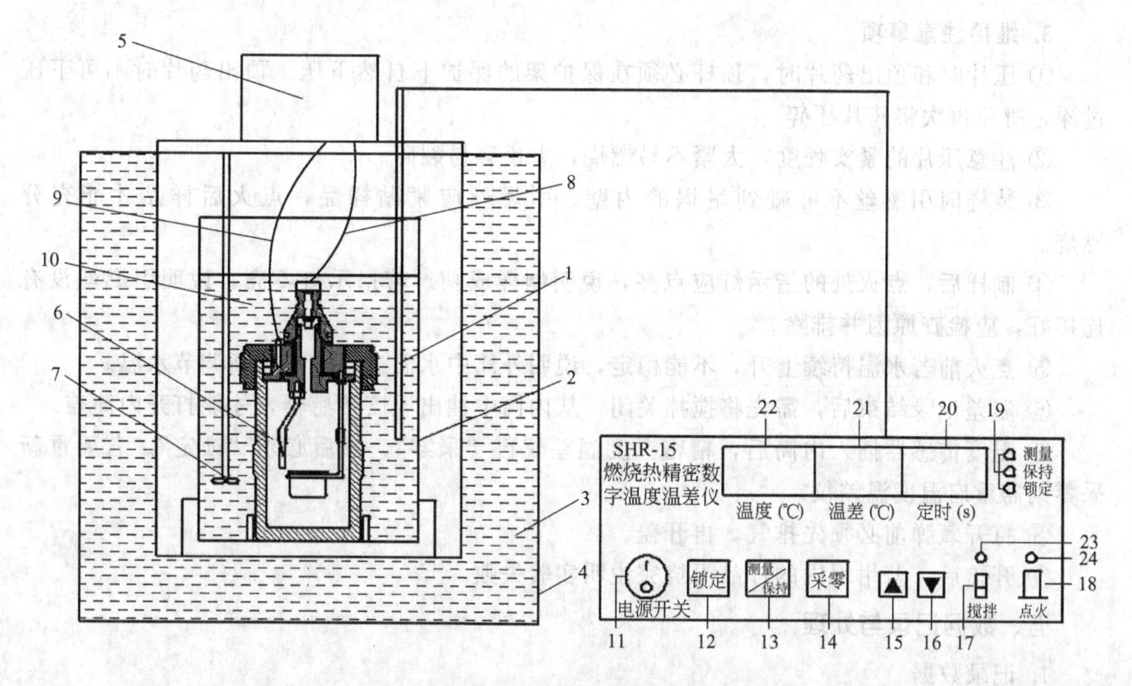

图 2-2-4　燃烧热测定装置

1—温度传感器；2—内筒；3—外筒水浴；4—外筒；5—控制器；6—氧弹；7—搅拌器；8—连接正极导线；9—连接负极导线；10—内筒水浴；11—电源开关；12—锁定键；13—测量/保持键；14—采零键；15—增加定时时间键；16—减少定时时间键；17—搅拌开关；18—点火键；19—状态指示灯；20—定时时间窗口；21—温差窗口；22—温度窗口；23—搅拌指示灯；24—点火指示灯

筒和外筒中测水的水温，要使内筒水温低于外筒水温 1K 左右。若内筒水温过高，可加少许冰；若内筒水温过低，可加少量恒温水浴中的热水；直至内筒水温稳定（即温差仪上的温差基本不变）。

(4) 连接装置　如图 2-2-4 所示，将两根电极线一端旋在氧弹的充气口的正电极上，另一端插入氧弹盖上的负极接口。盖上外筒盖，电极线嵌入筒盖的槽中，并打开精密数字温度温差仪上的搅拌开关。

(5) 定时　如图 2-2-4 所示，按住增加定时时间键不放，直至时间窗口的时间增加到 30s，松开按键后，时间就开始倒计时了。

(6) 记录　按温差仪“采零”键和“锁定”键后，每 30s 鸣叫一次，并记录温差，然后点火。按下“点火”按钮，此时点火指示灯灭，停顿一会点火指示灯又亮，直到引燃丝烧断，点火指示灯才灭。点火后继续记录温差，直至相邻温差相差不超过 0.005℃，再记录 10 次，水温记录结束。

(7) 称重剩余引燃丝　水温记录结束后，将排气针按在氧弹的充气口，将氧弹中的氧气放掉，打开氧弹，看样品是否完全燃烧，如完全燃烧，在天平上精确称量剩余的引燃丝质量，并记录。没完全燃烧，实验失败，重做。

2. 萘的定容摩尔燃烧热的测定

参照步骤 1. 中的（1）称量 0.5g 左右的萘片。同法进行上述实验操作一次。

3. 维护注意事项

① 压片时和顶出药片时，顶杆必须在保护架的保护下自然下压。顶出药片时不可下压过深，避免再次将药片压碎。

② 注意压片的紧实程度，太紧不易燃烧，太松容易裂碎。

③ 装样时引燃丝不可碰到坩埚的内壁。引燃丝应紧贴样品，点火后样品才能充分燃烧。

④ 制样后，点火处的指示灯应点亮，说明制样成功。若指示灯不亮，说明引燃丝没有连接好，应检查原因并排除。

⑤ 点火前若水温持续上升，不能稳定，说明外筒中水温过高，需重新调节水温。

⑥ 温差记录结束后，需先将搅拌关闭，从内筒中抽出温度传感器，才能打开内筒盖。

⑦ 温度传感器插入内筒后，精密温度温差仪再“采零”，然后必须“锁定”。若要重新采零则需重启温度温差仪。

⑧ 打开氧弹前必须先排气，再开盖。

⑨ 开盖后，若坩埚内的样品没烧完说明实验失败。

五、数据记录与处理

1. 记录数据

数据记录表见表 2-2-1～表 2-2-3。

表 2-2-1　样品质量的记录

项　目	苯甲酸	萘
样品的质量/g		
引燃丝的质量/g		
剩余引燃丝的质量/g		
燃烧掉引燃丝的质量/g		
升高的水温 Δt/℃		

表 2-2-2　总比热容 k 的测定

气压：＿＿＿＿＿；室温：＿＿＿＿＿；采零温度＝＿＿＿＿＿

时间/min	0.5	1.0	1.5	2.0	2.5	3.0	3.5	4.0	4.5	5.0(点火)
温差/℃										
时间/min	5.5	6.0	6.5	7.0	7.5	8.0	8.5	9.0	9.5	10.0
温差/℃										
时间/min	10.5	11.0	11.5	12.0	12.5	13.0	13.5	14.0	14.5	15.0
温差/℃										
时间/min	15.5	16.0	16.5	17.0	17.5	18.0	18.5	19.0	19.5	20.0
温差/℃										

表 2-2-3　燃烧热的测定

气压：________；室温：________；采零温度＝________

时间/min	0.5	1.0	1.5	2.0	2.5	3.0	3.5	4.0	4.5	5.0(点火)
温差/℃										
时间/min	5.5	6.0	6.5	7.0	7.5	8.0	8.5	9.0	9.5	10.0
温差/℃										
时间/min	10.5	11.0	11.5	12.0	12.5	13.0	13.5	14.0	14.5	15.0
温差/℃										
时间/min	15.5	16.0	16.5	17.0	17.5	18.0	18.5	19.0	19.5	20.0
温差/℃										

2. 用雷诺校正法（参看中和热的测定中五、数据记录与处理中的 2.）求出苯甲酸燃烧引起量热计温度变化的差值 $\Delta t_{苯甲酸}$，计算总比热容 k 值。

3. 用雷诺校正法求出萘燃烧引起量热计温度变化的差值 $\Delta t_{萘}$，计算萘的定容摩尔燃烧热 $Q_{v,m}$（萘）。

4. 由 $Q_{v,m}$（萘）计算萘的定压摩尔燃烧热 $Q_{p,m}$（萘）。

六、思考题

1. 固体样品为什么要压成片状？

2. 在氧弹里加 10mL 蒸馏水起什么作用？

3. 在环境恒温式量热计中，为什么内筒水温要比外筒水温低？低多少合适？

案例分析

实验测得的数据见表 2-2-4～表 2-2-6。

表 2-2-4　样品质量的记录

项目	苯甲酸	萘
样品的质量/g	0.5350	0.5178
引燃丝的质量/g	0.0120	0.0114
剩余引燃丝的质量/g	0.0045	0.0021
燃烧掉引燃丝的质量/g	0.0075	0.0093
升高的水温 Δt/℃	0.906	1.403

表 2-2-5　总比热容 k 的测定

气压：100.32kPa；室温：14.62℃；采零温度＝14.22℃

时间/min	0.5	1.0	1.5	2.0	2.5	3.0	3.5	4.0	4.5	5.0(点火)
温差/℃	−0.040	−0.037	−0.034	−0.030	−0.026	−0.023	−0.019	−0.016	−0.011	−0.006
时间/min	5.5	6.0	6.5	7.0	7.5	8.0	8.5	9.0	9.5	10.0
温差/℃	0.012	0.066	0.121	0.177	0.225	0.277	0.330	0.382	0.434	0.486
时间/min	10.5	11.0	11.5	12.0	12.5	13.0	13.5	14.0	14.5	15.0
温差/℃	0.550	0.610	0.671	0.733	0.786	0.838	0.891	0.943	0.996	1.006
时间/min	15.5	16.0	16.5	17.0	17.5	18.0	18.5	19.0	19.5	20.0
温差/℃	1.016	1.029	1.036	1.043	1.049	1.055	1.060	1.065	1.069	1.073

表 2-2-6 燃烧热的测定

气压 100.32kPa；室温 14.72℃；采零温度＝14.02℃

时间/min	0.5	1.0	1.5	2.0	2.5	3.0	3.5	4.0	4.5	5.0(点火)
温差/℃	−0.042	−0.038	−0.036	−0.033	−0.032	−0.029	−0.022	−0.018	−0.015	−0.010
时间/min	5.5	6.0	6.5	7.0	7.5	8.0	8.5	9.0	9.5	10.0
温差/℃	0.065	0.140	0.214	0.289	0.364	0.439	0.513	0.588	0.663	0.738
时间/min	10.5	11.0	11.5	12.0	12.5	13.0	13.5	14.0	14.5	15.0
温差/℃	0.812	0.887	0.962	1.037	1.111	1.186	1.261	1.336	1.410	1.485
时间/min	15.5	16.0	16.5	17.0	17.5	18.0	18.5	19.0	19.5	20.0
温差/℃	1.495	1.504	1.512	1.519	1.525	1.531	1.536	1.54	1.544	

参看第一章中雷诺校正的方法做出图 1-5-18。

由图 1-5-18 可知，$\Delta t_{苯甲酸}=0.939-0.033=0.906$℃

根据附表 10 中苯甲酸的标准摩尔燃烧热 $Q_{p,m}$（苯甲酸）为 −3226.9kJ/mol，根据 $Q_{p,m}=Q_{v,m}+\Delta nRT$，由方程式可知 $\Delta n=7-7.5=-0.5$，所以

$$
\begin{aligned}
Q_{v,m}(苯甲酸) &= Q_{p,m}(苯甲酸)-\Delta nRT \\
&= -3226.9\times10^3-(-0.5)\times8.314\times(14.62+273.15) \\
&= -3226\text{kJ/mol}
\end{aligned}
$$

定容燃烧热 $Q_{v,m}$（苯甲酸）＝−3225.704kJ/mol，由于燃烧的苯甲酸为 $m_1=0.5350$g，$M_{苯甲酸}=122.12$g/mol，燃烧的引燃丝为 $m=0.0075$g，$q=-1400$J/g，所以量热计的总比热容 k 为：

$$
\begin{aligned}
k &= -\left[mq+\frac{m_1}{M_{苯甲酸}}Q_{v,m}(苯甲酸)\right]/\Delta t_{苯甲酸} \\
&= -[0.0075\times(-1400)+0.5350\times(-3226\times10^3)/122.12]/0.906 \\
&= 1.56\times10^4\text{J/K}
\end{aligned}
$$

根据表 2-2-6 中的数据作图，由数据可知，求得中和反应的反应热使量热计升高的温度 $\Delta t_{萘}$。因为点火为 −0.010℃，拐点为 1.485℃，所以 I 点的温差为

$$[1.485-(-0.010)]/2=0.748℃$$

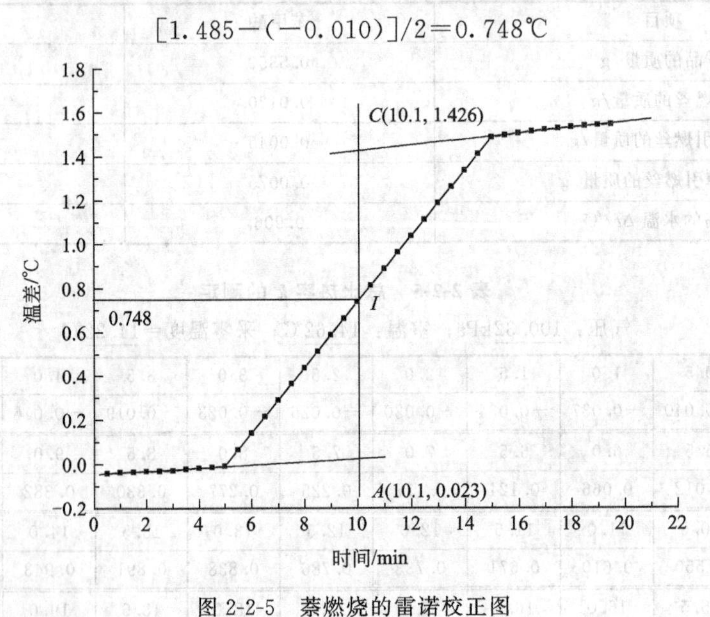

图 2-2-5 萘燃烧的雷诺校正图

由图 2-2-5 可知，$\Delta t_{萘}=1.426-0.023=1.403$℃

由于燃烧的萘为 $m_2=0.5178\text{g}$，$M_{萘}=128.17\text{g/mol}$，燃烧的引燃丝为 $m'=0.0093\text{g}$，$q=-1400\text{J/g}$，所以萘的定容燃烧热 $Q_{v,\text{m}}$（萘）。

$$
\begin{aligned}
Q_{v,\text{m}}(萘) &= \frac{M_{萘}}{m_2}(-k\Delta t_{萘}-m'q)\\
&=128.17/0.5178\times(-1.56\times10^4\times1.403+0.0093\times1400)\\
&=-5.41\times10^3\text{kJ/mol}
\end{aligned}
$$

根据 $Q_{p,\text{m}}=Q_{v,\text{m}}+\Delta nRT$，$C_{10}H_8(s)+12O_2(g)\longrightarrow10CO_2(g)+4H_2O(l)$

由方程式可知 $\Delta n=10-12=-2$，所以

$$
\begin{aligned}
Q_{p,\text{m}}(萘) &= Q_{v,\text{m}}(萘)+\Delta nRT\\
&=-5.41\times10^6+(-2)\times8.314\times(14.72+273.15)\\
&=-5.41\times10^3\text{kJ/mol}
\end{aligned}
$$

计算过程的注意事项：

1. 在拟合直线时，注意拟合的直线所选取的点的范围，若曲线上的第三段是上升的曲线，则选取温差升高减缓的点以后的数据为拟合直线的范围。

2. 在曲线上标出 I 点时，注意加热起始点（H 点）至最高点（或拐点 D 点）的中点。

3. 在计算 k 时，注意附表中查到的是苯甲酸的定压燃烧热 $Q_{p,\text{m}}$（苯甲酸），不能带入公式计算，需根据 $Q_{p,\text{m}}=Q_{v,\text{m}}+\Delta nRT$，写出反应方程式换算为 $Q_{v,\text{m}}$（苯甲酸），才能带入计算 k 的公式。

4. 在计算时注意 $Q_{v,\text{m}}$ 和 $Q_{p,\text{m}}$ 的单位，应换算为 J/mol，才能计算。

实验小结：

1. 本实验应掌握定容燃烧热和定压燃烧热的关系式为 $Q_{p,\text{m}}=Q_{v,\text{m}}+\Delta nRT$，理解氧弹中测定的是定容燃烧热。

2. 本实验应掌握用已知燃烧热的苯甲酸燃烧测定量热计总比热容的方法，理解物质燃烧放出的热量等于量热计的总比热容乘以升高的温度，掌握求得升高温度的雷诺校正法。

3. 熟悉压片、装样、充氧、接线、调温、点火等实验步骤。

第三节 凝固点降低法测定固体物质摩尔质量

一、实验目的

1. 掌握用凝固点降低法测定难挥发溶质的摩尔质量。
2. 了解步冷曲线，掌握溶液凝固点的测定技术。

二、实验原理

知识要点：

1. 稀溶液凝固点的降低值与溶液的浓度有关，浓度越高，降低值越大。

2. 稀溶液的浓度是难挥发溶质在溶液中的质量摩尔浓度，可用难挥发溶质的摩尔质量表示。

3. 难挥发溶质的摩尔质量 $M_\text{B}=K_\text{f}\dfrac{m_\text{B}}{m_\text{A}\Delta T_\text{f}}\times10^3$。

当纯溶剂中加入难挥发的溶质时，溶剂的凝固点降低，其降低值与溶液的质量摩尔浓度成正比。即

$$\Delta T_f = T_f^* - T_f = K_f b_B \tag{2-3-1}$$

式中，ΔT_f 为凝固点降低值，K 或℃；T_f^* 为纯溶剂的凝固点，℃；T_f 为溶液的凝固点，℃；b_B 为溶液中溶质 B 的质量摩尔浓度，mol/g；K_f 为溶剂的质量摩尔凝固点降低常数，K·kg/mol，它的数值仅与溶剂的性质有关。

若称取质量为 m_B 的难挥发溶质和质量为 m_A 的溶剂，配成稀溶液，则此溶液的质量摩尔浓度为

$$b_B = \frac{m_B}{M_B m_A} \times 10^3 \tag{2-3-2}$$

式中，M_B 为溶质 B 的摩尔质量，g/mol；m_B 的单位为 g；m_A 的单位为 g。将该式代入式(2-3-1)，整理得：

$$M_B = K_f \frac{m_B}{m_A \Delta T_f} \times 10^3 \tag{2-3-3}$$

若已知某溶剂的凝固点降低常数 K_f 值，通过实验测定此溶液的凝固点降低值 ΔT_f，即可根据式(2-3-3) 计算溶质的摩尔质量 M_B。

在凝固点的测定中，往往采用过冷溶液凝固后放热，温度回升来判断溶液是否在结冰，结冰后的平台或最高点为凝固点。

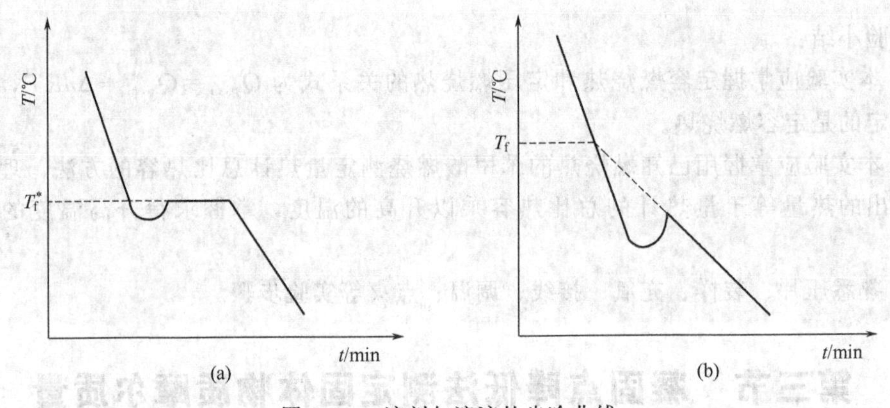

图 2-3-1 溶剂与溶液的步冷曲线

如图 2-3-1 所示，图中（a）为溶剂的步冷曲线，（b）为溶液的步冷曲线。由于溶液没有固定的凝固点，凝固时放出凝固热而使温度回升，回升到最高点又开始下降，其冷却曲线如图 2-3-1(b) 所示。同时溶剂析出后，剩余溶液浓度逐渐增大，溶液的凝固点也要逐渐下降，因此测量的凝固点不太准确。在实验测定中若溶液的过冷程度不大，可以将温度回升的最高值作为溶液的凝固点；若过冷程度太大，则回升的最高温度不是原浓度溶液的凝固点，严格的做法应作冷却曲线，并按图 2-3-1(b) 中所示的方法加以校正。

三、实验仪器与试剂

1 套凝固点测定仪，1 台电子天平，25mL 的移液管 2 支，蔗糖（A.R），氯化钠（A.R），冰，蒸馏水。

如图 2-3-2 为凝固点实验装置图。

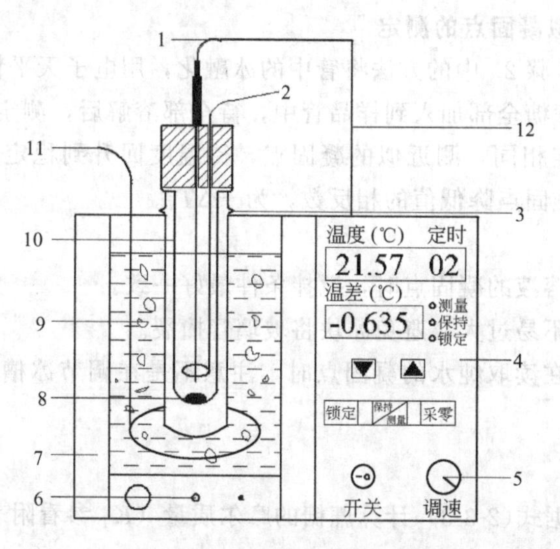

图 2-3-2　凝固点实验装置

1—温度传感器；2—样品管搅棒；3—空气套管；4—精密数字温度温差仪；
5—调速旋钮；6—磁力搅拌器；7—保温套；8—磁子；9—冷冻剂；
10—样品管；11—冰槽搅棒；12—传感器连接线

四、实验步骤

操作要领：

1. 测定水的近似凝固点时，温度先降低，后迅速升高（结冰），升高到最高点为近似凝固点，记录近似凝固点，并先采零、再锁定。

2. 在测定蔗糖溶液的近似凝固点时，温度先降低，后迅速升高（结冰），升高到最高点为近似凝固点，记录近似凝固点，并同时记录温差。

3. 在两次测定凝固点时，温度先降低时，手动搅拌速度应迅速，加速降温和结冰，待迅速升高（结冰）时，缓慢手动搅拌，保留转子缓慢搅拌。

1. 调节冰槽温度

在500mL烧杯中取12满勺的氯化钠和400mL自来水混合，待盐溶化后倒入冰槽中，加半桶冰块，搅拌，插入温度传感器到冰槽中，读取精密数字温度温差仪的温度（图2-3-2），使冰槽中的温度降低到－3～－2℃。若冰槽中的温度较高，则搅拌让冰融化，使温度降低；若温度仍不降低可再向冰槽中补充少量盐；若冰槽中的温度过低，则停止搅拌，必要时加自来水升温。

2. 水的近似凝固点的测定

用移液管向清洁、干燥的样品管内加入25mL蒸馏水，将清洗后的温度传感器擦干插入到样品管中。将样品管直接放到冰槽中，打开磁力搅拌，并同时上下移动样品管搅棒进行手动搅拌（搅拌幅度不要过大，勿拉过液面）。此时温度传感器感应的是蒸馏水的温度，在冰槽中先降温，当开始很快地升温时，说明在结冰，此时缓慢搅拌。同时注意观察温差测量仪的数字变化，直到温度回升稳定为止，此温度即为水的近似凝固点。当冰槽的温度基本变时，按“采零”和“锁定”键，将水的近似凝固点储存在精密数字温度温差仪中。

3. 蔗糖溶液的近似凝固点的测定

取出样品管，用步骤 2. 中的方法将管中的冰融化，用电子天平精确称重约 1g 蔗糖，记录下蔗糖的质量。将蔗糖全部加入到样品管中，待全部溶解后，测定溶液的凝固点。测定方法与纯水的凝固点测定相同，测近似的凝固点，待温度回升到稳定，此为蔗糖溶液的凝固点，此时的温差即为凝固点降低值的相反数，为$-\Delta T_f$。

4. 注意事项

① 在测定溶剂与溶液的凝固点时，搅拌条件最好一致。

② 搅拌时，幅度不易过大，避免冰块将玻璃管撞裂。

③ 采零、锁定是在读取纯水的凝固点时，注意不是在调节冰槽温度时，锁定后不要关闭仪器。

五、数据处理

1. 由所得数据根据式(2-3-3) 计算蔗糖的摩尔质量（K_f 参看附表）。凝固点降低实验数据如表 2-3-1 所示。

表 2-3-1　凝固点降低实验数据

气压：　　　　；室温：

样品 / 数据	蔗馏水	蔗糖
质量/g		
粗测的凝固点/℃		
温差/℃		

2. 蔗糖摩尔质量的理论值为 342g/mol，计算实验的相对误差。

六、思考题

1. 如何判断溶液的近似凝固点？
2. 根据什么原则考虑加入溶质的量？太多或太少影响如何？
3. 采零时的温度与读取的温差代表什么含义？二者有什么关系？

案例分析

测得的数据见表 2-3-2。

表 2-3-2　凝固点降低实验案例分析数据

气压：100.30kPa；室温：17.5℃。

样品 / 数据	蒸馏水	蔗糖
质量/g	25.00	1.001
粗测的凝固点/℃	0.16	−0.07
温差/℃		−0.237

所测蒸馏水的凝固点高于 0℃，与实验条件有关。由于测定过程中使用的是温度传感器，它没有水银温度计准确，所以测定的数值与理论值有偏差，这里是偏高了。但温度传感器对最终的实验结果影响不大，因为用同一只温度传感器测定蔗糖水溶液的凝固点时，也会产生这个偏差。而本实验要的是两个液体的凝固点的差值，并不是绝对温度。

读取的温差应该是一个负值。温差是实际温度减去采零时蒸馏水的凝固点。当在读取蔗糖溶液的凝固点−0.07℃时，实际温度是蔗糖溶液的粗测凝固点，由于蔗糖溶液的凝固点比蒸馏水的凝固点低，因此读取的温差是一个负值。若实验中测得的温差是一个正值，是因为在测定蒸馏水的凝固点时测得值偏低，致使蔗糖溶液的凝固点高于蒸馏水的凝固点，此为错误。

在计算时用的温差应为正值，因为计算时的温差是蒸馏水的凝固点减去蔗糖溶液的凝固点，恰好是温差读数的相反数。$\Delta T_f=0.237$℃，从附表8查出水的 $K_f=1.853\text{K}\cdot\text{kg/mol}$，计算蔗糖的摩尔质量。

$$M_B=K_f\frac{m_B}{m_A\Delta T_f}\times10^3=1.853\times1.001\times10^3/(25.00\times0.237)=313\text{g/mol}$$

式中，$\times10^3$ 是将 K_f 的单位kg换算为g。

由于蔗糖的摩尔质量的理论值为342g/mol，计算实验的相对误差。

$$相对误差=\frac{|342-313|}{342}\times100\%=8.55\%$$

若相对误差过大，大于20%，是因为本次实验测定的是凝固点的粗测值，未进行精测。在粗测时由于样品管直接插入冰槽中，使溶液的过冷现象严重，测定的凝固点不准确。

实验小结：

1. 本实验应掌握溶液凝固点的测定方法和溶液中难挥发溶质的摩尔质量。
2. 本实验应掌握通过温度的变化判断溶液的凝固点的方法，即步冷曲线。
3. 熟悉采零温度与温差的含义。

第四节　饱和蒸气压的测定

一、实验目的

1. 采用静态法测定乙醇在不同温度下的饱和蒸气压，了解静态法测定液体饱和蒸气压的原理。

2. 掌握液体饱和蒸气压的定义，了解纯溶剂饱和蒸气压与温度的关系。

3. 学会用图解法求被测液体在实验温度范围内的平均摩尔汽化热。

二、预备实验

1. 向连接好的恒温槽中加入约3/4容积的水。

2. 调节控温机箱上的控温旋扭（参阅本书第三章中的SYP-Ⅱ玻璃恒温水浴）将温度设定为所需温度。将回差设置为0.1，此时恒温效果最好。打开电源开关、搅拌器开关、加热器开关，开始加热。

3. 当实际温度等于设定温度时，稳定10～20min后，可以继续开始使用恒温水浴。

三、实验原理

知识要点：

1. 饱和蒸气压是液体匀速沸腾时液面上方的液体蒸气的压力。

2. 采用克-克方程得到饱和蒸气压与温度的线性关系 $\ln p=-\frac{\Delta_{vap}H_m}{RT}+C$。

3. 利用U形压差计中液面高度相等，测量A球上方的压力就等于C球上封闭的乙醇蒸气的压力。

1. 饱和蒸气压

在一定的温度下，当物质达到汽-液或气-固平衡时，上方蒸气的压力为此温度下物质的饱和蒸气压 p^*。

2. 饱和蒸气压与温度的关系

在一定的温度下，当纯溶剂液体表面的分子蒸发为气体的速率与气体分子冷凝为液体的速率相等时，液体达到汽-液平衡。当温度升高时，分子加速运动，液体蒸发为气体分子的速率升高，高于冷凝的速率，此时液面上方液体分子增多，蒸气压增大。蒸气压随着绝对温度的变化可用汽-液平衡时的克拉贝龙-克劳修斯方程式来表示：

$$\frac{\mathrm{d}\ln p}{\mathrm{d}T}=\frac{\Delta_{\mathrm{vap}}H_{\mathrm{m}}}{RT^2} \tag{2-4-1}$$

式中，p 为液体在温度 T 时的饱和蒸气压，Pa；T 为测量时的热力学温度，K；$\Delta_{\mathrm{vap}}H_{\mathrm{m}}$为液体的摩尔汽化热，J/mol；$R$ 为气体常数，8.314J/(mol・K)。如果温度变化的范围不大，$\Delta_{\mathrm{vap}}H_{\mathrm{m}}$ 可视为常数，将式(2-4-1) 积分可得：

$$\ln p=-\frac{\Delta_{\mathrm{vap}}H_{\mathrm{m}}}{RT}+C \tag{2-4-2}$$

式中，C 为积分常数。由上式可知，若在一定温度范围内，$\ln p$ 与 $\frac{1}{T}$ 呈线性关系，直线的斜率为 $-\frac{\Delta_{\mathrm{vap}}H_{\mathrm{m}}}{R}$，通过斜率可求出实验温度范围内液体的平均摩尔汽化热 $\Delta_{\mathrm{vap}}H_{\mathrm{m}}$。

3. 静态法

把待测物质放在一个抽真空的容器中，在一定的温度下直接测量蒸气压。在测定中通过用平衡管（又称等位计）中液面是否相平，来判断液面两侧的压力是否为饱和蒸气压。

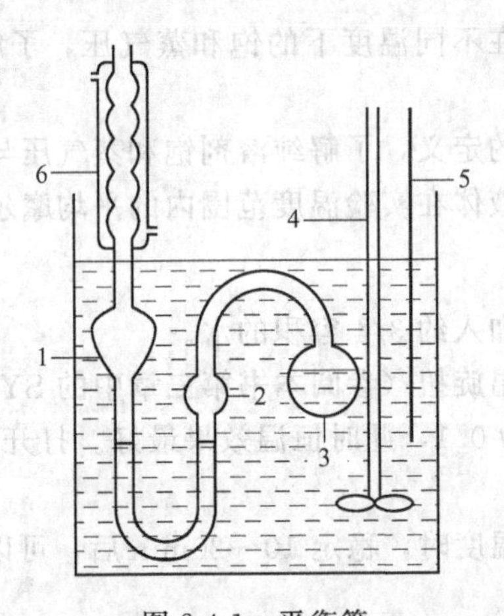

图 2-4-1　平衡管

1—A 球；2—B 球；3—C 球；4—搅拌桨；5—温度传感器；6—冷凝管

平衡管如图 2-4-1 所示，待测物质置于球 C 内，U 形管中也放置被测液体，避免纯溶剂中混入杂质。在一定温度下，当 U 形管中的液体沸腾时说明，C 球上方的蒸气压为纯溶剂的饱和蒸气压。若调节 U 形管中液面在同一水平面时，说明 U 形管与 C 球之间蒸气的压力（即饱和蒸气压）与 U 形管与 A 球之间液面上方的压力数值相等，此时记下 A 球中液面上方的压力就是液体在该温度下的饱和蒸气压。这种测量蒸气压的方法叫做静态法，本实验采用静态法测定。

四、实验仪器与试剂

1 台 SYP-Ⅱ玻璃恒温水浴，平衡管，冷阱，DP-AF 精密数字压力计，缓冲储气罐，旋片真空泵，无水乙醇（A. R）。

五、实验步骤

操作要领：

1. 先采零：打开所有阀门，所测压差皆为实际压力与采零时的大气压的差值。

2. 再开泵，逐渐关闭阀门 8，等压力数值降到－85kPa，迅速关阀 7、阀 11，检漏，压力数值变化＜0.01kPa/s。

3. 排空气。在测定的温度下，缓慢打开阀 8（升压），使系统中的气泡一个一个地逸出 3～5min。避免空气倒灌。

4. 调节 U 形管水平，调节阀 8（升压使 A 球液面下降）和阀 11（降压使 A 球液面上升），记录 U 形管水平时压力计上的读数。

1. 装样

如图 2-4-2 所示，在平衡管内装入适量待测液体乙醇。C 球约 2/3 体积，U 形管两边各 1/2 体积，然后装好各部分。

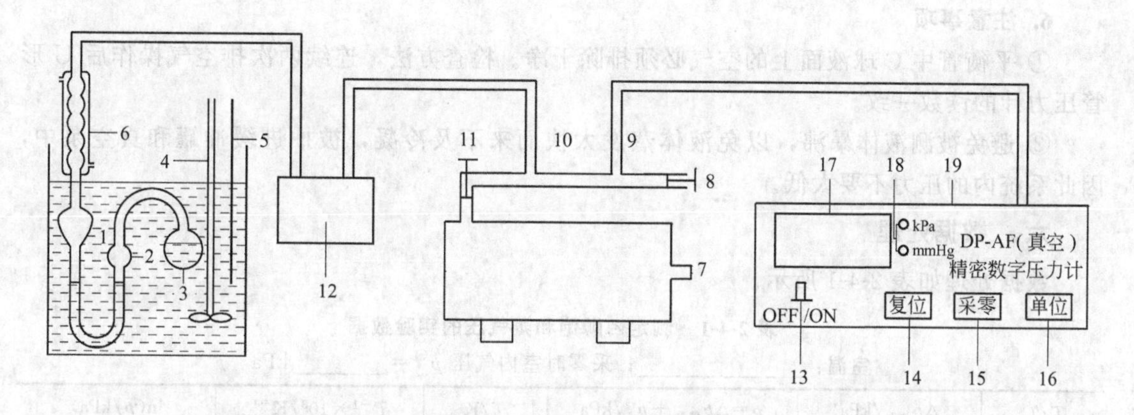

图 2-4-2 饱和蒸气压测定装置

1—A 球；2—B 球；3—C 球；4—搅拌桨；5—温度传感器；6—冷凝管；7—阀 7（接真空泵）；8—阀 8（接大气）；9—接口 1（接压力计）；10—接口 2（接平衡管）；11—阀 11；12—冷阱；13—精密数字压力计开关；14—复位键；15—采零键；16—单位选择键；17—压力值显示窗口；18—单位指示灯；19—精密数字压力计（真空）

2. 采零

打开缓冲罐的阀 7、阀 8 和阀 11，此时系统中的压力为当前大气压，即 DP-AF 精密数字压力计所显示的数值，按下压力计面板上的“采零”键，显示值将变为 00.00（将当前大气压视为零值看待）。精密数字（真空）压力计适用于负压测量，测量范围在 0～－101.3kPa，精密度为 0.01kPa。按下“采零”键，此时显示窗口显示值归零。窗口显示值的数值为实际压力与采零时的实际压力的差值。

3. 检漏

由于系统中的接口较多，观察系统中的压力变化，判断系统的气密性是否良好。

如图 2-4-2 所示，在缓冲罐的阀 7、阀 8 和阀 11 开启的状态下，开动真空泵，然后逐渐关闭阀 8，使系统中的压力逐渐下降，当压力计上的数值显示为－85kPa 时，将阀 7、阀 11 关闭，然后关闭真空泵，此时系统为封闭系统。观察压力计的读数，若压力计的读数在 3～5min 内保持不变或显示的数值变化＜0.01kPa/s，则表明气密性良好，否则请指导老师逐段检查，消除漏气原因。

4. 排空气

在气密性的检测中，系统内的压力很低，在设定的温度下系统中的液体早已爆沸，在阀 11 关闭的状态下，缓慢打开通大气的阀 8（升压），使系统中的气泡一个一个地逸出，BC 球之间的弯管内的空气不断随蒸气经 U 形管逸出，沸腾 3～5min，可认为空气被排除干净。

5. 测定

当空气被排除干净后，且体系温度达到 45℃，调节阀 8 缓缓放入空气（升压），调节阀 11（降压）直至 B、C 管中液面平齐，记录温度与压力。同样若气体倒灌，则重复步骤 4.，将空气排尽后，再进行调节。注意：阀 8 和阀 11 不能同时开启，打开后应及时关闭，再开另一阀门。依次测定，共测 5 个值。升高温度间隔为 5℃。

实验完毕后，打开阀 8 和阀 11 将体系缓缓放入空气，不要让液体倒灌入 C 球。当压力计上的数值归零后关闭所有电源，整理好仪器装置，但不要拆装置。

6. 注意事项

① 平衡管中 C 球液面上的空气必须排除干净。检查方法，连续两次排空气操作后 U 形管压力计的读数一致。

② 避免被测液体暴沸，以免液体蒸发太快而来不及冷凝，被抽进缓冲罐和真空泵中，因此系统内的压力不要太低。

六、数据处理

数据处理如表 2-4-1 所示。

表 2-4-1 测定乙醇饱和蒸气压的实验数据

室温：＿＿＿＿＿＿；采零时室内气压 $p^{\ominus}=$＿＿＿＿ kPa

T/℃	$\Delta p_{仪器}$/kPa	$p=\Delta p_{仪器}+p^{\ominus}$/kPa	T/K	$T^{-1}\times10^{3}$/K^{-1}	$\ln(p/\text{kPa})$
45			318	3.14	
50			323	3.10	
55			328	3.05	
60			333	3.00	
65			338	2.96	

1. 绘制 $\ln p$-$\dfrac{1}{T}$图，求出乙醇的平均摩尔汽化热（可使用计算机程序处理数据，如 Origin 等）。

2. 计算实验的相对误差（乙醇的正常沸点时的摩尔汽化热见附表）。

七、思考题

1. 为什么 BC 弯管中的空气要排干净？怎样判断 C 球液面上空的空气被排净？若未被

驱除干净，对实验结果有何影响？

2. 如何防止U形管中的空气倒灌入球C中？若倒灌时带入空气，实验结果有何变化？

案例分析

测得数据见表2-4-2。

表2-4-2 测定乙醇饱和蒸气压的实验数据分析

室温：25℃；采零时室内气压 $p^{\ominus}=101.430\text{kPa}$

T/℃	$\Delta p_{仪器}$/kPa	$p=\Delta p_{仪器}+p^{\ominus}$/kPa	T/K	$T^{-1}\times10^3$/K^{-1}	ln(p/kPa)
45	−79.12		318.15	3.1432	
50	−73.44		323.15	3.0945	
55	−68.50		328.15	3.0474	
60	−56.03		333.15	3.0017	
65	−53.57		338.15	2.9573	

① 计算表格中的实验数据。见表2-4-3，利用数列代表的物理量和物理量间的函数关系计算出所有的数据。参看第一章第六节中用Excel计算校正仪器误差的实验数据 n。在计算ln(p/kPa) 时，函数“ln”直接在单元格中输入“=ln（物理量单元格地址）”即可。

表2-4-3 测定乙醇饱和蒸气压计算后的实验数据

室温：25℃；采零时室内气压 $p^{\ominus}=101.430\text{kPa}$

T/℃	$\Delta p_{仪器}$/kPa	$p=\Delta p_{仪器}+p^{\ominus}$/kPa	T/K	$T^{-1}\times10^3$/K^{-1}	ln(p/kPa)
45	−78.25	23.18	318.15	3.1432	3.1433
50	−71.82	29.61	323.15	3.0945	3.3881
55	−64.04	37.39	328.15	3.0474	3.6214
60	−54.44	46.99	333.15	3.0017	3.8499
65	−43.12	58.31	338.15	2.9573	4.0658

② 描点，添加趋势线。以 $T^{-1}\times10^3$ 的数据为横坐标，ln(p/kPa) 的数据为纵坐标，插入图形类型为“散点图”，然后将散点拟合到一条直线上，显示公式，参考第一章第六节中拟合折射率-组成的标准直线。

图2-4-3为添加了趋势线的 ln(p/kPa)-$T^{-1}\times10^3$ 的图。

由图2-4-3可知，直线的斜率为 -4.9645×10^3，根据斜率 $=-\dfrac{\Delta_{vap}H_m}{R}$ 得

$\Delta_{vap}H_m=-R\times(-4.9645\times10^3)=-8.314\times(-4.9645\times10^3)=41.28\text{kJ/mol}$

计算过程的注意事项：

1. 在拟合直线时，注意在“趋势线选项”选“线性”，选中“显示公式”。此时添加了一条直线，才给出直线的函数关系。

2. 注意拟合后直线的横坐标是 $T^{-1}\times10^3$，在计算斜率时不要忘记将软件显示的 x 前的数值乘以 10^3，表示斜率。

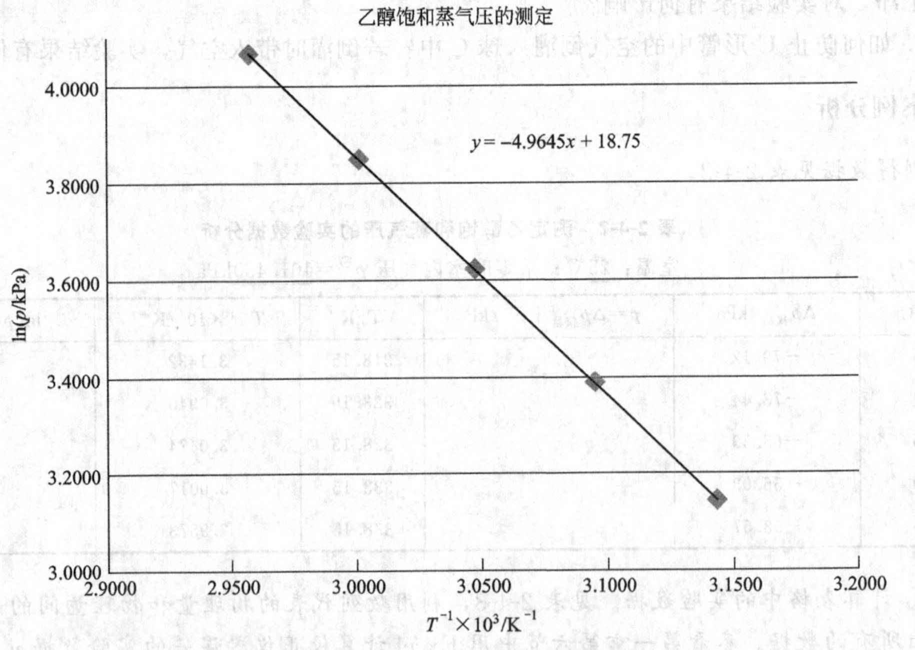

图 2-4-3　乙醇饱和蒸气压美化后的线性图

实验小结：

1. 本实验应掌握饱和蒸气压与温度的关系 $\ln p = -\dfrac{\Delta_{vap}H_m}{RT} + C$，理解饱和蒸气压是液体匀速沸腾时液面上方的液体蒸气的压力。

2. 本实验应掌握用静压法测定乙醇液体饱和蒸气压的方法，理解 U 形管液面相平时 A 球中的压力等于 C 球中乙醇蒸气的压力。

3. 熟悉采零、检漏、排空气、测定等实验步骤。

第五节　乙醇-环己烷汽-液平衡相图

一、实验目的

1. 绘制乙醇-环己烷双液系的沸点-组成图，确定其恒沸组成及恒沸温度。

2. 理解相图中各部分的含义。

二、预备实验

1. 工作原理

光从一种介质进入到另一种介质时，不仅光的传播速度会发生改变，光的传播方向也会发生改变，这种光的传播方向发生改变的现象称为光的折射现象。当光在发生折射时遵循折射定律：

$$n_A \sin\alpha = n_B \sin\beta \tag{2-5-1}$$

式中，α 为入射角；β 为折射角；n_A、n_B 分别为的介质 A、B 的折射率。折射率是物质的特性常数之一，它的数值与温度和光源的波长有关。因此折射率的符号为 n_D^t，其中 t 表示温度；D 表示波长。

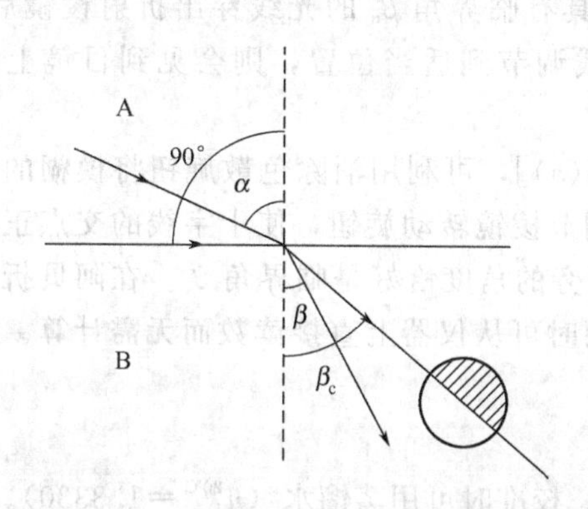

图 2-5-1　光在两种媒质界面上的折射现象

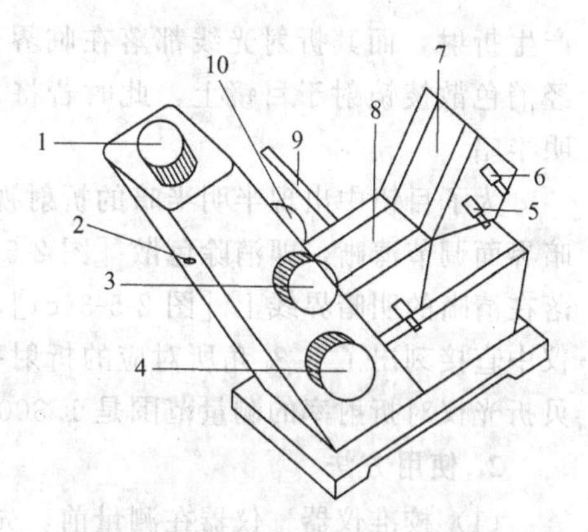

图 2-5-2　阿贝折光仪外形图

1—目镜；2—刻度调节螺丝；3—消除色散旋钮；4—棱镜转动旋钮；5—恒温水进水口；6—恒温水出水口；7—进光棱镜面；8—折射棱镜面；9—温度计；10—棱镜锁紧旋钮

若温度一定，光源的波长也一定，折射率的数值就是一个定值。折射率较大的介质称为光密介质，折射率较小的称为光疏介质。若 A 为光疏介质，B 为光密介质，则 $n_A < n_B$。当光线从光疏介质 n_A 进入光密介质 n_B 时，根据式(2-5-1)，入射角 α 大于折射角 β。当入射角 α 增大，折射角 β 也增大。如图 2-5-1 所示，当入射角 α 增大到最大，即 90°，折射角 β 也增大到最大，此时的折射角 β_c 为临界折射角。若 B 介质为棱镜，则 B 介质的折射率为 $n_{棱镜}$（为已知数值），当 $\alpha=90°$时，则 $\sin\alpha=1$。根据式(2-5-1) 可得 A 介质（待测液体）的折射率 $n_{待测}$：

$$n_{待测}=n_{棱镜}\sin\beta_c \tag{2-5-2}$$

当光线从 0°～90°入射，折射光线只能落在临界折射角 β_c 以内的区域，因此大于临界折射角 β_c 的区域属于暗区。

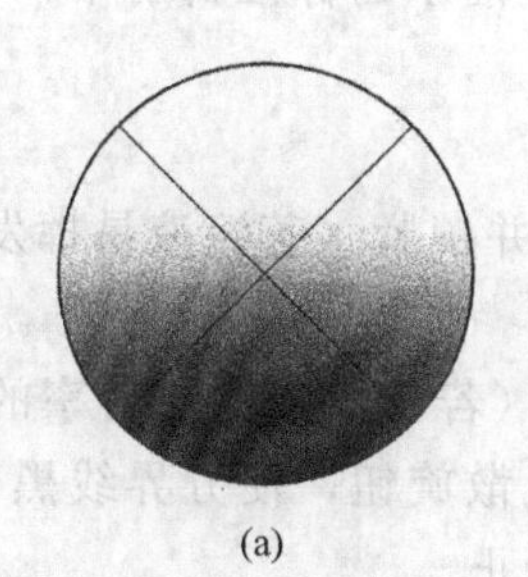

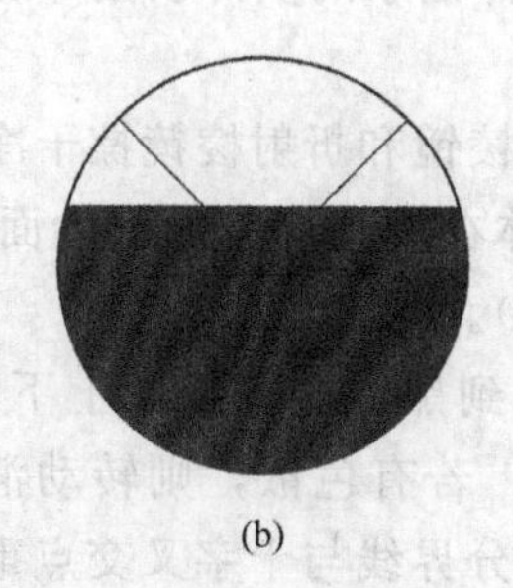

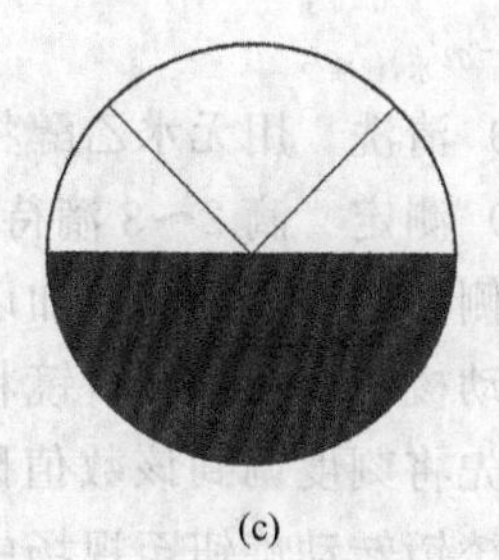

图 2-5-3　半明半暗的折射视场

光线从进光口进入到进光棱镜（图 2-5-2），通过待测液体层进入到折射棱镜。阿贝折光仪的主要部分为两块直角棱镜——进光棱镜和折射棱镜。进光棱镜的粗糙表面与折射棱镜之间约有 0.1～0.15mm 的空隙，用于装待测液体并使在进光棱镜和折射棱镜间铺成一薄层。光线进入到进光棱镜后，由于进光棱镜面是粗糙的毛玻璃，进而发生漫射，从各种角度透过空隙中的被测液体薄层；进入折射棱镜中，由前面叙述可知，进入折射棱镜的光线均产生折射，而其折射光线都落在临界角 β_c 之内。具有临界角 β_c 的光线穿出折射棱镜后，经消色散棱镜射于目镜上，此时若将目镜的十字线调节到适当位置，则会见到目镜上半明半暗。

为了目镜中出现半明半暗的折射视场［图 2-5-3(a)］，可利用消除色散旋钮将模糊的明暗界面调节清晰，即消除色散［图 2-5-3(b)］。再调节棱镜转动旋钮，使十字线的交点正好落在清晰的明暗界线上［图 2-5-3(c)］，此时十字线旁的角度恰好是临界角 β_c。在阿贝折光仪中直接刻出了与 β_c 角所对应的折射率，所以使用时可从仪器上直接读数而无需计算。阿贝折光仪对折射率的测量范围是 1.3000～1.7000。

2. 使用方法

(1) 校准仪器　仪器在测量前，先要进行校准。校准时可用蒸馏水（$n_D^{20℃}=1.3330$）。

a. 将棱镜锁紧旋钮松开，将棱镜擦干净（注意：用无水酒精或其他易挥发溶剂，用镜头纸擦干）。

b. 用滴管将 2～3 滴蒸馏水滴入两棱镜中间，合上并锁紧。

c. 机械校正。调节棱镜转动旋钮，使折射率读数恰为 1.3330（若水温为 20℃）。若视场出现色散［图 2-5-3(a)］，可调节消除色散旋钮至色散消失。从测量镜筒中观察黑白分界线是否与叉丝交点重合。若不重合，则用螺丝刀调节刻度调节螺丝，使十字叉交点准确地和分界线重合［图 2-5-3(c)］。

d. 查表校正。若手边无螺丝刀，先调节使十字叉交点准确地和分界线重合，记录下蒸馏水的实际折射率的读数 $n^t_{水,实际}$。若实验时测量温度不是 20℃，所用的蒸馏水校正标准将不是 1.3330，可通过附录查得实际测量时蒸馏水的标准折射率。利用蒸馏水的实际折射率 $n^t_{水,实际}$ 与蒸馏水的标准折射率 $n^t_{水,标准}$ 的差值，求出仪器的误差 Δn。

e. 计算校正。若实验时测量温度不是 20℃，所用的蒸馏水校正标准将不是 1.3330，需根据实际测量时的温度求出实际温度下蒸馏水的标准数值。根据温度每上升 1℃，折射率下降 4×10^{-4}，计算出实际温度下蒸馏水的标准数值 $n^t_{水,标准}$。计算公式为 $n^t_{水,标准}=1.3330-(t-20)\times4\times10^{-4}$。

注意：误差是用相同温度 t 下蒸馏水的实际折射率减去蒸馏水的标准折射率，即 $\Delta n=n^t_{水,实际}-n^t_{水,标准}$。

(2) 清洗　用无水乙醇将进光棱镜和折射棱镜擦干净。

(3) 测定　滴 2～3 滴待测液体在进光棱镜的磨砂面上，并锁紧（若溶液易挥发，须在棱镜组侧面的一个小孔内加以补充）。

转动棱镜旋钮，在目镜将观察到黑白分界线在上下移动（若已知液体折射率的大概数值，可先将刻度调到该数值附近）；若有色散，则转动消除色散旋钮，使分界线黑白分明，再调节棱镜转动旋钮至视场中黑白分界线与十字叉交点重合为止。

(4) 读出刻度盘上的数值　如图 2-5-4 所示，阿贝折光仪的刻度盘上有两行数值，上面一行是糖度，下面一行是折射率，两者互不影响。此时液体的折射率为 1.3326。

注意：测出的待测液体的折射率需减去仪器的误差才得到校正后的待测液体的折射率，即 $n^t_{待测,校正}=n^t_{待测,实际}-\Delta n$。

3. 实验仪器与试剂

1 台阿贝折光仪（带温度计），环已烷的摩尔分数为 0、0.2、0.4、0.6、0.8、1.0 的乙醇-环已烷溶液（A.R），无水乙醇（A.R），蒸馏水。

图 2-5-4 阿贝折光仪的部分刻度视场

4. 实验步骤

操作要领：

1. 蒸馏水测量的折射率和蒸馏水标准折射率比较，用于计算仪器的误差。
2. 测量不同浓度环己烷的乙醇溶液的折射率，并用误差校正。

(1) 用蒸馏水校正阿贝折光仪，测定出仪器误差 Δn。

(2) 测定环己烷的摩尔分数为 0、0.2、0.4、0.6、0.8、1.0 的乙醇-环己烷溶液的折射率，每个样品测量 3 次，取算数平均值 $n^t_{待测,平均}$。

(3) 将 (2) 中测定的算数平均值减去仪器的误差，变为校正后的标准值 $n^t_{待测,校正}$，即 $n^t_{待测,校正}=n^t_{待测,平均}-\Delta n$。

(4) 观察不同摩尔分数的乙醇-环己烷溶液折射率的变化趋势，然后绘制出折射率-摩尔分数的标准直线（可使用计算机程序处理数据，如 Origin 等）。

5. 注意事项

(1) 调节时应将入光口正对光源。

(2) 测量时速度应快，避免液体在棱镜中挥发，将看不到任何视场。

三、实验原理

知识要点：

1. 混合液体沸腾时，由于挥发度不同，蒸气的浓度和液体的浓度也不相同。根据测定蒸气和液体的折射率，通过折射率-摩尔分数的标准直线查得蒸气和液体的摩尔分数。
2. 溶液的沸点与溶液的浓度有关，溶液的浓度改变，沸点也会改变。
3. 恒沸液是混合溶液在沸腾时气体和液体的浓度相同。

当一定比例的乙醇和环己烷混合液体从室温开始加热后，混合液体温度逐渐升高，但混合液体中两组分的比例不变，即组分恒定。当混合液体开始沸腾，此时达到汽液平衡，由于乙醇和环己烷的挥发度不同，因此在气相和液相中环己烷的组成（浓度）也不相同。记录下液体的沸点，并测量出蒸气中环己烷的组成（浓度）和液体中环己烷的组成（浓度）。若逐渐向混合液体中加入环己烷，则体系中的环己烷的浓度增大，因此汽液平衡体系中气相中的环己烷和液相中的环己烷也将逐渐增多，同时混合液体沸腾时的温度将会改变。将每次沸腾时测量到的气相、液相组成及温度在图中标出，连接所有的气相点和液相点就得到了相应的气相线和液相线。如图 2-5-5 中，浓度为 X_2 的乙醇和环己烷混合液加热到沸

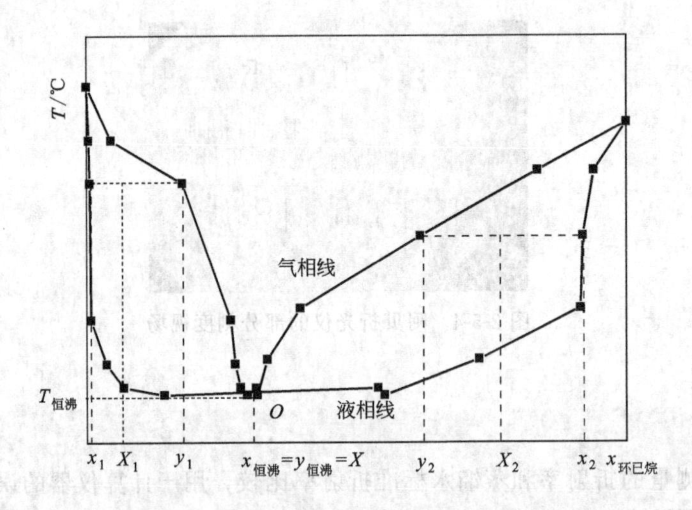

图 2-5-5 乙醇和环己烷沸点-组成图

腾时的气相组成 y_2 和液相组成 x_2，因此在图中气相线和液相线是体系在两相共存时的浓度曲线。

乙醇和环己烷的混合溶液在测定时存在一个特殊的点，如图 2-5-5 所示，气相 $x_{恒沸}$ 和液相 $y_{恒沸}$ 相等，即 O 点。在此点沸腾后气体和液体的浓度相同，并且将气体冷凝后与原来加热前的液体浓度 X 相同。因此，此溶液无论怎么加热蒸发，其气相和液相的浓度都不变，此溶液称为恒沸液。此点的横坐标称为恒沸组成 X，纵坐标称为恒沸温度 $T_{恒沸}$。

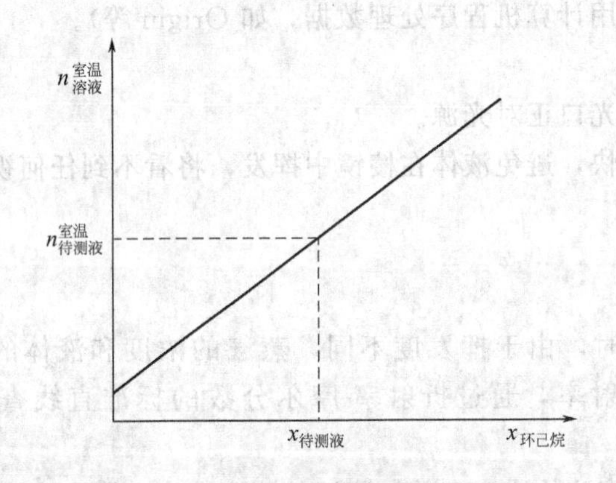

图 2-5-6 乙醇和环己烷折射率-组成图

在本实验中采用阿贝折光仪测定气相冷凝液和液相在室温下的折射率。在预备实验中做出的折射率-组成的室温下的标准直线上，通过纵坐标查横坐标的组成（浓度），如图 2-5-6 所示。因为蒸发的气体冷凝后，冷凝液的浓度与气体的浓度相同，所以测定出气体冷凝液的组成（浓度）就是气体的组成（浓度）。

四、实验仪器与试剂

1 套沸点仪（图 2-5-7），1 台 SWC-Ⅱ$_D$ 精密数字温度温差仪，1 台 WLS-2 数字恒流电源，1 台阿贝折光仪，镜头纸，胶头滴管（3 支），环己烷（A.R），无水乙醇（A.R），蒸馏水。

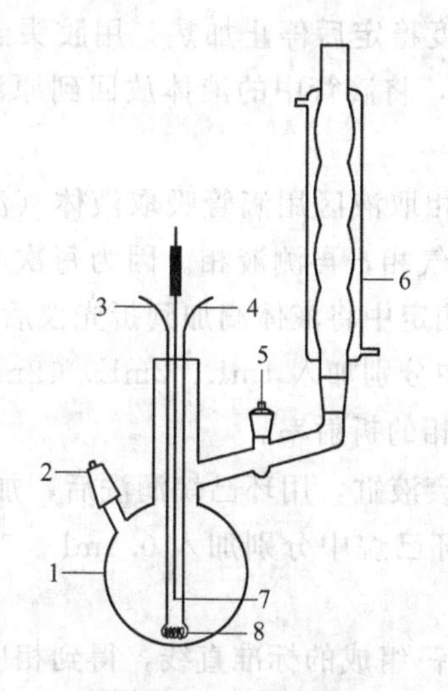

图 2-5-7　沸点仪

1—蒸馏瓶；2—液相取液口；3—电极接口 1（接直流电源）；4—电极接口 2（接直流电源）；5—气相取液口；6—冷凝管；7—温度传感器（接精密数字温度温差仪）；8—电热丝

五、实验步骤

操作要领：

1. 溶液沸腾时，测量液体的折射率、蒸气冷凝液的折射率和沸点。

2. 分成两组测定折射率：一组先向清洁干燥的蒸馏瓶中加入环己烷测定，然后逐步加入乙醇测定；另一组向清洁干燥的蒸馏瓶中加入乙醇测定，然后逐步加入环己烷测定。

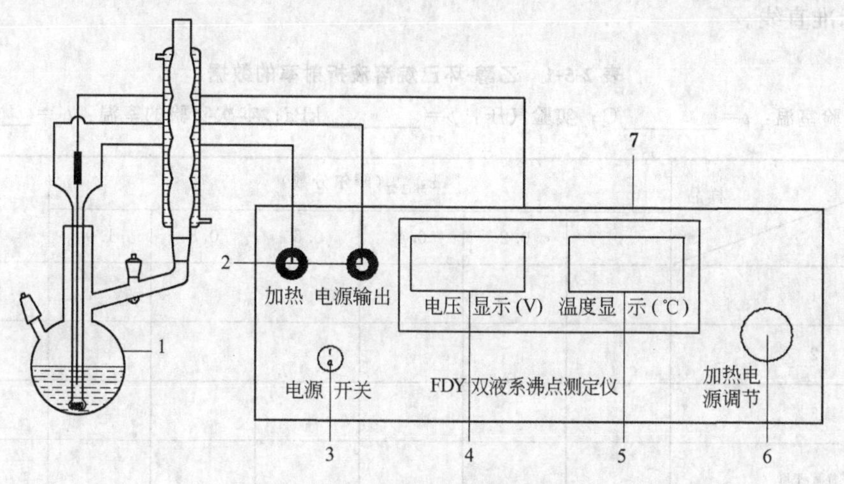

图 2-5-8　汽-液平衡相图测定装置

1—沸点仪；2—加热电源接口；3—沸点测定仪电源开关；4—加热电压显示窗口；5—温度显示窗口；6—加热电压调节；7—FDY 双液系沸点测定仪

1. 按图 2-5-8 搭好实验装置，打开冷凝水。

2. 用 25mL 移液管从液相取液口向沸点仪中加入 20mL 无水乙醇，温度传感器浸在液体中，打开电源，将电压调节到 13V，加热。

3. 加热至沸腾后，观察温度稳定后停止加热，用胶头滴管吸出气相冷凝液（注意：一定要断开加热丝与电源的接头），将滴管中的液体放回到原液中，再次沸腾，温度稳定后记下此时的沸点温度，即 $T_{沸点}$。

4. 分别从液相取液区和气相取液区用滴管吸取液体（注意：滴管一定要干燥，每次要甩干），测其折射率。最好先测气相，再测液相。因为每次收集的气相样品很少，避免还未测定出折射率就挥发了。每次测定中将液体滴加到折光仪后，剩余的样品不要丢掉，应倒回原液中。测定完后继续向原液中分别加入 1mL、2mL、12mL 的环己烷，每加入一次都按照上述步骤测定 $T_{沸点}$、液相和气相的折射率。

5. 将沸点仪中的液体倒入废液缸，用环己烷润洗后，加入 20mL 环己烷，测定其 $T_{沸点}$、液相和气相的折射率。然后向环己烷中分别加入 0.4mL、1.0mL、1.2mL 无水乙醇，重复上述的测定。

6. 通过乙醇和环己烷折射率-组成的标准直线，得到相应温度下气相和液相的组成。

六、注意事项

1. 本实验中所有的玻璃仪器不得用水润洗，避免系统中混入新的组分。

2. 开始实验前要先打开冷凝水。

3. 加热丝若没浸没在液体中，不得通电加热，防止电热丝烧断。

4. 打开气相取液区和液相取液区前，一定要先断电，再开盖，防止组分挥发到空气中，改变原液的组成。

5. 直流电源电压不得超过 13V。

七、数据记录与处理

1. 将预备实验中的折射率填入表 2-5-1。绘制出乙醇-环己烷溶液折射率 $n^t_{待测,校正}$-组成 $x_{环己烷}$ 的标准直线。

表 2-5-1　乙醇-环己烷溶液折射率的数据

预备实验室温：t=________℃；实验气压：p=________kPa；本次实验的室温：t'=________℃

项目 \ 样品		$x_{环己烷}$（摩尔分数）						蒸馏水
		0	0.2	0.4	0.6	0.8	1.0	
	1							
	2							
	3							
$n^t_{待测,平均}$								
$n^t_{待测,校正}$								
$n^{t'}_{待测,校正}$								

2. 将测得的实验数据填入表 2-5-2，并通过新的乙醇-环己烷溶液折射率-组成的标准直线查出气相和液相的组成。

表 2-5-2　乙醇-环己烷溶液室温下沸点与组成的数据

实验气压：$p=$________kPa；本次实验的室温：$t'=$________℃

$V_{乙醇}$/mL		20	20	20	20	2.6	1.4	0.4	0
$V_{环己烷}$/mL		0	1	3	15	20	20	20	20
$T_{沸点}$/℃									
气相冷凝液	折射率	╲							╲
	组成 $y_{环己烷}$	0							1
液相	折射率	╲							╲
	组成 $x_{环己烷}$	0							1
恒沸温度：					恒沸组成：				

3. 绘制 $T_{沸点}$-$x_{环己烷}$-$y_{环己烷}$ 相图。求出恒沸温度和恒沸组成（可使用计算机程序处理数据，如 Origin 等）。

八、思考题

1. 本实验中为何要将实验中的折射率调整为本次实验下温度的折射率？不调整会有什么影响？

2. 为何要温度稳定后停止加热，用胶头滴管吸出气相冷凝液放回到原液中，然后再测定气相冷凝液的折射率？

3. 怎样判断溶液是否达到沸腾？

案例分析

1. 用 Excel 计算预备实验的实验数据。首先，用 Excel 计算出 $n^{24}_{待测,平均}$，参考第一章第六节中 Excel 在“二元液系的汽-液平衡相图”中的应用。由附表 4 查得水在 24℃的标准折射率 $n^{24}_{水,标准}$ 为 1.33263，而测量值 $n^{24}_{水,实际}$ 为 1.3321，所以仪器的误差 Δn 为 $\Delta n=n^{24}_{水,实际}-n^{24}_{水,标准}=1.3321-1.3326=-0.0005$，说明仪器测定值偏小，则校正值 $n^{24}_{待测,校正}=n^{24}_{待测,平均}-\Delta n$。

其次算出所有 24℃时的折射率校正值 $n^{24}_{待测,校正}$ 参考第一章第六节中 Excel 在“二元液系的汽-液平衡相图”中的应用。

最后，由于测定气相和液相折射率时室温与预备实验的室温不同，同一种液体的折射率也会随之变化。根据温度每升高 1℃，折射率下降 4×10^{-4}，所以 24℃的折射率需加上 0.0008，求得 22℃下液体的折射率 $n^{22}_{待测,校正}=n^{24}_{待测,校正}+0.0008$，参考第一章第六节中 Excel 在“二元液系的汽-液平衡相图”中的应用，计算出所有的 22℃校正值，将结果填入表 2-5-3。

2. Excel 拟合折射率-组成的直线。得到直线的数据方程 $y=0.0669x+1.3582$，参考第一章第六节中 Excel 在“二元液系的汽-液平衡相图”中的应用。

3. 用 Excel 计算表 2-5-7 乙醇-环己烷溶液室温下气相组成的数据 $y_{环己烷}$ 和液相组成的数据 $x_{环己烷}$，绘制温度-气组成的曲线和温度-液组成的曲线，见表 1-6-3，如图 1-6-21 所示利用坐标纸的背景读数两条线（气相线和液相线）的交点为（0.610，65.8）。

计算过程的注意事项：

1. 在拟合直线时，注意在“趋势线选项”选“线性”，选中“显示公式”。此时添加了一条直线，才给出直线的函数关系。

2. 注意求仪器误差时应选择室温下水的标准折射率。

表 2-5-3 Excel 处理乙醇-环己烷溶液折射率的数据结果

实验温度：t＝24℃；实验气压：p＝100.03kPa

样品 / 项目	$x_{环己烷}$（摩尔分数）						蒸馏水
	0	0.2	0.4	0.6	0.8	1.0	
1	1.3595	1.3716	1.3810	1.4006	1.4134	1.4216	1.3326
2	1.3575	1.3713	1.3731	1.4010	1.4136	1.4226	1.3321
3	1.3603	1.3709	1.3708	1.4005	1.4132	1.4226	1.3317
$n^{24}_{待测,平均}$	1.3591	1.3713	1.3750	1.4007	1.4134	1.4223	
$n^{24}_{待测,校正}$	1.3596	1.3718	1.3755	1.4012	1.4139	1.4228	
$n^{22}_{待测,校正}$	1.3604	1.3726	1.3763	1.4020	1.4147	1.4236	

实验小结：

1. 本实验应掌握阿贝折光仪的使用方法，在测定中应先将刻度调到溶液的折射率附近，再进行调节，理解折射率随温度而改变。

2. 在校正阿贝折光仪时，应选择室温下蒸馏水的标准折射率进行校正。$\Delta n = n^t_{水,实际} - n^t_{水,标准}$，$n^t_{待测,校正} = n^t_{待测,平均} - \Delta n$。

3. 本实验应理解气（液）相线的含义是液体匀速沸腾时沸点温度-蒸气（瓶中溶液）摩尔分数的曲线。

4. 理解 T-x-y 相图的含义。在溶液沸腾时，气相和液相在同一温度 T 下，气相摩尔分数和液相摩尔分数是 x 和 y。不同浓度的溶液沸腾后，T、x、y 也不相同。

第六节　Sn-Bi 金属相图的绘制

一、实验目的

1. 理解步冷曲线，通过步冷曲线的形状学会判断相变点的温度。
2. 掌握金属相图测定装置测量温度的方法。

二、实验原理

知识要点：

1. 金属溶液在凝固时，由于有凝固热放出，降温曲线会出现拐点，此为相变温度。

2. 溶液的凝固点与溶液的浓度有关，溶液的浓度改变，凝固点也会改变。

3. 当两种金属固体和金属溶液共存时为 3 相共存，根据相律 $f = K - \phi + 1 = 2 - 3 + 1 = 0$，此时凝固点不变，与溶液的浓度无关。

将一种金属或两种金属按一定配比加热成均匀的液相体系，然后让它在一定温度的环境中冷却，每隔一定的时间（例如 0.5min 或 1min）记录一次温度，以温度 T 为纵坐标，以时间 t 为横坐标，做出温度-时间（T-t）曲线，称为金属的步冷曲线。当均匀的金属液体被匀速冷却时，体系的温度随时间的变化是匀速下降的，因此温度-时间的曲线是光滑的曲线。当有金属开始凝固时，有凝固热放出，因此体系温度的降温速率将减缓或不变，这时的曲线与前面的曲线之间将出现拐点或平台，此时拐点或平台的温度为相变温度。

根据步冷曲线中温度随时间的变化关系判断是否有金属凝固，即判断样品是否发生相变化，并根据拐点的温度确定相变温度的方法称为热分析法。

图 2-6-1 为二元简单低共熔混合体系的步冷曲线和金属相图。Sn-Bi 金属的混合物属于二元简单低共熔混合体系。

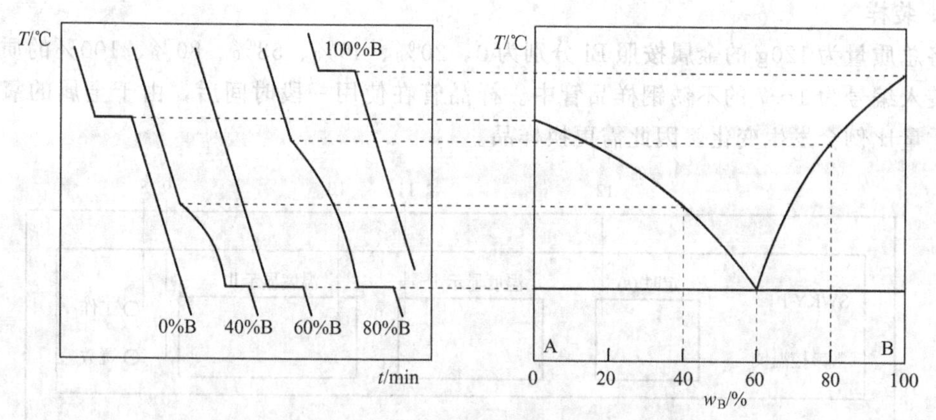

图 2-6-1　由金属的步冷曲线绘制相图

在实验测定中，被测体系必须处于平衡状态或接近于平衡状态，这就要求体系的冷却速率足够缓慢，才能比较准确地测定出相变温度。在冷却过程中有时会出现过冷现象，造成折点处的起伏，如图 2-3-1(b) 所示，使相变温度判断起来比较困难，此时按图 2-3-1(b) 中所示的方法加以校正。

三、实验仪器与试剂

KWL-09 可控升降温电炉（图 2-6-2）；SWKY-Ⅰ数字控温仪；不锈钢样品管；锡 Sn232（AR）；铋 Bi271（AR）；液体石蜡（AR）。

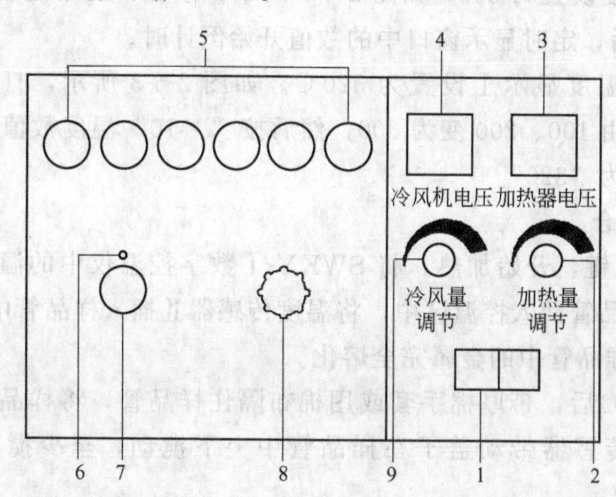

图 2-6-2　KWL-09 可控升降温电炉面板示意图

1—电炉电源开关；2—加热调节旋钮；3—加热器电压表；4—冷风机电压表；
5—样品管放置区；6—传感器放置区；7—控温区；8—测试区；9—冷风量调节旋钮

四、实验步骤

操作要领：

1. 金属熔化时，设定温度显示Ⅰ为 320℃。

2. 将液体金属混合物室温下匀速冷却。若室温较低可在温度湿示Ⅱ的温度为150℃下开始匀速冷却。

1. 装样

将总质量为120g的金属按照Bi分别为0、20%、40%、58%、80%、100%的质量分数分别装入编号为1~7的不锈钢样品管中。样品管在使用一段时间后，由于金属的氧化，样品的质量比例会发生变化，因此需更换样品。

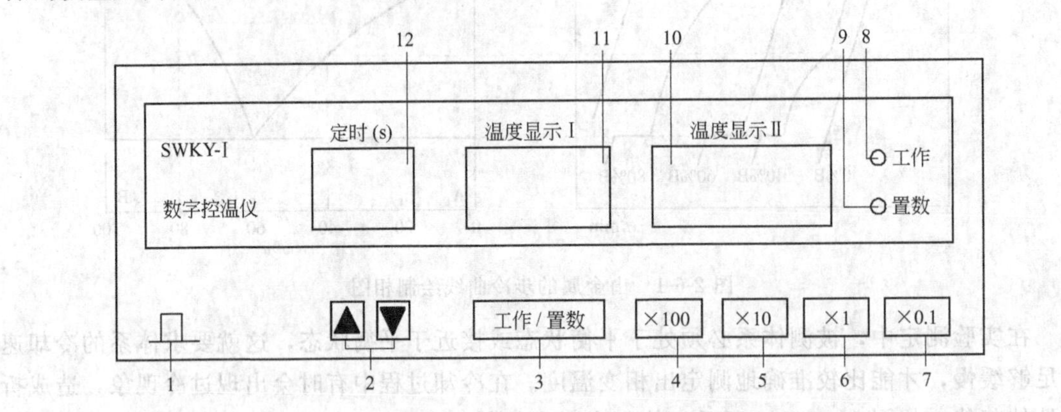

图 2-6-3　SWKY-Ⅰ数字控温仪面板示意图

1—电源开关；2—定时器；3—工作/置数转换按钮；4,5,6,7—温度设定按钮；8—工作状态指示灯；9—置数状态指示灯；10—温度显示Ⅱ；11—温度显示Ⅰ；12—定时显示窗口

2. 测试区时间和温度的设置

将定时一栏的温度设置为30s。如图2-6-3所示，按住"▲"键或"▼"键不放，直至时间调为30s。松手后，定时显示窗口中的数值开始倒计时。

将数字控温仪的温度显示Ⅰ设置为320℃。如图2-6-3所示，打开控温仪的开关，按"×100"温度数值将由100、200变为300，然后按"×10"温度数值将由1变为20，直至温度显示Ⅰ中的数值为"320"。

3. 样品融化和混合

按"工作/置数"键，开始加热。将SWKY-Ⅰ数字控温仪中的温度传感器Ⅰ插入传感器放置区，然后将样品管插入控温区中。将温度传感器Ⅱ插入样品管中，待温度显示Ⅱ中的温度达到320℃后，样品管中的金属完全熔化。

当温度达到320℃后，带厚棉手套或用棉布隔住样品管，将样品管的盖子打开，如图2-6-4所示，用温度传感器带动盖子在样品管中上下搅动，至少搅动十下，使样品混合均匀。

若室温在30℃左右时，测试区可以不加热，直接在室温下自然降温。

若室温很低，打开电炉电源开关（如图2-6-2所示，注意电炉电源开关并不控制电炉左侧的控温区的电源），在等待金属完全熔化的过程中，将温度传感器Ⅱ插入测试区，调节"加热量调节"旋钮，对测试区进行加热，直至温度显示Ⅱ的数值到达150℃时停止加热，将"加热量调节"旋钮逆时针旋到底，加热器电压表电压归零。

4. 样品测试

盖好样品管的盖子后，用二抓铁夹加紧样品管，平移至测试区。注意：加样品管时不要

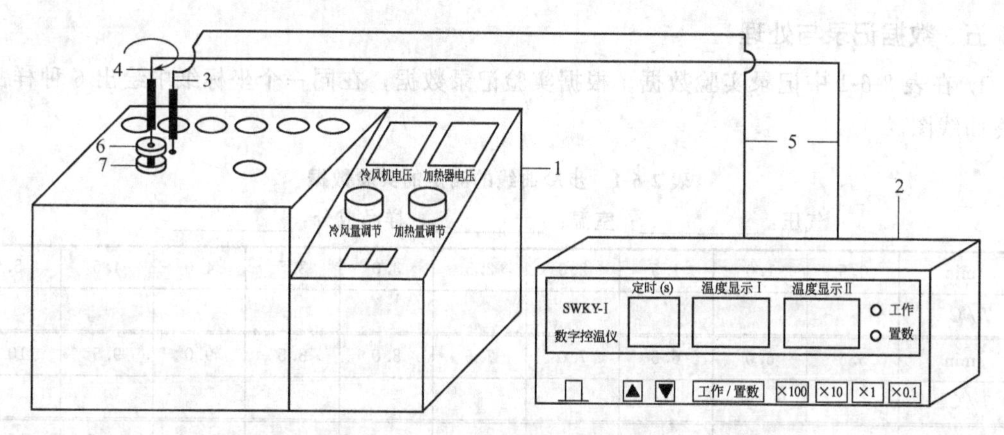

图 2-6-4　金属融化时的测定装置

1—KWL-09 可控升降温电炉；2—SWKY-Ⅰ数字控温仪；3—温度传感器Ⅰ；4—温度传感器Ⅱ；5—温度传感器导线；6—样品管盖；7—样品管

夹盖子，要夹住样品管身，避免在平移时样品管掉下，金属液体洒出烫伤人，此过程最好在老师的监督下完成。

图 2-6-5 为样品管平移至测试区后的金属步冷曲线的测定装置。

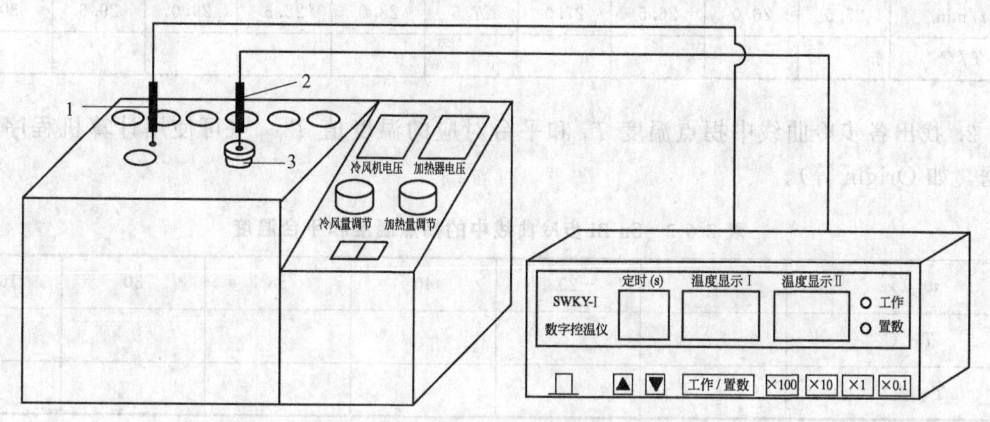

图 2-6-5　金属步冷曲线的测定装置

1—温度传感器Ⅰ；2—温度传感器Ⅱ；3—样品管

可采用在室温下自然降温，效果会更好。也可打开“冷风量调节”旋钮，使样品管中的样品匀速降温。降温速率一般以 6～8℃/min 为佳，调节冷风电压的数值，一般为 5V 左右。

同时开始每隔 0.5min 记录一次温度，直至 110℃以下为止。该样品测试完毕，用钳子从测试区炉膛内取出样品管，放入样品管放置区（图 2-6-2）进行冷却。

5. 其他样品的测试

在测试上一个样品时，下一个样品管就可放在控温区熔化，以节约时间。按照上面的步骤依次测试其他样品，若时间不够，可各组同学测试不同质量分数的样品，最后综合各组同学的数据。

6. 清理

实验完毕后，将“冷风量调节”旋钮到最大，进行降温，温度显示Ⅱ显示温度接近室温时，关闭电源。

五、数据记录与处理

1. 在表 2-6-1 中记录实验数据。根据实验记录数据，在同一个坐标纸中绘出 6 种样品的步冷曲线图。

表 2-6-1　步冷曲线的测定的实验数据

气压：＿＿＿＿＿；室温：＿＿＿＿＿；样品成分：＿＿＿＿＿

t/min	0.5	1.0	1.5	2.0	2.5	3.0	3.5	4.0	4.5	5.0
T/℃										
t/min	5.5	6.0	6.5	7.0	7.5	8.0	8.5	9.0	9.5	10.0
T/℃										
t/min	10.5	11.0	11.5	12.0	12.5	13.0	13.5	14.0	14.5	15.0
T/℃										
t/min	15.5	16.0	16.5	17.0	17.5	18.0	18.5	19.0	19.5	20.0
T/℃										
t/min	20.5	21.0	21.5	22.0	22.5	23.0	23.5	24.0	24.5	25.0
T/℃										
t/min	25.5	26.0	26.5	27.0	27.5	28.0	28.5	29.0	29.5	30.0
T/℃										

2. 找出各步冷曲线中拐点温度 T_f 和平台对应的温度值 $T_{平台}$（可使用计算机程序处理数据，如 Origin 等）。

表 2-6-2　Sn-Bi 步冷曲线中的拐点温度和平台温度

w_{Bi}/%	0	20	40	58	80	100
T_f/℃						
$T_{平台}$/℃						

3. 根据步冷曲线上各拐点温度和平台温度，以温度为纵坐标，以组成为横坐标，绘出 Sn-Bi 合金相图。

六、注意事项

1. 样品管在 320℃从加热区用钳子移到测试区时，不可只夹样品管的顶端，以免样品管和管盖分离，样品管掉下，造成液体金属的溅出伤人。

2. 在测试前一定将金属混合物混合均匀，否则测不出准确的拐点温度。可利用样品管盖子上的铁柱在温度传感器的带动下搅拌金属混合物。

3. 为了实验测定出拐点和平台体系的冷却不能太快。

4. 在测定一样品时，可将另一待测样品放入加热炉内预热，以便节约时间，合金有三个转折点，必须待第三个转折点测完后方可停止实验，否则须重新测定。

七、思考题

分析冷却曲线每一段代表的含义，并利用相率分析相图各区域的相态和自由度。

案例分析

将实验数据填入表 2-6-3～表 2-6-8。

表 2-6-3 0%Bi 步冷曲线的数据

气压：99.7kPa；室温：35℃；样品成分：0%Bi

t/min	0.5	1.0	1.5	2.0	2.5	3.0	3.5	4.0	4.5	5.0
T/℃	298.6	284.9	272.5	261.2	251.2	241.9	233.4	229.1	230.0	230.1
t/min	5.5	6.0	6.5	7.0	7.5	8.0	8.5	9.0	9.5	10.0
T/℃	230.1	230.1	230.1	230.1	230.1	230.0	230.0	230.0	230.0	229.9
t/min	10.5	11.0	11.5	12.0	12.5	13.0	13.5	14.0	14.5	15.0
T/℃	229.8	229.6	229.2	228.5	227.6	226.4	225.1	222.0	215.5	209.2
t/min	15.5	16.0	16.5	17.0	17.5	18.0	18.5	19.0	19.5	20.0
T/℃	203.3	197.8	193.1	188.5	184.5	180.4	176.5	172.8	169.1	165.4
t/min	20.5	21.0	21.5	22.0	22.5	23.0	23.5	24.0	24.5	25.0
T/℃	162.0	158.7	155.4	152.4	149.5	146.7	144.0	141.5	139.0	136.7
t/min	25.5	26.0	26.5	27.0	27.5	28.0	28.5	29.0	29.5	30.0
T/℃	134.4	132.2	130.1	128.1	126.2	124.4	122.6	120.9	119.3	117.7

表 2-6-4 20%Bi 步冷曲线的数据

气压：99.7kPa；室温：35℃；样品成分：20%Bi

t/min	0.5	1.0	1.5	2.0	2.5	3.0	3.5	4.0	4.5	5.0
T/℃	304.6	292.5	279.1	266.5	254.8	244.1	234.2	225.2	216.9	209.2
t/min	5.5	6.0	6.5	7.0	7.5	8.0	8.5	9.0	9.5	10.0
T/℃	202.0	198.2	199.5	200.4	199.9	199.1	198.0	196.9	195.6	194.3
t/min	10.5	11.0	11.5	12.0	12.5	13.0	13.5	14.0	14.5	15.0
T/℃	192.8	191.3	189.7	187.9	186.0	184.0	181.9	179.7	177.5	175.1
t/min	15.5	16.0	16.5	17.0	17.5	18.0	18.5	19.0	19.5	20.0
T/℃	172.8	170.4	167.9	165.4	162.9	160.4	157.9	155.3	152.8	150.3
t/min	20.5	21.0	21.5	22.0	22.5	23.0	23.5	24.0	24.5	25.0
T/℃	147.9	145.5	143.1	140.8	138.4	136.1	134.0	132.0	130.4	131.1
t/min	25.5	26.0	26.5	27.0	27.5	28.0	28.5	29.0	29.5	30.0
T/℃	131.7	131.8	131.7	131.4	130.5	128.5	126	123.5	121.2	119
t/min	30.5	31.0	31.5	32.0	32.5	33.0	33.5	34.0	34.5	35.0
T/℃	117.0	115.0	113.1	111.2	109.5	107.7	106.1	104.7	103.2	101.8

表 2-6-5 40%Bi 步冷曲线的数据

气压：99.7kPa；室温：35℃；样品成分：40%Bi

t/min	0.5	1.0	1.5	2.0	2.5	3.0	3.5	4.0	4.5	5.0
T/℃	296.8	285.2	271.8	259.2	248.9	237.6	227.8	218.6	210.2	202.5

续表

t/min	5.5	6.0	6.5	7.0	7.5	8.0	8.5	9.0	9.5	10.0
T/℃	195.1	188.3	181.8	175.8	170.0	166.5	166.5	166.7	165.8	164.5
t/min	10.5	11.0	11.5	12.0	12.5	13.0	13.5	14.0	14.5	15.0
T/℃	163.1	161.6	160.1	158.4	156.9	155.3	153.6	151.9	150.2	148.5
t/min	15.5	16.0	16.5	17.0	17.5	18.0	18.5	19.0	19.5	20.0
T/℃	146.8	145.1	143.4	141.7	139.9	138.3	136.5	134.9	133.4	131.9
t/min	20.5	21.0	21.5	22.0	22.5	23.0	23.5	24.0	24.5	25.0
T/℃	131.7	132.6	133.1	133.4	133.5	133.6	133.6	133.6	133.6	133.6
t/min	25.5	26.0	26.5	27.0	27.50	28.0	28.5	29.0	29.5	30.0
T/℃	133.6	133.5	133.5	133.4	133.3	133.1	133.0	132.8	132.4	131.9
t/min	30.5	31.0	31.5	32.0	32.5	33.0	33.5	34.0	34.5	35.0
T/℃	131.2	129.9	127.4	124.7	122.1	119.6	117.3	115.1	113.0	110.8
t/min	35.5	36.0	36.5	37.0	37.5	38.0	38.5	39.0	39.5	40.0
T/℃	108.9	107.0	105.2	103.5						

表 2-6-6 58%Bi 步冷曲线的数据

气压：99.7kPa；室温：35℃；样品成分：58%Bi

t/min	0.5	1.0	1.5	2.0	2.5	3.0	3.5	4.0	4.5	5.0
T/℃	300.0	288.1	275.1	262.9	251.9	241.5	232.2	223.2	215.4	207.8
t/min	5.5	6.0	6.5	7.0	7.5	8.0	8.5	9.0	9.5	10.0
T/℃	200.8	194.1	188.0	182.2	176.7	171.5	166.7	162.2	157.9	153.8
t/min	10.5	11.0	11.5	12.0	12.5	13.0	13.5	14.0	14.5	15.0
T/℃	150.0	146.4	142.9	139.7	136.6	133.8	132.4	131.6	131.3	131.1
t/min	15.5	16.0	16.5	17.0	17.5	18.0	18.5	19.0	19.5	20.0
T/℃	130.9	130.9	131.2	131.6	131.9	132.2	132.3	132.4	132.6	132.6
t/min	20.5	21.0	21.5	22.0	22.5	23.0	23.5	24.0	24.5	25.0
T/℃	132.7	132.7	132.7	132.7	132.7	132.7	132.7	132.7	132.7	132.6
t/min	25.5	26.0	26.5	27.0	27.5.0	28.0	28.5	29.0	29.5	30.0
T/℃	132.6	132.6	132.5	132.4	132.4	132.3	132.2	132.2	132.1	132
t/min	30.5	31.0	31.5	32.0	32.5	33.0	33.5	34.0	34.5	35.0
T/℃	131.9	131.8	131.7	131.5	131.4	131.3	131.1	130.9	130.7	130.5
t/min	35.5	36.0	36.5	37.0	37.5	38.0	38.5	39.0	39.5	40.0
T/℃	130.4	130.1	129.8	129.4	129.0	128.6	128.0	127.4	126.8	126
t/min	40.5	41.0	41.5	42.0	42.5	43.0	43.5	44.0	44.5	45.0
T/℃	125.0	124.0	122.8	121.5	120.1	118.6	117.0	115.5	114.0	112.4

表 2-6-7　80%Bi 步冷曲线的数据

气压：99.7kPa；室温：35℃；样品成分：80%Bi

t/min	0.5	1.0	1.5	2.0	2.5	3.0	3.5	4.0	4.5	5.0
T/℃	301.2	285.2	270.6	257.1	245.1	233.8	223.6	214.2	205.5	197.2
t/min	5.5	6.0	6.5	7.0	7.5	8.0	8.5	9.0	9.5	10.0
T/℃	190.5	187.8	188	187.9	186.6	184.8	182.8	180.7	178.4	176.1
t/min	10.5	11.0	11.5	12.0	12.5	13.0	13.5	14.0	14.5	15.0
T/℃	173.7	171.3	168.9	166.4	163.9	161.4	158.9	156.4	153.9	151.4
t/min	15.5	16.0	16.5	17.0	17.5	18.0	18.5	19.0	19.5	20.0
T/℃	149.0	146.5	144.2	141.8	139.3	137.0	135.2	133.9	133.7	133.8
t/min	20.5	21.0	21.5	22.0	22.5	23.0	23.5	24.0	24.5	25.0
T/℃	133.7	133.4	132.8	132.4	132.2	131.9	131.5	131.1	130.5	130
t/min	25.5	26.0	26.5	27.0	27.5	28.0	28.5	29.0	29.5	30.0
T/℃	129.5	129.0	128.4	127.9	127.2	126.5	125.7	124.8	123.8	122.6
t/min	30.5	31.0	31.5	32.0	32.5	33.0	33.5	34.0	34.5	35.0
T/℃	121.2	119.6	117.8	115.9	113.9	111.9	109.8	107.9	106.0	104.0

表 2-6-8　100%Bi 步冷曲线的数据

气压：99.7kPa；室温：35℃；样品成分：100%Bi

t/min	0.5	1.0	1.5	2.0	2.5	3.0	3.5	4.0	4.5	5.0
T/℃	287.6	276.0	266.1	262.1	264.0	265.2	265.5	265.5	265.5	265.2
t/min	5.5	6.0	6.5	7.0	7.5	8.0	8.5	9.0	9.5	10.0
T/℃	265.0	264.6	264.1	263.4	262.6	261.5	260.3	258.7	256.8	254.5
t/min	10.5	11.0	11.5	12.0	12.5	13.0	13.5	14.0	14.5	15.0
T/℃	251.5	246.7	239.5	231.0	223.0	215.4	208.2	201.4	194.8	189
t/min	15.5	16.0	16.5	17.0	17.5	18.0	18.5	19.0	19.5	20.0
T/℃	183.4	178.1	173.3	168.5	164.1	160.0	156.0	152.4	149.0	145.4
t/min	20.5	21.0	21.5	22.0	22.5	23..0	23.5	24.0	24.5	25.0
T/℃	142.5	139.6	136.8	134.1	131.8	129.4	127.1	125.0	123.0	121.4
t/min	25.5	26.0	26.5	27.0	27.5.0	28.0	28.5	29.0	29.5	30.0
T/℃	119.7	118.0	116.3	114.6	113.1	111.6	110.2	108.8	107.5	106.3

(1) 绘制步冷曲线　在菜单栏中点“插入”选择数据类型，如图 1-6-5 所示。选择“平滑线散点图”，然后选择 X、Y 轴的数据，在“编辑数据系列”的对话框如图 1-6-6 所示。

若 X 轴或 Y 轴数值不在同一行，可同时按住“Ctrl”键选择横纵坐标的数据。参考第一章第六节中添加第一条曲线温度-气组成曲线。

(2) 读出拐点数据　将绘制的 40%Bi 的步冷曲线图的外框拉大。如图 2-6-6 所示，将鼠标放在拐点的位置，可看到纵坐标温度的数值，可知第一个拐点的温度是 166.7℃。同理可读出平台温度为 133.6℃。

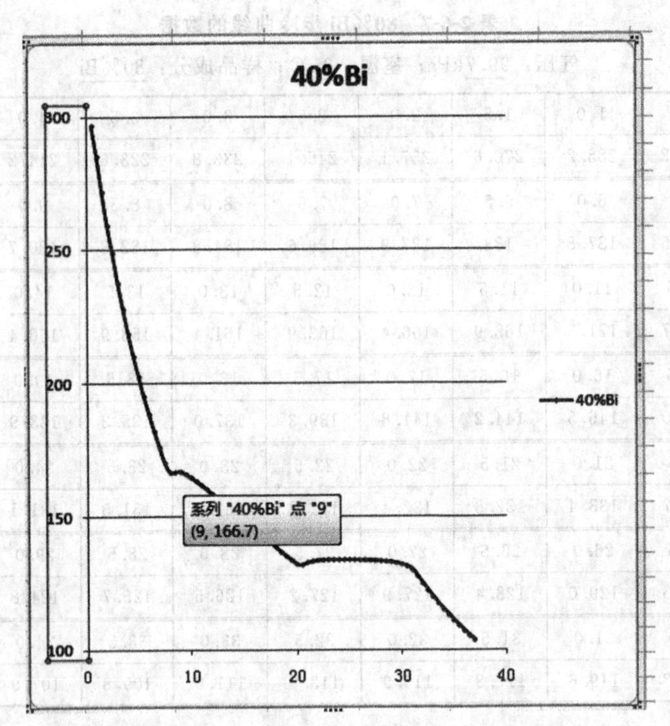

图 2-6-6　在 40%Bi 的步冷曲线中读出拐点的截图

如图 2-6-7 所示，将所有的数据都画成曲线。从图中读出拐点和平台的数值，填入表 2-6-9。

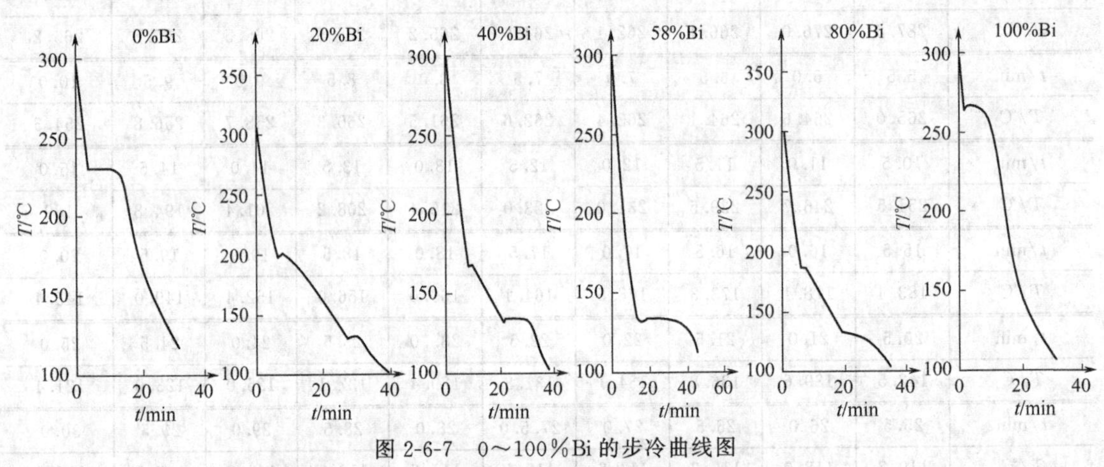

图 2-6-7　0～100%Bi 的步冷曲线图

表 2-6-9　Sn-Bi 步冷曲线中的拐点温度和平台温度数据

w_{Bi}/%	0	20	40	58	80	100
T_f/℃	230.1	200.4	166.7	132.7	188	265.5
$T_{平台}$/℃		131.8	133.6	132.7	133.7	

(3) 绘制出金属相图　图形类型采用“平滑线散点图”。

a. 绘制第一条曲线：T_f-w_{Bi} 曲线。以 w_{Bi} 为横坐标，拐点温度 T_f 为纵坐标，参看第一章第六节中的“Excel 绘制温度-气（液）组成两条曲线”。

b. 绘制第二条曲线：$T_{平台}$—w_{Bi}曲线。以w_{Bi}为横坐标，平台温度$T_{平台}$为纵坐标，绘制的图形见图 2-6-8。方法参看第一章第六节中的“Excel 绘制温度-气（液）组成两条曲线”。

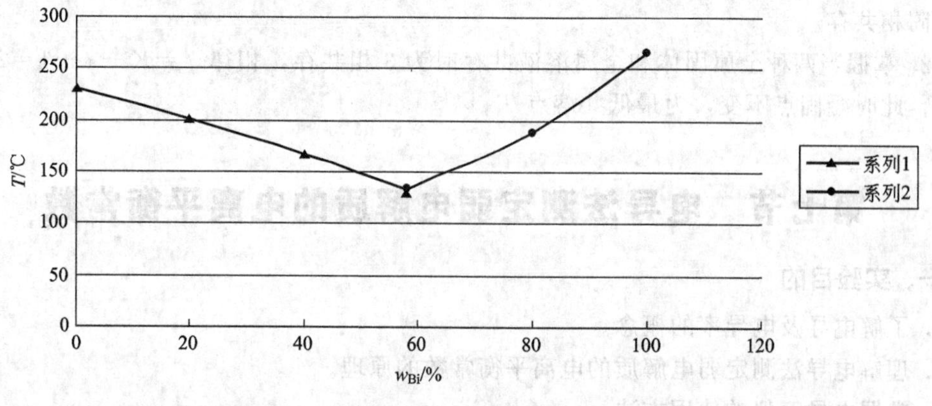

图 2-6-8 T_f-W_{Bi}曲线

c. 修改平台曲线的类型，将曲线拟合位置线并延长。参考第一章第六节中 Excel 在“Sn-Bi 金属相图的绘制”中的应用。

在图 1-6-24 中，将鼠标移至三线的交点，可知最低共熔点的组成为 58% 和温度为 132.7℃。

(4) 步冷曲线分析 从图 2-6-9 中可看出每一条步冷曲线都出现了短暂的回升温度区间，此区间称为过冷现象。

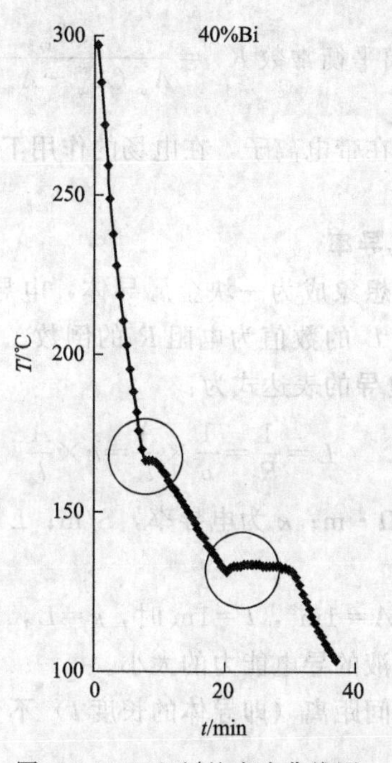

图 2-6-9 40Bi% 的步冷曲线图

40%Bi 的步冷曲线如图 2-6-9 所示。这是由于此时有固体析出，即有凝固热释放，但是此时的热量不足以补充向环境散失的热量，因此温度继续下降。由于温度低于凝固温度，加速了金属固体的析出，释放大量的凝固热，因此温度又短暂回升。

实验小结：

1. 本实验应理解 Sn-Bi 合金相图各区域的含义哪里是液相，哪里是液固共存，哪里是两固相共存。

2. 掌握当两种金属固体和金属溶液共存时为 3 相共存，相律 $f=K-\phi+1=2-3+1=0$，此时凝固点不变，为最低共熔点 $T_{平台}$。

第七节　电导法测定弱电解质的电离平衡常数

一、实验目的

1. 了解电导及电导率的概念。
2. 理解电导法测定弱电解质的电离平衡常数的原理。
3. 掌握电导率仪的使用方法。

二、实验原理

知识要点：

1. 两平行电极间的电解质溶液导电时像一块长为 l（电极间距离）、横截面积为 A（电极的表面积）的金属导体，并遵循欧姆定律。

2. 弱电解质的电离度为 $\alpha=\dfrac{\Lambda_m}{\Lambda_m^{\infty}}$。

3. AB 型弱电解质的电离平衡常数 $K^{\ominus}=\dfrac{c\Lambda_m^2}{\Lambda_m^{\infty}(\Lambda_m^{\infty}-\Lambda_m)c^{\ominus}}$。

在电解质溶液中，由于存在带电离子，在电场的作用下带电离子发生定向的迁移，于是电解质溶液中产生电流。

1. 电导、电导率和摩尔电导率

将两电极中的电解质溶液想象成为一块金属导体，电导 L 反映这块“金属导体”——电解质溶液的导电能力。电导 L 的数值为电阻 R 的倒数。导体的电阻 R 与长度 l 成正比，与横截面积 A 成反比，因此电导的表达式为：

$$L=\frac{1}{R}=\frac{1}{\rho}\times\frac{A}{l}=\kappa\times\frac{A}{l} \tag{2-7-1}$$

式中，ρ 为电导率常数，Ω·m；κ 为电导率，S/m；L 的单位为 S 或 Ω^{-1}；A 的单位为 m^2；l 的单位为 m。

由公式(2-7-1) 可知，当 $A=1m^2$，$l=1m$ 时，$\kappa=L$，即电导率 κ 可想象为 $1m^3$ 立方体的“金属导体”——电解质溶液的导电能力的大小。

由于一个电导电极的电极间距离（即导体的长度 l）不变，电极的表面积（即导体的横截面积 A）不变，因此 $\dfrac{l}{A}$ 为一个常数，在电导率仪中称它为电导池常数。

在电解质溶液的浓度和电解质的种类发生变化时，电解质溶液的导电能力也会发生变化，因此以电导率的大小来衡量不同电解质的导电能力是不够的。在电解质溶液中往往用采用摩尔电导率来衡量溶液导电能力的大小。摩尔电导率 Λ_m 是在相距为 1m 的两平行电极之间放置1mol电解质，此时溶液的电导，其表达式为：

$$\Lambda_m=\frac{\kappa}{c} \tag{2-7-2}$$

式中，c 为溶液浓度，mol/m^3；Λ_m 为摩尔电导率，$S\cdot m^2/mol$。当溶液的浓度趋近于零时，溶液的摩尔电导率称为无限稀释时的摩尔电导率 Λ_m^{∞}，$S\cdot m^2/mol$。

2. Λ_m 和电离度 α 之间的关系

在电解质溶液中只有电离出来的离子才具有导电的能力，对于弱电解质而言部分电离时的摩尔电导率必定小于完全电离时的摩尔电导率，造成两者不相等的原因就是弱电解质的电离度 α（由于离子的浓度很低，忽略离子间的作用力）。当弱电解质溶液无限稀释时，可认为电解质完全电离，此时的摩尔电导率就是无限稀释时的摩尔电导率 Λ_m^{∞}。因此电离度 α 的表达式为：

$$\alpha=\frac{\Lambda_m}{\Lambda_m^{\infty}} \tag{2-7-3}$$

3. AB型弱电解质的电离平衡常数

AB型弱电解质在溶液中达到电离平衡时，化学方程式为：

$$AB \rightleftharpoons A^+ + B^-$$

初始时：　c　　0　　0

平衡时：　$c(1-\alpha)$　$c\alpha$　$c\alpha$

$$K^{\ominus}=\prod_B\left(\frac{c}{c^{\ominus}}\right)^{\nu_B}=\frac{c\alpha^2}{(1-\alpha)c^{\ominus}} \tag{2-7-4}$$

式中，c 为溶液的初始浓度，mol/m^3；α 为平衡时溶液的电离度；$K^{\ominus}$ 为此温度下溶液的电离平衡常数；$c^{\ominus}$ 为标准浓度，为 $1mol/dm^3$。

将式(2-7-3) 代入式(2-7-4) 可得

$$K^{\ominus}=\frac{c\Lambda_m^2}{\Lambda_m^{\infty}(\Lambda_m^{\infty}-\Lambda_m)c^{\ominus}} \tag{2-7-5}$$

或

$$\frac{c}{c^{\ominus}}\Lambda_m=(\Lambda_m^{\infty})^2K^{\ominus}\frac{1}{\Lambda_m}-\Lambda_m^{\infty}K^{\ominus} \tag{2-7-6}$$

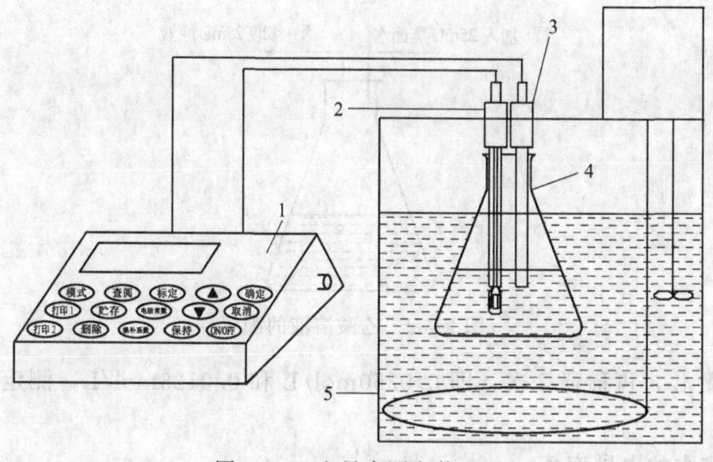

图 2-7-1　电导率测定装置图

1—电导率仪；2—电导电极；3—温度传感器；4—锥形瓶；5—恒温水浴槽

在温度一定时，某一物质的 Λ_m^∞ 为常数。Λ_m^∞ 可根据科尔劳施离子独立移动定律来计算得到：$\Lambda_m^\infty = \Lambda_{m,+}^\infty + \Lambda_{m,-}^\infty$。其中，$\Lambda_{m,+}^\infty$ 和 $\Lambda_{m,-}^\infty$ 为离子的无限稀释摩尔电导率，查附表得到。

实验测定不同浓度时电解质的电导率 κ，根据式(2-7-2) 计算出不同 c 时的 Λ_m，然后由式(2-7-3) 计算出 α，再由式(2-7-5) 计算出 $K^\ominus$ 或根据式(2-7-6) 由 $\frac{c}{c^\ominus}\Lambda_m$ 对 $\frac{1}{\Lambda_m}$ 作图求得 $K^\ominus$。

三、实验仪器与试剂

1 台 DDSJ-308A 型电导率仪；1 套 SYP-Ⅱ玻璃恒温水浴，100mL 锥形瓶 4 个；25mL 移液管 3 支；0.1mol/L 标准乙酸溶液；蒸馏水。

四、实验步骤

操作要领：

1. 测定 25℃下不同浓度溶液的电导率（连接温度传感器）。

2. 因为测定的浓度为原浓度的一半，所以在稀释溶液时，将原溶液（50mL）吸取 25mL，再补充 25mL 蒸馏水进行配置。

1. 连接温度传感器在电导率仪上。

2. 将电导率仪的电导池常数调节为与电极的数值一样。若电极上的电导池常数丢失，可通过测定已知电导率的电解质溶液（如氯化钾标准溶液）来确定（方法见第三章）。

3. 用 25mL 移液管取 50mL 0.1000mol/L 乙酸标准溶液放入恒温槽内的 100mL 锥形瓶中，进行恒温；同时，将另一支装满蒸馏水的锥形瓶一起放入恒温槽中恒温备用。

4. 恒温 15min 或当试样达到设定温度后，测定 0.1000mol/L 乙酸标准溶液的电导率（图 2-7-1)，记为 κ_1。用洗瓶中的蒸馏水冲洗电极和温度传感器，并用滤纸吸干。

5. 如图 2-7-2 所示，用吸取乙酸的移液管从已测溶液中吸出 25mL 溶液弃去，用另一支蒸馏水的移液管取 25mL 已恒温好的蒸馏水加入到剩余的 25mL 乙酸溶液中。其浓度被稀释为原来的一半，即 0.0500mol/L，同样在设定温度下测定其电导率值，记为 κ_2。清洗。

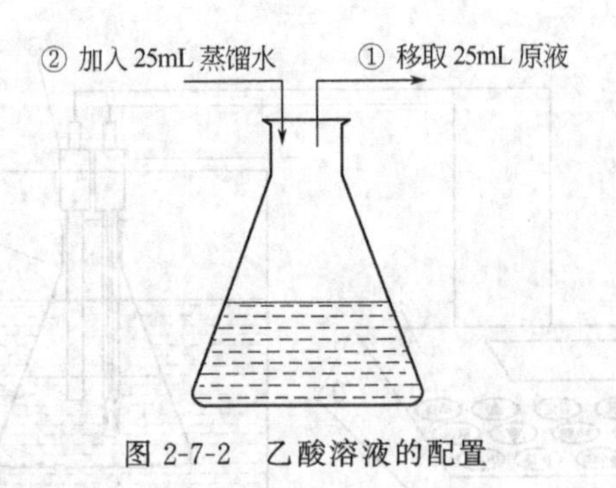

图 2-7-2　乙酸溶液的配置

6. 重复步骤 4.，再稀释 2 次，即 0.0250mol/L 和 0.0125mol/L，测定电导率值，记为 κ_3 和 κ_4。

7. 测定蒸馏水的电导率值 κ。

8. 实验完毕，清理仪器和桌面。

五、数据记录和处理

表 2-7-1 所示为电导率和浓度的数值记录表。

表 2-7-1　电导率和浓度的数值记录表

电导池常数：________；室温：________；气压：________；25℃时 Λ_m^∞(HAc)＝________（参阅附表）

c_{HAc} /(mol/m³)	$\kappa_{溶液}$ /(S/m)	κ_{H_2O} /(S/m)	κ_{HAc} /(S/m)	Λ_m(HAc) /(S·m²/mol)	α	$K^\ominus$

六、注意事项

1. 注意温度传感器与电导率仪连接后，显示的电导率是温补系数补偿到 25℃时的数值，因此温补系数要正确。

2. 标定温补系数时需要拔掉温度传感器，通过实测温度进行计算。

3. 测量时电极和温度传感器都要插入溶液中，电极一定要完全浸没溶液中。

4. 每次测定后应先冲洗电极和温度传感器，并拭干电极，切勿触及铂黑。

5. 移液管不能混用，以免影响实验结果。

6. 无限稀释的摩尔电导率与温度有关，不同温度时乙酸的无限稀释摩尔电导率：

$$\Lambda_m^\infty(\mathrm{S\cdot m^2/mol})=3.907\times10^{-2}+5.9661\times10^{-4}(t-25)$$

七、思考题

1. 实验中为何要测定蒸馏水的电导率？

2. 测定电导率时，为何要将待测液置于恒温槽中？

案例分析

测量数据见表 2-7-2。

表 2-7-2　电导率和浓度的实验数据

电导池常数：0.999m⁻¹；室温：20℃；气压：100.13kPa；25℃时 Λ_m^∞(HAc)＝________（参阅附表）

c_{HAc} /(mol/m³)	$\kappa_{溶液}$ /(S/m)	κ_{H_2O} /(S/m)	κ_{HAc} /(S/m)	Λ_m(HAc) /(S·m²/mol)	α	$K^\ominus$
0.1000×10^3	462.00×10^{-4}	9.41×10^{-4}				
0.0500×10^3	326.00×10^{-4}					
0.0250×10^3	225.00×10^{-4}					
0.0125×10^3	149.50×10^{-4}					

根据附表 18 可知 25℃时 $\Lambda_m^\infty(H^+)=349.8\times10^{-4}$ S·m²/mol，$\Lambda_m^\infty(Ac^-)=40.9\times10^{-4}$ S·m²/mol，由 $\Lambda_m^\infty=\Lambda_{m,+}^\infty+\Lambda_{m,-}^\infty$ 可知 $\Lambda_m^\infty(HAc)=\Lambda_m^\infty(H^+)+\Lambda_m^\infty(Ac^-)=(349.8+40.9)\times10^{-4}=390.7\times10^{-4}$ S·m²/mol。

1. 计算 κ_{HAc}

将数据输入到表格中，注意不要用科学计数法。采用 Excel 中一行（或列）中单元格具有相同的函数功能，可将$\kappa_{溶液}$数据列中的每一个值减去κ_{H_2O}的数据计算出κ_{HAc}，参看“用 Excel 计算校正仪器误差的实验数据 n”。

2. 计算Λ_m

将κ_{HAc}的数据列除以 c 的数据列求出Λ_m。

3. 计算α

将Λ_m(HAc) 的数据列中的数据除以 0.03907 [$\Lambda_m^{\infty}(HAc)=390.7\times10^{-4}S\cdot m^2/mol$]。

4. 计算$K^{\ominus}$

采用$\dfrac{c\alpha^2}{(1-\alpha)c^{\ominus}}$求出$K^{\ominus}$，按照对应的 c 和 α 的数据列的单元格输入“$=\alpha$ 的数据列^2 * c 的数据列/(1$-\alpha$ 的数据列)/1000”，1000 为$c^{\ominus}$，$c^{\ominus}$为标准浓度，单位为$1mol/dm^3$，换算后变为$1000mol/m^3$，“^”为次方，将所有的$K^{\ominus}$算出。数据中 1.35764E-05 为 Excel 的科学计数法，实际为 1.35764×10^{-5}，于是得到表 2-7-3。也可将单元格的小数位数调整，如图 1-6-4所示。

表 2-7-3　Excel 计算的电导率和浓度的数据结果

电导池常数：$0.999m^{-1}$；室温：20℃；气压：100.13kPa；25℃时 $\Lambda_m^{\infty}(HAc)=390.7\times10^{-4}S\cdot m^2/mol$

c_{HAc} /(mol/m^3)	$\kappa_{溶液}$ /(S/m)	κ_{H_2O} /(S/m)	κ_{HAc} /(S/m)	Λ_m(HAc) /$(S\cdot m^2/mol)$	α	$K^{\ominus}$
0.1000×10^3	462.00×10^{-4}	9.41×10^{-4}	0.045259	0.0004526	0.01158	1.358×10^{-5}
0.0500×10^3	326.00×10^{-4}		0.031659	0.0006332	0.01621	1.335×10^{-5}
0.0250×10^3	225.00×10^{-4}		0.021559	0.0008624	0.02207	1.245×10^{-5}
0.0125×10^3	149.50×10^{-4}		0.014009	0.001121	0.02868	1.059×10^{-5}

实验小结：

1. 本实验应理解电解质溶液的导电机理。
2. 掌握电导率、摩尔电导率、无限稀释的摩尔电导率的计算公式。
3. 学会通过电导法计算 AB 型弱电解质的电离平衡常数。

第八节　电导法测定难溶盐溶度积

一、实验目的

1. 理解电导法测定难溶盐溶度积的原理。
2. 进一步掌握电导率仪的使用方法。

二、实验原理

知识要点：

1. AgCl 是难溶盐，所以其水溶液是它的饱和水溶液，所测的是 AgCl 的饱和水溶液的平衡常数 K_{sp}（溶度积）。

2. 测定的 AgCl 的电导率 $\kappa_{AgCl}=\kappa_{AgCl溶液}-\kappa_{H_2O}$。

3. 饱和溶液 AgCl 的浓度极低，近似认为是无限稀释的溶液，所以 $\Lambda_{m,AgCl}=\Lambda_{m,AgCl}^{\infty}$。

AgCl 是难溶盐，溶解度极小，在水中电离平衡后

$$AgCl(s) \rightleftharpoons Ag^+ + Cl^-$$

初始时：　　c_0　　0　　0

平衡时：　　$c_0 - c_{Ag^+}$　　c_{Ag^+}　　c_{Cl^-}

$$K_{sp} = \frac{c_{Ag^+} c_{Cl^-}}{(c^{\ominus})^2} = \frac{c^2}{(c^{\ominus})^2} \qquad (2\text{-}8\text{-}1)$$

式中，c_0 为溶液的初始浓度，mol/m^3；c_{Ag^+}、c_{Cl^-} 分别为此温度下平衡时 Ag^+ 和 Cl^- 的浓度，因为两数值相等，所以用 C 表示，mol/m^3；K_{sp}为此温度下 AgCl 的平衡常数（溶度积）；$c^{\ominus}$ 为 $1mol/dm^3$。

蒸馏水配置的饱和 AgCl 溶液，溶液中的导电离子有 Ag^+、Cl^-、H^+ 和 OH^-，因此

$$\kappa_{AgCl} = \kappa_{AgCl溶液} - \kappa_{H_2O} \qquad (2\text{-}8\text{-}2)$$

式中，κ_{AgCl} 为 AgCl 的电导率，S/m；$\kappa_{AgCl溶液}$、κ_{H_2O} 分别为饱和 AgCl 溶液的电导率和配制 AgCl 溶液中蒸馏水的电导率，S/m。

因为 AgCl 溶解度极小，所以得到的饱和溶液的浓度也极低，可近似认为是无限稀释的溶液，所以

$$\Lambda_{m,AgCl} = \Lambda^{\infty}_{m,AgCl} \qquad (2\text{-}8\text{-}3)$$

根据摩尔电导率的定义式 $\Lambda_m = \frac{\kappa}{c}$ 可得

$$\Lambda_{m,AgCl} = \frac{\kappa_{AgCl}}{c_{AgCl}} \qquad (2\text{-}8\text{-}4)$$

将式(2-8-2) 和式(2-8-3) 带入式(2-8-4) 得

$$c_{AgCl} = \frac{\kappa_{AgCl溶液} - \kappa_{H_2O}}{\Lambda^{\infty}_{m,AgCl}} \qquad (2\text{-}8\text{-}5)$$

式中，c_{AgCl} 为饱和溶液中已电离的 AgCl 的浓度，溶液中溶解的 AgCl 的浓度，即在测量温度下 AgCl 的浓度，单位为 mol/m^3。$\Lambda_{m,AgCl}$、$\Lambda^{\infty}_{m,AgCl}$ 分别为饱和溶液中 AgCl 的电导率和无限稀释时 AgCl 的电导率，单位都为 $S \cdot m^2/mol$。

实验测定饱和 AgCl 溶液的电导率 $\kappa_{AgCl溶液}$ 和配制饱和溶液的蒸馏水的电导率 κ_{H_2O}，由附表查得无限稀释时 Ag^+ 和 Cl^- 的电导率 $\Lambda^{\infty}_{m,Ag^+}$ 和 $\Lambda^{\infty}_{m,Cl^-}$，根据离子的独立移动定律求得 $\Lambda^{\infty}_{m,AgCl} = \Lambda^{\infty}_{m,Ag^+} + \Lambda^{\infty}_{m,Cl^-}$。其中，$\Lambda^{\infty}_{m,Ag^+}$ 和 $\Lambda^{\infty}_{m,Cl^-}$ 的单位都为 $S \cdot m^2/mol$。由于 c_{AgCl} 为饱和溶液中已电离的 AgCl 的浓度，所以 $c_{AgCl} = c_{Ag^+} = c_{Cl^-}$。根据式(2-10-1) 计算出 K_{sp}。

三、实验仪器与试剂

1 台 DDSJ-308A 型电导率仪；100mL 锥形瓶 2 个；25mL 移液管 2 支；蒸馏水。

四、实验步骤

1. 标定温补系数（参看第三章中的电导率仪使用方法），连接温度传感器在电导率仪上。
2. 标定电离平衡常数。
3. 取 1 支 100mL 锥形瓶，装入 50mL 蒸馏水，记为 κ_{H_2O}。
4. 称 0.5g AgCl 溶解于刚才盛蒸馏水的锥形瓶中。测定 AgCl 溶液的电导率 $\kappa_{AgCl溶液}$。清洗。
5. 重复步骤 3.、4.，再次测定蒸馏水和 AgCl 溶液的电导率值。

6. 实验完毕，清理仪器和桌面。

五、数据记录和处理

表 2-8-1 所示为蒸馏水和饱合 AgCl 溶液电导率的数值记录表。

表 2-8-1　蒸馏水和饱和 AgCl 溶液电导率的数值记录表

电导池常数：________；室温：________；气压：________；25℃时 $\Lambda_m^{\infty}(AgCl)$＝________（参阅附表）

样品	$\kappa_{H_2O}/(S/m)$	$\kappa_{AgCl溶液}/(S/m)$	$\kappa_{AgCl}/(S/m)$	$c_{AgCl}/(mol/m^3)$	K_{sp}
1					
2					
平均值					

六、思考题

测定 AgCl 溶液的溶度积影响因素有哪些？

实验小结：

1. 本实验应理解 AgCl 溶液的导电机理，掌握 c_{AgCl} 为饱和溶液中已电离的 AgCl 的浓度 $c_{AgCl}=c_{Ag^+}=c_{Cl^-}$。

2. 理解难溶盐的 $\Lambda_{m,AgCl}=\Lambda_{m,AgCl}^{\infty}$，掌握 $c_{AgCl}=\dfrac{\kappa_{AgCl溶液}-\kappa_{H_2O}}{\Lambda_{m,AgCl}^{\infty}}$。

第九节　原电池电动势的测定

一、实验目的

1. 掌握对消法测定电池电动势的原理。
2. 学会电位差计的使用方法。

二、实验原理

知识要点：

1. 原电池是由两个“半电池”组成，“半电池”中有一个电极和相应的电解质溶液。
2. 电池的电动势为两个“半电池”的电极电势的代数和。
3. 对消法是在待测电池的正负极上对接一个与待测电池电动势相等的标准电池。

1. 原电池的结构

原电池是由两个“半电池”组成，每个半电池中有一个电极和相应的电解质溶液。电池的电动势为组成该电池的两个半电池的电极电势的代数和。常用盐桥来降低液接电势。

2. 原电池电动势的测定原理

测定某电池的电动势不可用电压表直接测定，因为当电压表分别连接电池的正负极时，在电池中将有电流通过，伴随着电流的产生每个半电池中电极和电解质溶液将会发生变化，所以电动势将会减小。因此电池的电动势应在电池无电流的条件下测定，在本实验中采用对消法测定原电池的电动势。

对消法是在待测电池的正负极上对接一个与待测电池电动势相等的标准电池，由于两电池的各端无电位差，因此这时两电池中没有电流通过，此时标准电池的电动势即为待测电池的电动势。

如图 2-9-1 所示，校验标准电池电动势 E_C。当 K_C 接通时，调节旋钮至 U_{AC} 使检流计 G 中无电流通过，此时

$$E_C = U_{AC} \tag{2-9-1}$$

E_C 为已知电动势，调节使 U_{AC} 为已知电动势 E_C。

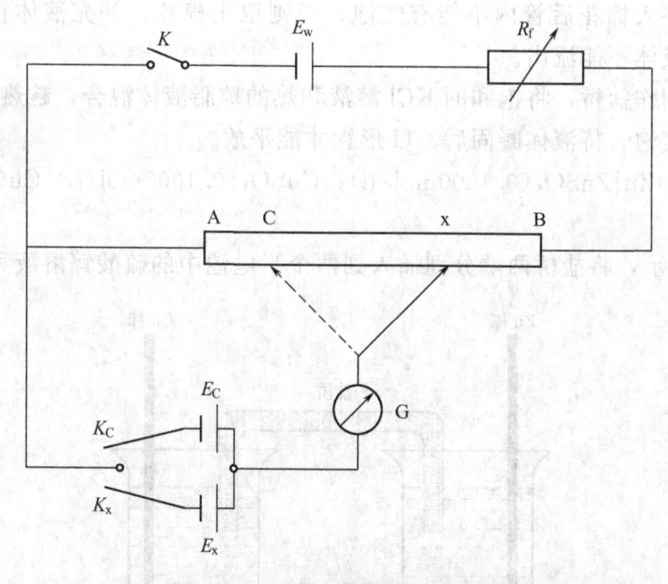

图 2-9-1　对消法测电动势原理图

E_w—工作电池；E_C—标准电池；E_x—待测电池；K—总开关；
K_C—连接标准电池开关；K_x—连接待测电池开关；G—检流计；AB—滑动电阻；R_f—内置电阻

当 K_x 接通时，调节旋钮至 U_{Ax}，使检流计 G 中无电流通过，此时

$$E_x = U_{Ax} \tag{2-9-2}$$

三、实验仪器与试剂

1 台 SDC-Ⅱ数字电位差综合测试仪，1 支铜电极，1 支锌电极，温度计，脱脂棉，玻璃管，$ZnSO_4$ 溶液（0.1000mol/L），$CuSO_4$ 溶液（0.1000mol/L），饱和 KCl 溶液，2 支 50mL 的小烧杯。

四、实验步骤

操作要领：

1. 将电极放在相应的电解质溶液中，制备“半电池”。

将饱和的 KCl 溶液用滴管加入到 U 形玻璃管中，用棉花堵住玻璃管的两端，管内不能有气泡，制备盐桥。

2. 构成原电池后，将原电池正负极与标准电池对接，调节电压 U_{Ax} 使检流计 G 中无电流通过。

1. 半电池的制备

(1) 锌电极的制备　将锌电极用砂纸磨光，除掉锌电极上的氧化层，用蒸馏水淋洗，拭干。将处理好的锌电极直接插入盛有 0.1000mol/L 硫酸锌溶液的 50mL 烧杯中。

（2）铜电极的制备　将铜电极用砂纸打光，再用蒸馏水淋洗，拭干。插入盛有 0.1000mol/L 硫酸铜溶液的 50mL 烧杯中。

2. 盐桥的制备

将内径为 0.5mm 的玻璃管，烧成 U 形。将饱和的 KCl 溶液用滴管加入到玻璃管中，排除管中的气泡，将 U 形管的液体加满，两端的液面呈凸面。然后将脱脂棉塞入 U 形管两端的开口，注意塞入棉花后管内不能有气泡，否则取出棉花，补充液体在塞入棉花。将 U 形管倒置，管内液体不能流出。

也可用琼脂制作盐桥，将饱和的 KCl 溶液和热的琼脂液体混合，趁热加入到 U 形管中，注意管内不能有气泡。待液体凝固后，U 形管才能平放。

$$(-)Zn|ZnSO_4(0.1000mol/L)||CuSO_4(0.1000mol/L)|Cu(+)$$

3. 电池组合

如图 2-9-2 所示，将盐桥两端分别插入到两个半电池中的硫酸锌溶液和硫酸铜溶液中。

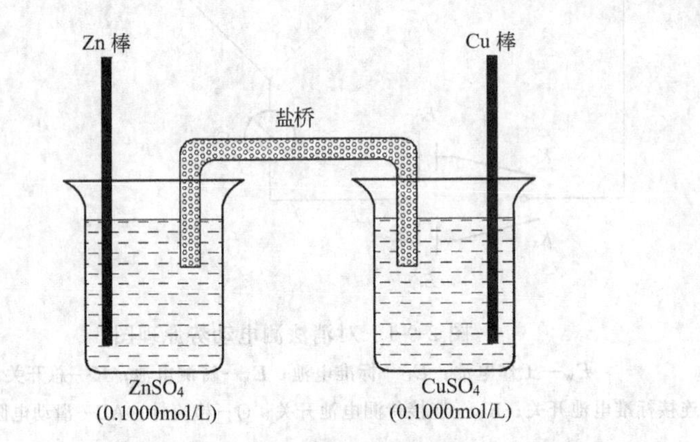

图 2-9-2　铜锌电池组装图

4. 仪器操作

（1）校验标准电池电动势 E_C　如图 2-9-3 所示，打开电源开关，预热 15min。将“测量选择”旋钮置于“内标”。将“$\times 10^0$V”位旋钮置于“1”，“补偿”旋钮逆时针旋到底，其他旋钮均置于“0”。此时，“电位指示”显示“1.00000”V。若显示小于“1.00000”V 可调节补偿以达到显示“1.00000”V，若显示大于“1.00000”V 应调节“$10^{-4}\sim10^0$”五个旋钮，使显示小于“1.00000”V，再调节补偿旋钮以达到显示“1.00000”V。待“检零指示”显示数值稳定后，按一下“采零”键，此时，“检零指示”应显示“0000”。

（2）测量待测电池电动势 E_x　如图 2-9-4 所示，将“测量选择”置于“测量”。将连接“测量”插孔的导线按“＋”、“－”极与被测电池连接。调节“$10^{-4}\sim10^0$”五个旋钮，使“检零指示”显示数值为负且绝对值最小。调节“补偿旋钮”，使“检零显示”显示为“0000”，此时，“电压显示”数值即为被测电动势的值。

若“检零显示”显示溢出符号“OU.L”说明“电压显示”显示的数值与被测电动势值相差过大。注意：在测定过程中电池的电极与插孔采用点式连接，避免电池长时间通电，电池中的电解质溶液浓度改变。

5. 关闭电位差计电源开关，将用过的小烧杯清洗干净，实验结束。

五、注意事项

1. 连接线路时，切勿正、负极接反。

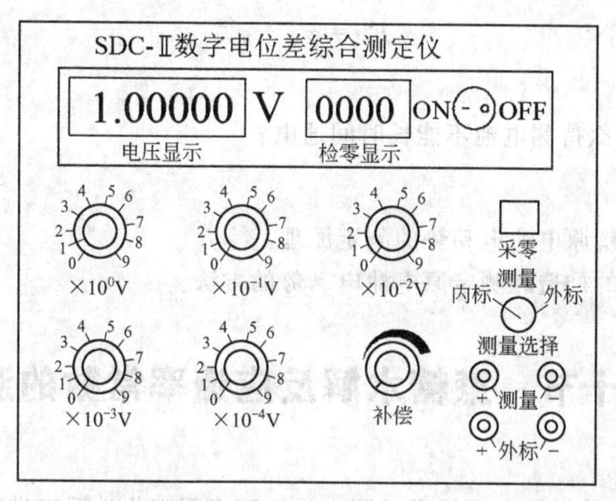

图 2-9-3 SDC-Ⅱ数字电位差综合测试仪校验图

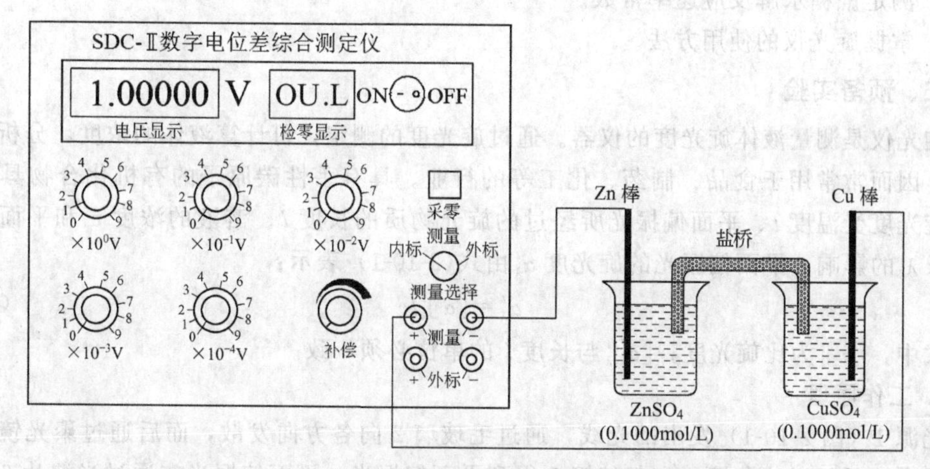

图 2-9-4 SDC-Ⅱ数字电位差综合测试仪测定电动势连接图

2. 不超过 5s，以防止过多电量通过电池改变电解质溶液浓度。

3. 测定时特别注意待测电池中的电极摆放方法相同，两个烧杯的形状大小要相同，烧杯中的电解质溶液体积也要相同，不要摇动、倾斜。

六、数据记录与处理

1. 数据记录

表 2-9-1 所示为铜锌电池测定的电动势。

表 2-9-1 铜锌电池测定的电动势

室温：＿＿＿＿＿＿；气压：＿＿＿＿＿＿

待测原电池	实测电动势/V	电动势理论值/V	相对偏差/%
铜锌电池			

2. 计算电动势理论值及相对偏差

由附表查得铜-锌电池的标准电动势，利用能斯特公式计算出在室温下此电池电动势的理论值。

$$E=E^{\ominus}-\frac{RT}{2F}\ln\frac{a_{Zn^{2+}}}{a_{Cu^{2+}}} \tag{2-9-3}$$

$$E^{\ominus}=\varphi_{+}^{\ominus}-\varphi_{-}^{\ominus} \tag{2-9-4}$$

七、思考题

在测定中，为什么待测电池不能长时间通电？

实验小结：

1. 本实验应理解原电池电动势的测定原理。
2. 掌握原电池的构造和测定原电池电动势的方法。

第十节　蔗糖水解反应速率常数的测定

一、实验目的

1. 掌握一级反应的特征，理解通过测定旋光度来跟踪化学反应进程的方法。
2. 测定蔗糖水解反应速率常数。
3. 掌握旋光仪的使用方法。

二、预备实验

旋光仪是测量液体旋光度的仪器。通过旋光度的测定，可计算液体的浓度，分析物质的含量，因而常常用于食品、制药、化工等的行业。具有手性碳原子的有机化合物具有旋光度。旋光度受温度 t、平面偏振光所经过的旋光物质的长度 l、溶液的浓度 c 和平面偏振光的波长 λ 的影响，平面偏振光的旋光度 α_{λ}^{t} 由式(2-10-1) 表示：

$$\alpha_{\lambda}^{t}=[\alpha]_{\lambda}^{t}lc \tag{2-10-1}$$

式中，$[\alpha]_{\lambda}^{t}$ 为比旋光度，$[\alpha]_{\lambda}^{t}$ 与长度 l 的单位必须一致。

1. 工作原理

光源 1（图 2-10-1）发出的光线，通过毛玻璃 2 向各方向发散，而后通过聚光镜 3 聚光于光通道，后经过滤色镜 4 和起偏镜 5 得到平面偏振光。平面偏振光在通过半波片 6 后产生明暗两个视场。当光线通过样品管 7、检偏镜 8 和目镜组 9 后，可观察到如图 2-10-2 所示的三种视场。

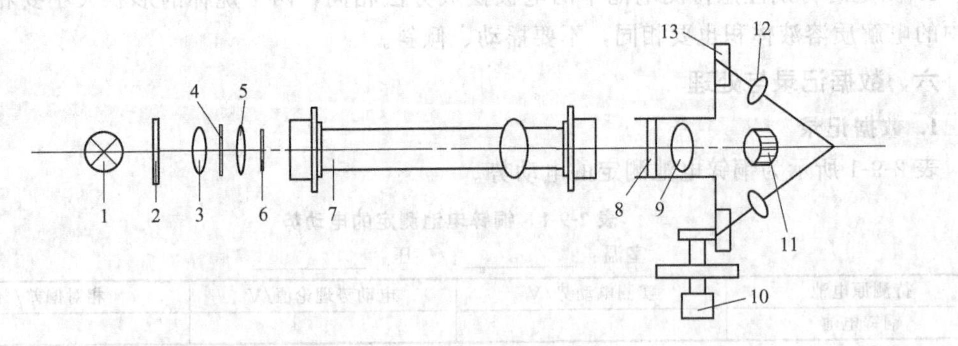

图 2-10-1　旋光仪结构简图

1—光源；2—毛玻璃；3—聚光镜；4—滤色镜；5—起偏镜；6—半波片；7—样品管；8—检偏镜；9—目镜组；10—刻度盘转动手轮；11—调焦手轮；12—读数放大镜；13—刻度盘及游标

当样品管中装有具有旋光性的溶液后，通过半波片 6 平面偏振光会发生偏转，若检偏镜

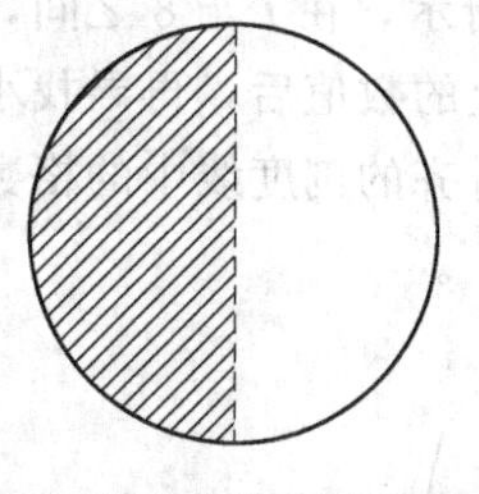

(a) 大于（或小于）零度的视场

(b) 零度视场

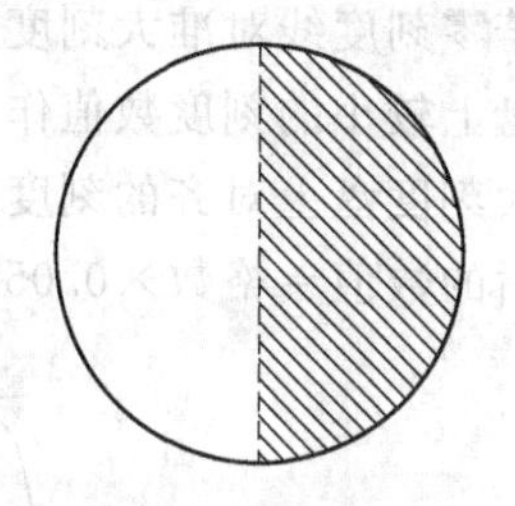

(c) 小于（或大于）零度的视场

图 2-10-2 二分旋光视场

也偏转相同的角度，能再次看到亮度一致的视场［图 2-10-2(b)］。这个偏转角的大小就是液体的旋光度，旋光度的数值可通过放大镜 12 和刻度盘 13 读出。

旋光仪采用双游标读数，以消除度盘偏心差。度盘分 360 格，每格 1°，游标分 20 格，等于将 1°分 20 格，因此游标上的最小读数为 0.05°。度盘和检偏镜固为一体，用刻度盘转动手轮 10 能作粗、细转动。游标窗前方装有两块 4 倍的读数放大镜，供读数时用。

2. 使用方法

(1) 预热光源，接通电源，打开开关。光源往往采用 20W 钠光灯（波长 λ＝5893Å）。

(2) 装样　如图 2-10-3 所示，打开样品管旋盖，盖中有垫圈和石英片，小心打开后摔碎石英片。将样品倒满样品管，将石英片插入管口，避免样品管中有气泡，然后再盖上垫圈，旋紧螺帽。若仍然有气泡，气泡若少，将样品管凸起的部分朝上放在样品槽中，将气泡移至凸起的区域，避免气泡阻碍光路；气泡若多，则重新装样。

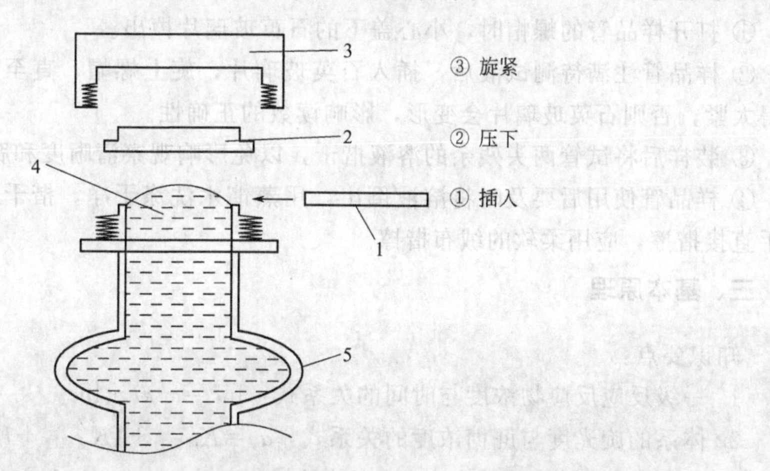

图 2-10-3 样品管装样示意图

1—石英片；2—垫圈；3—螺帽；4—待测液；5—样品管凸起部分

(3) 调节旋光仪至零度视场　将样品管中装入蒸馏水，转动刻度盘转动手轮，至视场亮度一致，则为零视场，见图 2-10-2(b)。注意：在调节过程中有很多光线亮度均匀的视场，但它们不都是零视场。判断是否为零视场的方法：调节好后，稍稍向左转动刻度盘转动手轮则为图 2-10-2(a)，稍稍向右转动刻度盘转动手轮则为图 2-10-2(c)，中间的过渡态为图 2-10-2(b)，此时的视场才是零视场。

(4) 读数　若刻度盘上的刻度不是零，则照实读出刻度。读数时先读十位、个位上的数值，此数值是大刻度盘上的数值，以小刻度盘上的零刻度线为准。

若零刻度线对准大刻度盘上的两个刻度之间，如图2-10-4所示，在7与8之间，则读大刻度盘上较小的刻度数值作为个位上的数值。读出十位和个位上的数值后，再寻找小刻度盘上与大刻度盘上对齐的刻度线，读出从小刻度盘上的零刻度到对齐的刻度线中的格数，小数点以后的数值=格数×0.05°。例如，图2-10-4中的刻度为7.05°。

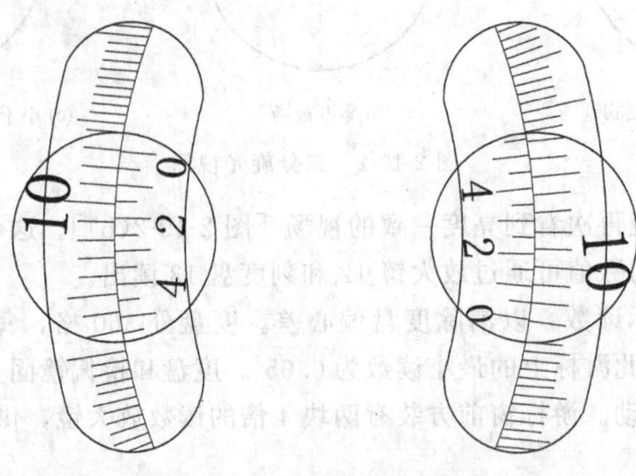

图2-10-4　旋光度刻度盘读数

(5) 校正　在零视场读出的读数若比0稍大则此数值为误差，若比0稍小，则按照刚才读数的方法读数，读出比180°稍小的数值，例如若为179.20°，则误差=179.20°−180°=−0.80°。再用此仪器测量其他液体的校正值=读数−误差。

3. 注意事项

① 打开样品管的螺帽时，小心盖下的石英玻璃片掉出。

② 样品管注满待测试液后，插入石英玻璃片，旋上螺帽，直至不漏水为止。螺帽不宜旋得太紧，否则石英玻璃片会变形，影响读数的正确性。

③ 装样后将试管两头残余的溶液揩干，以免影响观察清晰度和腐蚀样品槽。

④ 样品管使用后要及时将溶液倒出，用蒸馏水洗涤干净，揩干藏好。所有镜片均不能用手直接揩擦，应用柔软的绒布揩擦。

三、基本原理

知识要点：

1. 一级反应反应物浓度与时间的关系式：$\ln c=-kt+\ln c_0$。

2. 体系的旋光度与蔗糖浓度的关系式：$\alpha_t=K'_{蔗糖}c+(K'_{葡萄糖}+K'_{果糖})(c_0-c)$。

3. 反应速率常数k用旋光度表示的表达式：$\ln(\alpha_t-\alpha_\infty)=-kt+\ln(\alpha_0-\alpha_\infty)$，$\ln(\alpha_t-\alpha_\infty)$与$t$呈线性关系。

1. 蔗糖水解反应的特点

蔗糖在H^+催化作用下水解为葡萄糖和果糖，反应方程式为：

$$\underset{蔗糖}{C_{12}H_{22}O_{11}}+H_2O\xrightarrow{H^+}\underset{葡萄糖}{C_6H_{12}O_6}+\underset{果糖}{C_6H_{12}O_6}$$

该反应本为二级反应，蔗糖稀溶液的反应速率与蔗糖和水的浓度有关。但在较稀的蔗糖水溶液中，水是大量的，可以认为在反应过程中水的浓度不变，因此在一定酸度下，蔗糖稀溶液的反应速率只与蔗糖溶液的浓度有关。当反应速率与反应物浓度的一次方成正比时反应称为一级反应，因此蔗糖的水解反应可视为一级反应。其反应速率公式为：

$$-\frac{dc}{dt}=kc \tag{2-10-2}$$

将式（2-10-2）不定积分后，得：

$$\ln c=-kt+B \tag{2-10-3}$$

式中，k 为反应速率常数；t 为反应时间；c 为 t 时刻蔗糖溶液的浓度；B 为积分常数。c 的单位为 mol/m^3，若时间 t 的单位为 min，则 k 为 min^{-1}。由式（2-10-3）可知，$\ln c$ 与 t 呈线性关系，斜率为 $-k$。将式（2-10-1）定积分后，得：

$$\ln c=-kt+\ln c_0 \tag{2-10-4}$$

式中，c_0 为蔗糖溶液的起始浓度。当蔗糖溶液的浓度为起始浓度一半时所用的时间称为半衰期 $t_{1/2}$，则

$$t_{1/2}=\frac{\ln 2}{k}=\frac{0.6932}{k} \tag{2-10-5}$$

由式（2-10-5）可知，半衰期与蔗糖溶液的起始浓度无关。

2. 反应体系的旋光性

含有手性碳原子的有机物具有旋光性，蔗糖、葡萄糖和果糖都含有手性碳原子，因此它们都具有旋光性。它们旋光性的大小用旋光度 α 来表示。蔗糖、葡萄糖的旋光度为正值，为右旋物质。果糖的旋光度为负值，为左旋物质。

（1）旋光度与比旋光度　溶液的旋光度 α 与物质的种类、浓度、液层厚度、光源的波长以及反应时的温度有关。当温度一定，光源的波长也一定时，旋光度的大小与物质的浓度成正比，与液层的厚度也成正比。因此旋光度的表达式为：

$$\alpha=[\alpha]lc=K'c \tag{2-10-6}$$

式中，$[\alpha]$ 为比旋光度；l 为液层厚度（常以 cm 为单位）；K' 与物质的旋光能力、溶液层厚度、溶剂性质、光源的波长、反应时的温度等均有关。由式（2-10-6）可以看出，当其他条件不变时，旋光度 α 与反应物浓度 c 成正比。

体系中蔗糖是右旋性物质，比旋光度 $[\alpha]_{\lambda}^{20℃}=66.6°$（$[\alpha]_{\lambda}^{20℃}$ 是指在 20℃用钠光灯光源 λ 测得一根 10cm 长的样品管中，浓度为 1g/mL 的溶液产生的旋光度），产物中葡萄糖也是右旋性物质，比旋光度 $[\alpha]_{\lambda}^{20℃}=52.5°$，果糖是左旋性物质，比旋光度 $[\alpha]_{\lambda}^{20℃}=-91.9°$。因此当水解反应进行时，随着蔗糖浓度逐渐减少，果糖浓度逐渐增加，体系的旋光度将逐渐下降，当反应完全时体系的旋光度将变为负值。

（2）体系的旋光度与蔗糖浓度的关系　蔗糖水解反应中，反应物与生成物都有旋光性，旋光度与浓度成正比，且溶液的旋光度为各旋光度的和（加和性）。若反应时间为 0、t、∞ 时溶液旋光度各为 α_0、α_t、α_∞。根据式（2-10-6）可推导出：

	$C_{12}H_{22}O_{11}$	$+H_2O \xrightarrow{H^+}$	$C_6H_{12}O_6$	$+\ C_6H_{12}O_6$
初始时各物质的旋光度	$K'_{蔗糖}c_0$	0	0	0
完全反应时各物质的旋光度	0	0	$K'_{葡萄糖}c_0$	$K'_{果糖}c_0$
反应到 t 时刻时各物质的旋光度	$K'_{蔗糖}c$	0	$K'_{葡萄糖}(c_0-c)$	$K'_{果糖}(c_0-c)$

式中，c_0 代表蔗糖溶液的起始浓度；c 代表 t 时刻时蔗糖溶液的浓度。由于旋光度具有加和性，因此体系的旋光度为各物质旋光度之和。则可得 0、t、∞时刻体系的旋光度：

$$\alpha_0=K'_{蔗糖}c_0=K'_{反应物}c_0 \tag{2-10-7}$$

$$\alpha_\infty = K'_{葡萄糖} c_0 + K'_{果糖} c_0 = K'_{产物} c_0 \tag{2-10-8}$$

$$\alpha_t = K'_{蔗糖} c + K'_{葡萄糖}(c_0 - c) + K'_{果糖}(c_0 - c) = K'_{蔗糖} c + (K'_{葡萄糖} + K'_{果糖})(c_0 - c) \tag{2-10-9}$$

由式（2-10-7）－式（2-10-8）得：

$$c_0 = \frac{\alpha_0 - \alpha_\infty}{K'_{蔗糖} - (K'_{葡萄糖} + K'_{果糖})} \tag{2-10-10}$$

由式（2-10-9）－式（2-10-8）得：

$$c = \frac{\alpha_t - \alpha_\infty}{K'_{蔗糖} - (K'_{葡萄糖} + K'_{果糖})} \tag{2-10-11}$$

式中，α_0 为起始时体系的旋光度；α_t 为反应进行到 t 时刻时体系的旋光度；α_∞ 为水解完毕时体系的旋光度，旋光度的单位都为（°）。

3. 反应速率常数 k 的求法

将式（2-10-9）、式（2-10-10）代入式（2-10-3），得

$$\ln(\alpha_t - \alpha_\infty) = -kt + \ln(\alpha_0 - \alpha_\infty) \tag{2-10-12}$$

以 $\ln(\alpha_t - \alpha_\infty)$ 对 t 作图，由图所得直线斜率求 k 值，进而求半衰期 $t_{1/2}$。

四、实验仪器与试剂

1 台旋光仪（带样品管），1 套 SYP-Ⅱ玻璃恒温水浴，2 支 50mL 烧杯，2 支 25mL 移液管，玻璃棒，蔗糖水溶液，2.0000mol/dm³ 的 HCl 水溶液。

五、实验步骤

操作要领：

1. 测定室温下不同时刻 t 时反应体系的旋光度。
2. 提高反应温度测定反应完全时体系的旋光度 α_∞。

1. 校正

测量蒸馏水的旋光度，得到仪器的误差 α'［参照二、预备实验 2. 中的（5）校正］。

2. 蔗糖水解过程中 α_t 的测定

将 25mL 2.0000mol/dm³ HCl 溶液加入到蔗糖溶液中使其混合均匀，同时开始计时。

如图 2-10-5 所示，混合液装入样品管，测量各时间溶液的旋光度。分别测得时间为 6min、10min、14min、16min、20min、24min、28min、32min、36min、40min 时的旋光

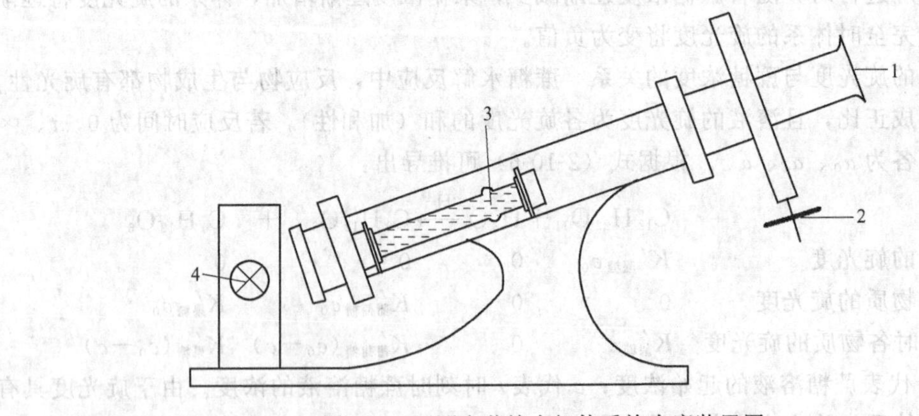

图 2-10-5　测定蔗糖水解体系旋光度装置图

1—目镜；2—刻度盘转动手轮；3—样品管；4—钠光灯

度 $\alpha_{t,测定}$。

3. α_∞的测定

将反应剩余的混合液置于50～60℃的热水浴中，温热30min，以加速转化反应的进行，然后冷却至室温，测其旋光度，此值即为反应完全时的旋光度α_∞。

4. 实验结束时，立刻将旋光管洗净干燥，以免酸对旋光管的腐蚀

六、数据记录和处理

1. 将实验数据填入表2-10-1，并计算。

表2-10-1 蔗糖水解反应的实验数据

室温：______；气压：______；误差α'：______；α_∞：______

t/min	6	10	14	16	20	24	28	32	36	40
$\alpha_{t,测定}$/(°)										
$\alpha_t(=\alpha_{t,测定}-\alpha')$/(°)										
$(\alpha_t-\alpha_\infty)$/(°)										
$\ln[(\alpha_t-\alpha_\infty)/(°)]$										

2. 以$\ln(\alpha_t-\alpha_\infty)$对$t$作图，由图所得的直线斜率求出$k$值（可使用计算机程序处理数据，如Origin等）。

3. 计算反应的半衰期$t_{1/2}$。

七、注意事项

1. 在打开旋光管的盖子时，将盖子上的部分逐一拿下，特别注意玻璃片，避免掉出。

2. 实验结束后立刻将旋光管及管盖洗净干燥，以免酸对旋光管盖的腐蚀。

3. 读数时尽可能作到快而准，最好通过放大镜读数，并在相应的时间下读数，若时间超过，则以读数时的实际时间为准。

八、思考题

1. 在旋光度的测量中为什么要对零点进行校正？在本实验中若不进行校正对结果是否有影响？

2. 对旋光度不变的某样品，若用长度为10cm、20cm的旋光管测其旋光度，测量值分别为α_1、α_2，则α_1、α_2的关系怎样？

案例分析

测量数据见表2-10-2。将数据输入到Excel表格中。

表2-10-2 测量蔗糖水解反应的实验数据

室温：20℃；气压：101.320kPa；误差$\alpha'=0.20°$；$\alpha_\infty=-4.15°$

t/min	6	10	14	16	20	24	28	32	36	40
$\alpha_{t,测定}$/(°)	10.50	8.60	7.00	6.00	4.60	3.20	2.00	0.80	0.15	−0.80
$\alpha_t(=\alpha_{t,测定}-\alpha')$/(°)										
$(\alpha_t-\alpha_\infty)$/(°)										
$\ln[(\alpha_t-\alpha_\infty)/(°)]$										

1. 用 $\alpha_{t,测定}-\alpha'$ 计算出 α_t，将单元格 $\alpha_{t,测定}$ 行减去 0.2，0.2 是 α'，算出所有的 α_t。

2. 将 $\alpha_t-\alpha_\infty$ 计算出。将单元格 α_t 行减去−4.15，−4.15 是 α_∞，算出所有的 $\alpha_t-\alpha_\infty$。

3. 将 $\ln[(\alpha_t-\alpha_\infty)/(°)]$ 计算出。直接在要求的单元格中输入“=ln(‘$\alpha_t-\alpha_\infty$’单元格地址）”计算所有的 $\ln[(\alpha_t-\alpha_\infty)/(°)]$。选中单元格，反键，选择设置单元格格式，在“数字”的分类中选择“数值”，“小数位数”选择 3。如图 1-6-4 所示。得到的数据见表 2-10-3。

表 2-10-3 计算的蔗糖水解反应的实验数据

室温：20℃；气压：101.320kPa；误差 α'=0.20°；α_∞=−4.15°

t/min	6	10	14	16	20	24	28	32	36	40
$\alpha_{t,测定}/(°)$	10.50	8.60	7.00	6.00	4.60	3.20	2.00	0.80	0.15	−0.80
$\alpha_t(=\alpha_{t,测定}-\alpha')/(°)$	10.30	8.40	6.80	5.80	4.40	3.00	1.80	0.60	−0.05	−1.00
$(\alpha_t-\alpha_\infty)/(°)$	14.45	12.55	10.95	9.95	8.55	7.15	5.95	4.75	4.10	3.15
$\ln[(\alpha_t-\alpha_\infty)/(°)]$	2.671	2.530	2.393	2.298	2.146	1.967	1.783	1.558	1.411	1.147

4. 在 Excel 中描数据点。点“插入”“散点图”，选中横坐标数据和纵坐标数据，则弹出一张数据描点图。

5. 给数据点拟合一条直线点。参见第一章第六节“拟合折射率-组成的标准直线”（图 1-6-16）。

6. 修饰拟合直线和坐标轴。选中横坐标的数据，点反键，如图 1-6-8 所示，在“坐标轴格式”中修改图中线条的颜色、线型的粗细、坐标轴范围。将横坐标轴的单位长度设置为 5，将纵坐标轴的范围设置为 1～3。

图 2-10-6 为修饰后的 $\ln(\alpha_t-\alpha_\infty)$-$t$ 直线。从图 2-10-6 中的直线方程 $y=-0.0445x+2.996$ 可知，斜率为−0.0445。由公式 $\ln(\alpha_t-\alpha_\infty)=-kt+\ln(\alpha_0-\alpha_\infty)$ 可知

$$k=0.0445\text{min}^{-1}, t_{1/2}=\frac{\ln 2}{k}=15.6\text{min}$$

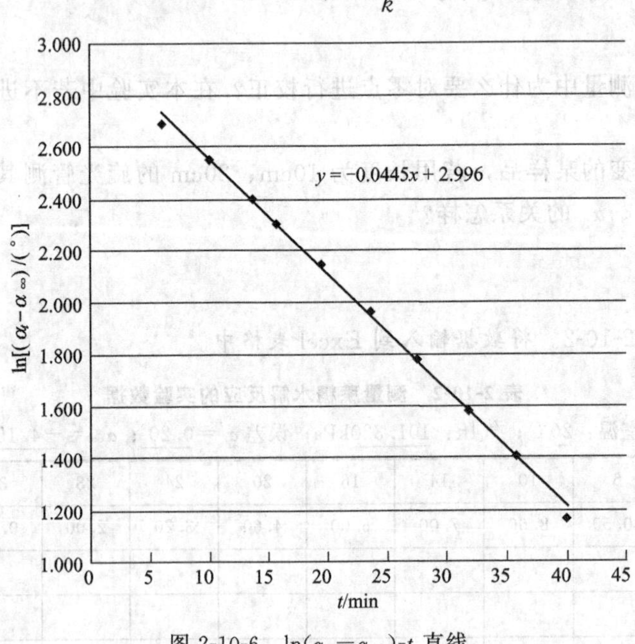

图 2-10-6 $\ln(\alpha_t-\alpha_\infty)$-$t$ 直线

文献参考值：$k=0.0457\text{min}^{-1}$。

实验小结：

1. 本实验应理解旋光度跟踪化学反应中反应物浓度的表示法。

2. 掌握一级反应的特点：$\ln c=-kt+\ln c_0$ 和 $t_{1/2}=\frac{\ln 2}{k}$。

3. 理解蔗糖浓度与时间的关系式用旋光度表示的表达式 $\ln(\alpha_t-\alpha_\infty)=-kt+\ln(\alpha_0-\alpha_\infty)$。

第十一节　乙酸乙酯皂化反应速率常数及活化能的测定

一、实验目的

1. 掌握二级反应的特征，理解通过测定电导率来跟踪化学反应进程的方法。
2. 测定乙酸乙酯皂化的反应速率常数。
3. 掌握电导率仪的使用方法。
4. 了解活化能的测定。

二、实验原理

知识要点：

1. 二级反应反应物浓度与时间的关系式：$\frac{1}{a-x}=kt+\frac{1}{a}$。

2. 体系的电导率与乙酸乙酯浓度的关系式：$\kappa_t=K'_{氢氧根}(a-x)+K'_{乙酸根}x$。

3. 反应速率常数 k 用电导率表示的表达式：$\kappa_t=\frac{1}{ka}\frac{\kappa_0-\kappa_t}{t}+\kappa_\infty$，$\kappa_t$ 与 $\frac{\kappa_0-\kappa_t}{t}$ 呈线性关系。

4. 阿伦尼乌斯公式：$\ln\frac{k_2}{k_1}=\frac{E_a}{R}\left(\frac{1}{T_1}-\frac{1}{T_2}\right)$，求得反应的活化能 E_a。

1. 乙酸乙酯皂化反应的特点

乙酸乙酯在 OH^- 的作用下水解为乙酸根离子和乙醇，反应方程式为：

	$CH_3COOC_2H_5$	$+OH^-\longrightarrow$	CH_3COO^-	$+C_2H_5OH$
初始时（$t=0$）各物质浓度	a	b	0	0
反应到 t 时刻时各物质浓度	$a-x$	$b-x$	x	x

该反应是一个典型的二级反应，乙酸乙酯皂化的反应速率与 $CH_3COOC_2H_5$ 和 OH^- 的浓度有关。当反应速率与反应物浓度的平方成正比时反应称为二级反应，其反应速率公式为：

$$\frac{dx}{dt}=k(a-x)(b-x) \tag{2-11-1}$$

式中，a 为 $CH_3COOC_2H_5$ 的初始浓度；b 为 OH^- 的初始浓度；x 为经过时间 t 后消耗的反应物浓度，mol/m^3；k 表示在实验温度下该反应的反应速率常数，若时间 t 的单位为 min，则 k 为 $m^3/mol\cdot min$。由于 $CH_3COOC_2H_5$ 和 OH^- 是 1∶1 的反应，所以反应物消耗的量 x 相同。当 $a=b$，式（2-11-1）变为：

$$\frac{dx}{dt}=k(a-x)^2 \tag{2-11-2}$$

将式（2-11-2）定积分后，得：

$$\frac{1}{a-x}=kt+\frac{1}{a} \tag{2-11-3}$$

由式（2-11-3）可知 t 时刻时，反应物浓度的倒数 $\frac{1}{a-x}$ 与反应时间 t 呈线性关系，斜率为反应速率常数 k。由式（2-11-3）可知，只要跟踪不同时刻 t 反应物的浓度 $a-x$，就能够利用其中的线性关系得到该反应的反应速率常数 k。

2. 反应体系的电导率

用物理法跟踪反应物浓度的变化往往是跟踪其反应体系物理性质的变化，然后再找出物理性质与反应物浓度的关系。用化学法必须使反应停止下来，然后用标准酸滴定测出不同时刻 OH^- 的浓度。相比化学法而言，物理法保证了反应的正常进行，测量工作比较简单。

本实验使用电导率仪测定皂化反应过程中体系的电导率随时间的变化，根据反应体系电导率的变化，来达到跟踪反应物浓度随时间的变化的目的。从乙酸乙酯皂化的反应式可知，OH^- 逐渐被 CH_3COO^- 取代，OH^- 的导电能力很强，在离子中它的导电能力仅次于 H^+，因此其导电性强于 CH_3COO^-。在反应体系中其他物质 $CH_3COOC_2H_5$、C_2H_5OH 和蒸馏水的导电能力可以忽略不计，和 OH^- 一起加入的 Na^+ 没有参加化学反应，其浓度不变。对于整个反应体系而言，随着反应的进行 OH^- 逐渐减少，CH_3COO^- 逐渐增多，因此反应体系的电导率逐渐降低。

对稀溶液而言，强电解质的电导率 κ 与其浓度成正比，并且溶液的总电导率等于组成该溶液电解质的电导率之和。由此可得 0、∞、t 时刻体系的旋光度：

$$\kappa_0=K'_{氢氧根}a \tag{2-11-4}$$

$$\kappa_\infty=K'_{乙酸根}a \tag{2-11-5}$$

$$\kappa_t=K'_{氢氧根}(a-x)+K'_{乙酸根}x \tag{2-11-6}$$

式中，κ_0、κ_t 和 κ_∞ 分别表示反应起始时、反应时间 t 时刻和反应终了时反应体系的电导率，单位都是 S/m；$K'_{氢氧根}$ 和 $K'_{乙酸根}$ 为 OH^- 和 CH_3COO^- 电导率与浓度的比例系数，在反应过程中视为常数。

由式（2-11-4）－式（2-11-5）得：

$$a=\frac{\kappa_0-\kappa_\infty}{K'_{氢氧根}-K'_{乙酸根}} \tag{2-11-7}$$

由式（2-11-4）－式（2-11-6）得：

$$x=\frac{\kappa_0-\kappa_t}{K'_{氢氧根}-K'_{乙酸根}} \tag{2-11-8}$$

3. 反应速率常数 k 的求法

将式（2-11-7）、式（2-11-8）代入式（2-11-3），得

$$\kappa_t=\frac{1}{ka}\frac{\kappa_0-\kappa_t}{t}+\kappa_\infty \tag{2-11-9}$$

在温度一定时，反应速率常数 k 不变，若初始浓度 a 也不变，由式（2-11-9）可知，κ_t

与$\frac{\kappa_0-\kappa_t}{t}$呈线性关系，直线的斜率为$\frac{1}{ka}$，可求出反应速率常数 k。

若在不同的温度下测得反应速率常数，还可根据阿伦尼乌斯公式 $\ln\frac{k_2}{k_1}=\frac{E_a}{R}\left(\frac{1}{T_1}-\frac{1}{T_2}\right)$或 $\ln k=-\frac{E_a}{RT}+B$，求得反应的活化能 E_a。

三、实验仪器与试剂

1 台 DDSJ-308A 型电导率仪，1 套 SYP-Ⅱ玻璃恒温水浴，50mL 小烧杯 1 支，50mL 锥形瓶 2 支，10mL 移液管 1 支，20mL 移液管 2 支，0.02mol/L NaOH 标准溶液，0.02mol/L $CH_3COOC_2H_5$ 溶液。

四、实验步骤

操作要领：

1. 测定 25℃下 1∶1 的蒸馏水和 NaOH 溶液的混合溶液的电导率 κ_0。
2. 测定 25℃下不同时刻 t 时反应体系的电导率 κ_t。
3. 提高反应温度至 35℃测定不同时刻 t 时反应体系的电导率 κ_0 和 κ_t。

1. 准备工作

调节恒温槽温度为 25℃（若气温较高可调为 30℃），同时电导率仪提前打开预热。

校正电导率仪的电导常数。配置 0.01mol/L 的 KCl 溶液，在 25℃中恒温 5min，按照附表中 KCl 溶液的电导率值 1413μS/cm，调节电导常数至电导率为 1413μS/cm（参看第三章的电导率仪）。

2. κ_0 的测定

用移液管分别取 10mL 蒸馏水和 10mL 所配 NaOH 溶液，加到洁净、干燥的 50mL 小烧杯中充分混匀。恒温，待温度达到 25℃后，用 DDSJ-308A 型数字电导率仪测定已恒温好的 NaOH 溶液的电导率 κ_0。

3. κ_t 的测定

取 20mL 0.02mol/L $CH_3COOC_2H_5$ 溶液和 20mL 0.02mol/L NaOH 溶液分别注入两支干净的锥形瓶中，恒温，待温度达到 25℃后将 $CH_3COOC_2H_5$ 倒入 NaOH 中（互相倾倒），混合均匀，并同时开始计时，从第 6min 开始读数，每隔 3min 记录一个 κ_t，到第 15min 后每隔 5min 记录一个数据，一直记录到第 50min 为止。

4. 若时间充裕，还可重复上述步骤测定 35℃时的 κ_0 和 κ_t

五、数据记录和处理

1. 数据记录

表 2-11-1 和表 2-11-2 分别为 25℃、35℃时乙酸乙酯皂化反应的数据。

表 2-11-1　乙酸乙酯皂化 25℃的反应数据

室温=____；气压=____；电导池常数=____；a=____ mol/L；κ_0=____ μS/cm（25℃）

t/min	6	9	12	15	20	25	30	35	40	50
κ_t/(μS/cm)										
$\frac{\kappa_0-\kappa_t}{t}$/[μS/(cm·min)]										

表 2-11-2　乙酸乙酯皂化 35℃的反应数据

室温=____；气压=____；电导池常数=____；a=____mol/L；κ_0=____μS/cm（35℃）

t/min	6	9	12	15	20	25	30	35	40	50
κ_t/(μS/cm)										
$\frac{\kappa_0-\kappa_t}{t}$/[$\mu$S/(cm·min)]										

2. 以 κ_t 对 $\frac{\kappa_0-\kappa_t}{t}$ 作图，由直线斜率计算出反应的速率常数 k 值（可使用计算机程序处理数据，如 Excel 等）。

3. 根据 25℃和 35℃时的反应速率常数，代入阿伦尼乌斯公式求得活化能 E_a。

六、注意事项

1. 更换测定液体时，一定要冲洗电极和温度传感器，并用滤纸吸干。

2. 所用的 NaOH 溶液和 $CH_3COOC_2H_5$ 溶液两者的浓度要相同，但用于计算反应速率常数时所用的初始浓度不是 NaOH 溶液和 $CH_3COOC_2H_5$ 溶液的配制浓度，而是配制浓度的二分之一。

七、思考题

1. 反应进程中溶液的电导率为什么发生变化？

2. 本实验为何采用稀溶液，浓溶液可否？

案例分析

测量数据见表 2-11-3、表 2-11-4。

表 2-11-3　乙酸乙酯皂化 25℃的实验数据

室温=31.7℃；气压=99.47kPa；电导池常数=0.959m^{-1}；

混合后起始浓度 a=0.01mol/L；κ_0=2380μS/cm（25℃）

t/min	6	9	12	15	20	25	30	35	40	50
κ_t/(μS/cm)	2070	1980	1910	1840	1762	1693	1638	1600	1585	1568
$\frac{\kappa_0-\kappa_t}{t}$/[$\mu$S/(cm·min)]										

表 2-11-4　乙酸乙酯皂化 35℃的实验数据

室温=32.3℃；气压=99.47kPa；电导池常数=0.959m^{-1}；

混合后起始浓度 a=0.01mol/L；κ_0=2790μS/cm（35℃）

t/min	6	9	12	15	20	25	30	35	40	50
κ_t/(μS/cm)	2250	2120	2020	1949	1869	1806	1751	1703	1672	1626
$\frac{\kappa_0-\kappa_t}{t}$/[$\mu$S/(cm·min)]										

（1）计算$\frac{\kappa_0-\kappa_t}{t}$　利用 Excel 单元格每一横排有相同的函数关系，用数值所在的单元格地址计算出整个横排的$\frac{\kappa_0-\kappa_t}{t}$。参看第一章中用 Excel 计算校正仪器误差的实验数据 n。

计算后的实验数据见表 2-11-5、表 2-11-6。

表 2-11-5 乙酸乙酯皂化 25℃的计算数据

室温＝31.7℃；气压＝99.47kPa；电导池常数＝0.959m^{-1}；

混合后起始浓度 a＝0.01mol/L；κ_0＝2380μS/cm（25℃）

t/min	6	9	12	15	20	25	30	35	40	50
κ_t/(μS/cm)	2070	1980	1910	1840	1762	1693	1638	1600	1585	1568
$\frac{\kappa_0-\kappa_t}{t}$/[μS/(cm·min)]	51.67	44.44	39.17	36.00	30.90	27.48	24.73	22.29	19.88	16.24

表 2-11-6 乙酸乙酯皂化 35℃的计算数据

室温＝32.3℃；气压＝99.47kPa；电导池常数＝0.959m^{-1}；

混合后起始浓度 a＝0.01mol/L；κ_0＝2790μS/cm（35℃）

t/min	6	9	12	15	20	25	30	35	40	50
κ_t/(μS/cm)	2250	2120	2020	1949	1869	1806	1751	1703	1672	1626
$\frac{\kappa_0-\kappa_t}{t}$/[μS/(cm·min)]	90.00	74.44	64.17	56.07	46.05	39.36	34.63	31.06	27.95	23.28

（2）绘制 25℃和 35℃κ_t-$\frac{\kappa_0-\kappa_t}{t}$的线性方程　在空白单元格处，插入“散点图”，参见第一章拟合折射率-组成的标准直线（图 1-6-6）。在“系列名称”中输入“25℃的反应数据”，在“X 轴系列值”中选中横坐标$\frac{\kappa_0-\kappa_t}{t}$数列的单元格地址，在“Y 轴系列值”中选中横坐标 κ_t 数列的单元格地址，此时添加了 25℃的数据点，然后线性拟合。继续添加 35℃的数据点，参看第一章第六节“拟合折射率-组成的标准直线”（图 1-6-16）。

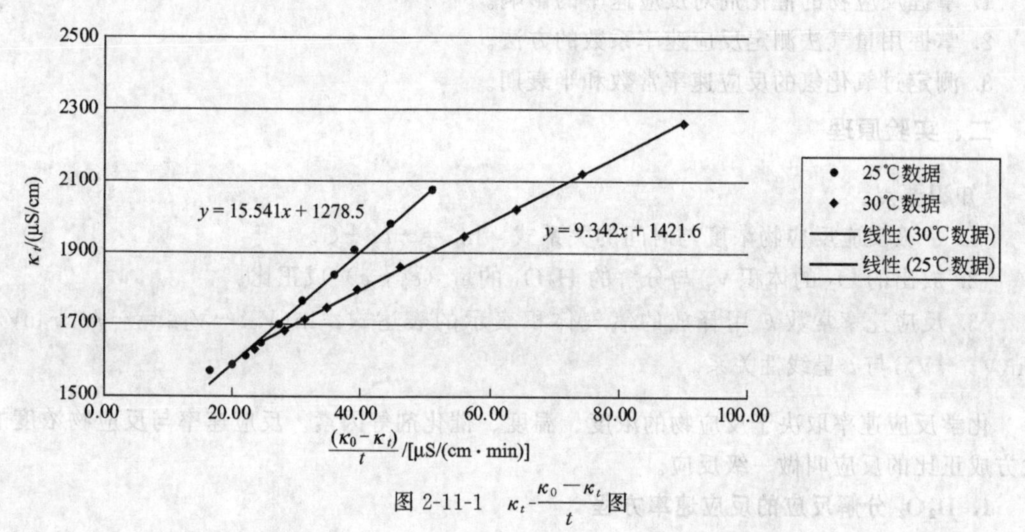

图 2-11-1　κ_t-$\frac{\kappa_0-\kappa_t}{t}$图

图 2-11-1 为线性拟合后的 κ_t-$\frac{\kappa_0-\kappa_t}{t}$图。

（3）计算 25℃和 35℃时反应的速率常数 k 值和活化能 E_a。

如图 2-11-1 可知，25℃时斜率＝$\frac{1}{k_{25℃}a}$＝15.54min^{-1}，

所以 $k_{25℃}=\frac{1}{15.54\times a}=\frac{1}{15.54\times 0.0100}=6.435\text{L/(mol·min)}$

如图 2-11-1 可知，35℃时斜率 $\frac{1}{k_{35℃}a}=9.34\text{min}^{-1}$，

所以 $k_{35℃}=\frac{1}{9.34\times a}=\frac{1}{9.34\times 0.01}=10.70\text{L/(mol·min)}$

因为 $\ln\frac{k_{35℃}}{k_{25℃}}=\frac{E_a}{R}\left(\frac{1}{T_{25℃}}-\frac{1}{T_{35℃}}\right)$，

所以 $\ln\frac{10.70}{6.435}=\frac{E_a}{8.314}\left(\frac{1}{298.15}-\frac{1}{308.15}\right)$，$E_a=38.87\text{kJ/mol}$

文献值：25℃时速率常数为 6.42L/(mol·min)，其他温度时 $\ln k=-4098.6/T+0.01736T+10.4311$，活化能 $E_a=33.24\text{kJ/mol}$。

本章小结：

1. 本实验应理解电导率跟踪化学反应中反应物浓度的表示法。

2. 掌握二级反应的特点 $\frac{1}{a-x}=kt+\frac{1}{a}$ 和阿伦尼乌斯方程 $\ln\frac{k_2}{k_1}=\frac{E_a}{R}\left(\frac{1}{T_1}-\frac{1}{T_2}\right)$。

3. 理解乙酸乙酯浓度与时间的关系式用电导率表示的表达式：$\kappa_t=\frac{1}{ka}\frac{\kappa_0-\kappa_t}{t}+\kappa_\infty$。

第十二节　催化剂对过氧化氢分解反应速率常数的影响

一、实验目的

1. 掌握反应物的催化剂对反应速率的影响。
2. 掌握用量气法测定反应速率系数的方法。
3. 测定过氧化氢的反应速率常数和半衰期。

二、实验原理

知识要点：

1. 一级反应反应物浓度与时间的关系式：$\ln c=-kt+C$。

2. 放出的 O_2 的体积 V_t 与分解的 H_2O_2 的量 (c_0-c) 成正比。

3. 反应速率常数 k 用释放的氧气体积表示的表达式：$\ln(V_\infty-V_t)=-kt+\ln V_\infty$，$\ln(V_\infty-V_t)$ 与 t 呈线性关系。

化学反应速率取决于反应物的浓度、温度、催化剂等因素。反应速率与反应物浓度的一次方成正比的反应叫做一级反应。

1. H_2O_2 分解反应的反应速率方程

当没有催化剂存在时，分解反应进行得很慢，H_2O_2 分解反应的化学计量方程式如下：

$$H_2O_2 \longrightarrow H_2O+\frac{1}{2}O_2$$

实验证明 H_2O_2 的分解反应为一级反应。因此，反应的速率方程可写为：

$$-\frac{dc}{dt}=kc \tag{2-12-1}$$

式中，c 为 H_2O_2 在 t 时刻的浓度，mol/m^3；k 为速率常数，若时间 t 的单位为 min，则 k 为 min^{-1}。

2. H_2O_2 分解反应的反应特点

将式（2-12-1）不定积分得：

$$\ln c = -kt + A \tag{2-12-2}$$

式中，A 为常数。测定不同时刻 t 的 c 可求出速率常数 k 和半衰期 $t_{1/2}$。将上式定积分得：

$$\ln \frac{c}{c_0} = -kt \tag{2-12-3}$$

式中，c_0 为 H_2O_2 的初始浓度，mol/m^3。

当 $c=\frac{1}{2}c_0$ 时，时间 t 为半衰期 $t_{1/2}$：

$$t_{1/2} = \frac{\ln 2}{k} \tag{2-12-4}$$

式中，$t_{1/2}$ 的单位为 min。

3. 不同催化剂对反应速率的影响

加入催化剂能大大加速此反应。催化剂的加入，改变了反应历程，反应的活化能也随之变化，因此反应的速率也会随着催化剂的不同发生改变。本实验以 KI 和 MnO_2 作催化剂，研究 H_2O_2 相同浓度下，催化剂对 H_2O_2 分解反应的反应速率的影响。

4. H_2O_2 分解反应的 H_2O_2 浓度和 O_2 的体积

H_2O_2 分解反应方程式为：

	$H_2O_2 \longrightarrow$	H_2O	$+\ \frac{1}{2}O_2$
初始时（$t=0$）各物质浓度	c_0	0	0
反应到 t 时刻时各物质浓度	c	c_0-c	$\frac{1}{2}(c_0-c)$

在一定的温度、压力下，分解反应放出的 O_2 的体积与分解的 H_2O_2 的量成正比。若 V_t 表示 H_2O_2 在 t 时刻时分解放出氧气的体积，V_∞ 表示 H_2O_2 全部分解时放出氧气的体积，则 $V_t=r(c_0-c)$，$V_\infty=rc_0$，r 为比例系数。化简后可得 $c_0=\frac{1}{r}V_\infty$，$c=\frac{1}{r}(V_\infty-V_t)$，将 c_0 和 c 代入式（2-12-3）：

$$\ln \frac{V_\infty - V_t}{V_\infty} = -kt \tag{2-12-5}$$

或

$$\ln(V_\infty - V_t) = -kt + \ln V_\infty \tag{2-12-6}$$

式中，V_∞ 和 V_t 的单位为 mL。测定 V_∞ 和不同 t 时的 V_t，绘制直线 $\ln(V_\infty-V_t)$-t，得到斜率可求出速率常数 k，并可求出半衰期 $t_{1/2}$。

三、实验仪器与试剂

1 台带加热的磁力搅拌器，10mL 量筒 1 支，100mL 锥形瓶 1 支，500mL 烧杯 1 支，10mL 移液管 1 支，秒表，过氧化氢分解量气装置，0.1mol/L KI 溶液，2% H_2O_2 溶液。

四、实验步骤

操作要领：

1. 测定25℃下KI作催化剂反应体系的V_t。
2. 测定25℃下MnO_2作催化剂反应体系的V_t。
3. 测定50～60℃下MnO_2作催化剂反应体系的V_∞。

1. 安装实验仪器

用移液管移取10mL 0.1mol/L KI溶液至小玻璃瓶或小塑料瓶中，用长镊子小心地放入盛有10mL 2% H_2O_2溶液的锥形瓶中，在其中加入磁力转子，不要碰倒盛有KI溶液的小玻璃瓶。

2. 检漏恒温

如图2-12-1所示，用橡皮管把水准瓶及量气管接通，在量气管及水准瓶中加适量的水，塞紧与锥形瓶相连的塞子，打开放空阀，高举水准瓶，打开水准阀，使水充满量气管。然后关闭放空阀，使系统与外界隔绝，降低水准瓶，使量气管高于水准瓶，水位相差50cm左右，若4min水位无明显变化，则表示不漏气；若水位高度明显变化，说明系统漏气，找出漏气原因并排除。然后打开放空阀，向系统通大气，调节水准瓶，使量气管和水准瓶的水位相平并处于上端的零刻度处。

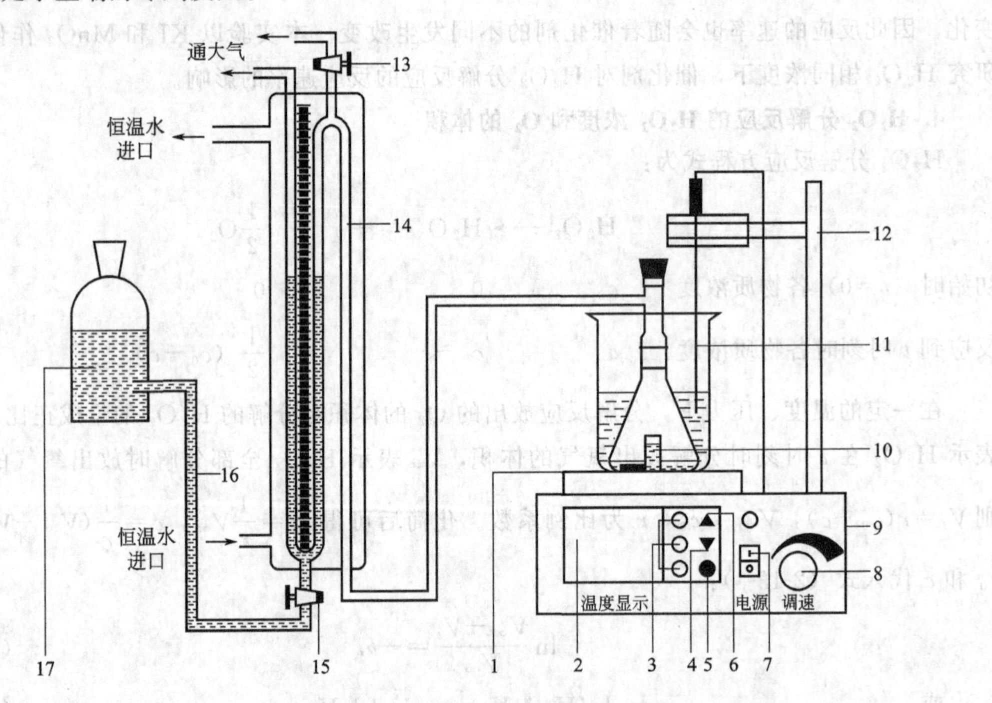

图2-12-1 过氧化氢分解测定装置

1—磁力转子；2—温度显示窗；3—温度调节指示灯；4—温度下调键；5—温度设置键；6—温度上调键；7—磁力搅拌器电源开关；8—调速旋钮；9—磁力搅拌器；10—小塑料瓶；11—温度传感器；12—支架；13—放空阀；14—反应器连接管；15—水准阀；16—橡皮管；17—水准瓶

在检漏过程中，锥形瓶（反应系统）置于25℃的水浴中。

3. 25℃时 KI 作催化剂反应体系 V_t 的测定

摇动反应系统（锥形瓶），使盛有 KI 溶液的小瓶翻到，打开电磁搅拌匀速搅拌，同时打开秒表，计时。每分钟记录一次量气管的刻度 V_t，注意随时移动水准瓶，使其水面和量气管中的水面相平。记录 20min 后，每 5min 记录一次刻度 V_t，记录 10min，直至体积基本不再变化，此时的刻度为 V_∞。

4. 25℃时 MnO_2 作催化剂反应体系 V_t 的测定

重复步骤 1. 和 2.，装 MnO_2 颗粒的小瓶翻到后，搅拌。每分钟记录一次量气管的刻度 V_t，注意保持水准瓶水面和量气管中的水面相平。记录 20min 后，每 5min 记录一次刻度 V_t，记录 10min。

5. V_∞ 的测定

在测定步骤 4. 的若干个数据后，将反应后期系统的温度升高至 50～60℃加热约 15min，可认为完全分解，冷却至室温，读出量气管中的体积 V_∞。注意保持水准瓶水面与量气管中的水面相平。

五、数据记录和处理

1. 数据记录

数据记录表见表 2-12-1、表 2-12-2。

表 2-12-1　H_2O_2 水解（KI 作催化剂）25℃的反应数据

室温=________；气压=________；V_∞=________mL（25℃）

t/min	0	1	2	3	4	5	6	7	8	9	10	11
V_t/mL												
$\ln(V_\infty-V_t)$												
t/min	12	13	14	15	16	17	18	19	20	25	30	35
V_t/mL												
$\ln(V_\infty-V_t)$												

表 2-12-2　H_2O_2 水解（MnO_2 作催化剂）35℃的反应数据

室温=________；气压=________；V_∞=________mL（35℃）

t/min	0	1	2	3	4	5	6	7	8	9	10	11
V_t/mL												
$\ln(V_\infty-V_t)$												
t/min	12	13	14	15	16	17	18	19	20	25	30	35
V_t/mL												
$\ln(V_\infty-V_t)$												

2. 以 $\ln(V_\infty-V_t)$ 对 t 作图，由直线斜率计算出 25℃时 KI 作催化剂反应的速率常数 k 值和 MnO_2 作催化剂反应的速率常数 k' 值（可使用计算机程序处理数据，如 Excel 等）。

3. 比较 25℃时 KI 作催化剂和 MnO_2 作催化剂反应的速率常数 k。

文献参考值：温度 25℃时 KI 作催化剂反应的反应速率常数为 $1.2\times10^{-2}\text{min}^{-1}$，35℃时 KI 作催化剂反应的反应速率常数为 $2.32\times10^{-2}\text{min}^{-1}$，活化能为 49.4kJ/mol。

六、注意事项

1. 在进行实验时，反应系统必须与外界隔绝，以免氧气逸出。
2. 在量气管内读数时，一定要保持水准瓶水面和量气管中的水面相平。
3. 每次测定应保持搅拌速度恒定。

七、思考题

1. 在读取氧气体积时，水准瓶水面和量气管中的水面为什么要处于同一水平面？
2. 如何检查系统不漏气？
3. 反应过程中为什么要匀速搅拌？搅拌快慢对结果有无影响？

实验小结：

1. 本实验应掌握量气法测定生成物体积，计算化学反应的反应速率常数。
2. 本实验理解生成物体积在常压恒温下与反应物的消耗量成正比。

第十三节　流动法测定 γ-Al_2O_3 小球催化剂乙醇脱水的催化性能

一、实验目的

1. 掌握流动法测定乙醇脱水的反应速率常数和活化能的原理和方法。
2. 掌握流动法的测定技术。

二、实验原理

知识要点：

1. 流动法测定乙醇脱水反应速率方程：$k=\frac{q_V}{Sl}\ln\frac{c_0}{c}$。
2. 乙醇蒸气的浓度 c 与乙醇的物质的量 n 成正比：$\frac{c_0}{c}=\frac{n_B}{n_B-n}$。
3. 反应速率常数 k 用各物质物质的量表示的表达式：$k=\left(\frac{RT}{p}\frac{n_A}{V_0}\right)\ln\frac{n_B}{n_B-n}$。

醇在不同的固体催化剂上，在不同的条件下可以脱水或脱氢，分别生成烯烃或醛。一般用 γ-Al_2O_3 作催化剂，在350℃可以脱水。在化工生产及研究中，属于多相催化反应。

流动法是使流态反应物不断稳定地经过反应器，在反应器中就发生反应，离开反应器后反应停止。流动法最大的特点是要保持稳定的流量，通过测定反应器中气体流量的变化，分析反应物浓度的变化。如果流量不稳定，则实验结果不具有任何意义。在石油炼制、石油化工和基本有机合成等现代化工业生产中，已普遍采用流动法进行生产。

(1) 乙醇脱水的反应速率方程　在350～400℃温度内，乙醇在 γ-Al_2O_3 催化剂上脱水反应主要生成的产物是乙烯：

$$CH_3CH_2OH \xrightarrow[350\sim400^\circ C]{\text{活性 } Al_2O_3} CH_2{=\!=}CH_2 + H_2O \tag{2-13-1}$$

因此，反应的速率方程可写为：

$$-\frac{dc}{dt}=kc \tag{2-13-2}$$

式中，c 为乙醇在 t 时刻的反应浓度，mol/m^3；k 为速率常数，若时间 t 的单位为 min，则 k 的单位为 min^{-1}。

(2) 流动法测定乙醇脱水反应的反应特点　反应是在圆柱形反应管内进行，如图 2-13-1 所示，催化剂层的总长度是 l，反应管的横截面积是 S，只有在催化剂层中才能进行反应。在乙醇接触催化剂前浓度为 c_0，接触催化剂后就发生了反应，催着乙醇在催化剂层中通过，乙醇的浓度就逐渐减小了。设在某一个小薄层催化剂前浓度为 c，当乙醇经过 dl 之后，浓度变为 $c-\mathrm{d}c$。

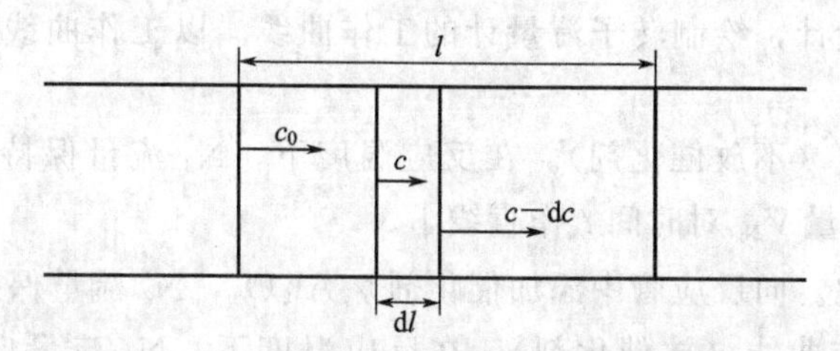

图 2-13-1　在圆柱形反应管中乙醇浓度变化示意图

在反应体系中，乙醇混合气体是以稳定的流量经过催化剂层的，体积流量（单位时间内流过的体积）为 q_V，在这一个小薄层催化剂内，乙醇与催化剂接触的时间为 dt，则有

$$q_V=\frac{\mathrm{d}V}{\mathrm{d}t} \tag{2-13-3}$$

式中，q_V 的单位为 m^3/min；dV 为这个催化剂小薄层的体积，m^3。又因为

$$\mathrm{d}V=S\mathrm{d}l \tag{2-13-4}$$

将式（2-13-3）、式（2-13-4）代入式（2-13-2）得：

$$-\frac{\mathrm{d}c}{c}=k\,\mathrm{d}t=k\,\frac{S\mathrm{d}l}{q_V} \tag{2-13-5}$$

将上式定积分得：

$$k=\frac{q_V}{Sl}\ln\frac{c_0}{c} \tag{2-13-6}$$

式中，c_0 为乙醇的初始浓度，mol/m^3。式（2-13-6）为稳态流动中乙醇脱氢的定积分反应速率方程。

(3) 乙醇的浓度表示　在此反应条件下，反应物乙醇和产物乙烯都是气体，本实验采用量气法测定反应物乙醇的浓度。设单位时间加入乙醇的物质的量 n_B 与载气 N_2 的物质的量 n_D 之和为 n_A，n 为单位时间生成乙烯的物质的量，V_0 为催化剂的体积，可得

$$q_V=\frac{n_A RT}{p} \tag{2-13-7}$$

式中，q_V 为反应温度 T 和反应压力 p 下的乙醇和载气的体积流量之和；T 的单位为 K；p 的单位为 Pa；n_A 的单位为 mol/min。因为乙醇的浓度与乙醇的物质的量成正比，所以

$$\frac{c_0}{c}=\frac{n_B}{n_B-n} \tag{2-13-8}$$

又因为 $Sl=V_0$ 为催化剂的体积，所以式（2-13-6）可变为

$$k=\left(\frac{RT}{p}\frac{n_A}{V_0}\right)\ln\frac{n_B}{n_B-n} \tag{2-13-9}$$

式中，V_0 的单位为 m^3；n_B 和 n 的单位为 mol/min。

三、实验仪器与试剂

1 套多相催化反应装置，1 个氮气钢瓶，无水乙醇（AR），Al_2O_3 小球催化剂，冰，海盐。

四、实验步骤

操作要领：

1. 校正转子流量计，绘制转子流量计的工作曲线。以工作曲线上实际流量的数值调节转子流量计。

2. 测定空白曲线（不放催化剂）。在反应温度下，N_2 流量保持不变，输入乙醇，以湿式流量计测定的流量 V_{N_2} 对时间 t 作直线Ⅰ。

3. 催化剂的活化。向反应管中添加催化剂 γ-Al_2O_3，N_2 流量保持不变，不输入乙醇。

4. 测定催化反应曲线（放催化剂）。在反应温度下，N_2 流量保持不变，输入乙醇，以湿式流量计测定的流量 $V_{N_2+乙烯}$ 对时间 t 作直线Ⅱ。

1. 安装实验仪器，检漏

接好实验装置，如图 2-13-2 所示，检查线路是否正确。用肥皂水涂抹在各连接口处，打开氮气钢瓶，调节分表压力 0.2MPa，打开开关阀 4，调节稳压阀 5 和调流阀 6 获得一定

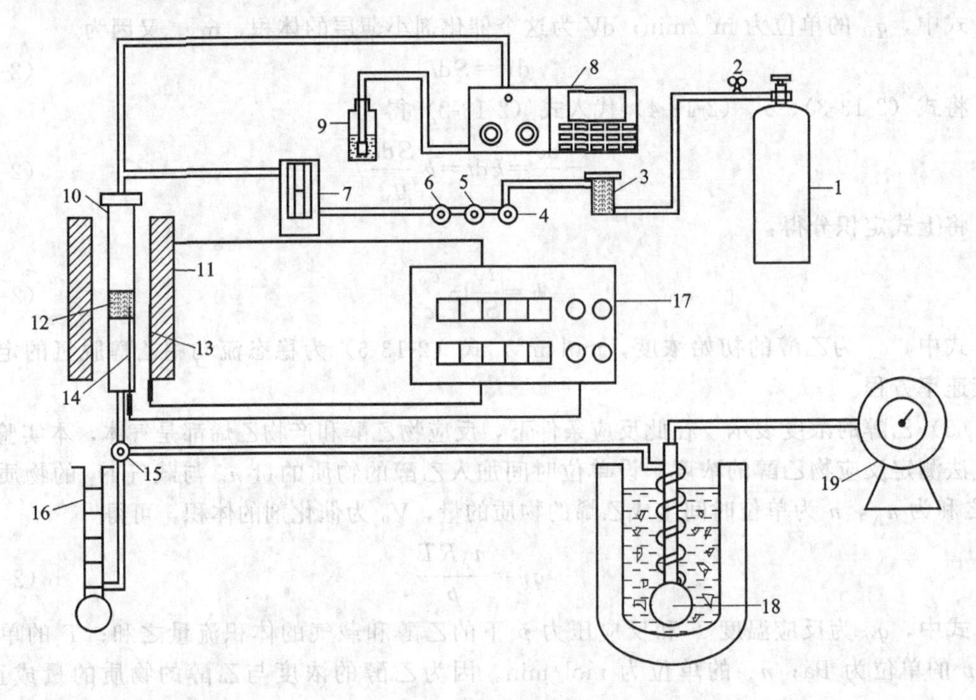

图 2-13-2　多相催化反应装置

1—氧气钢瓶；2—减压阀；3—净化瓶；4—开关阀；5—稳压阀；6—调流阀；7—转子流量计；8—平流泵；9—储样瓶；10—催化剂反应管；11—加热炉；12—催化剂床；13—控温传感器；14—测温传感器；15—三通切换阀；16—皂膜流量计；17—数显式温度控制及测定系统；18—冷凝器；19—湿式流量计

的气流流量，检查气路是否漏气。

2. 转子流量计的校正

调节三通切换阀15，使反应器后气路接皂膜流量计，调节转子流量计读数分别为10mL/min、20mL/min、40mL/min、60mL/min、80mL/min、100mL/min，用秒表和皂膜流量计测定流量。以皂膜流量计测定的流量为纵坐标，设置的转子流量计的数值为横坐标作图，此图为转子流量计的工作曲线。

3. 空白曲线的测定

在冷阱中加入冰水混合物。分别将热电偶固定在恒温区和催化剂床的中心位置。根据转子流量计的工作曲线，调节氮气的流量使之实际流量为80mL/min（注意：流量若有变化随时调节转子流量计，使流量保持不变，这是实验成败的关键），调节三通切换阀15将反应后混合气导入至湿式流量计。空白测定中反应管中不放催化剂，通电加热，调节反应管的温度为350℃，温度稳定后，开动平流泵调节输入的乙醇流量为0.3mL/min，每5min从湿式流量计读取流量数值一次，测定30min。以湿式流量计的读数V_{N_2}对时间t作图，得图上的直线Ⅰ。

4. 催化剂的活化

空白曲线测定后，依次关闭乙醇进样的平流泵，取出乙醇样品管，关闭加热电炉，待温度降低至50℃以下关闭氮气流量，卸下乙醇进样管，从加热炉中取下反应管，用10mL量筒量取3mL Al_2O_3小球催化剂，装入反应管内，竖直轻轻在桌面上敲打，使催化剂床密实平整，再缓缓放入颗粒稍大的洁净石英砂，同样轻轻敲打反应管，使之密实。石英砂装好后距管口5cm。将反应管前后连接好，打开氮气钢瓶，流量调节为80mL/min（注意：流量若有变化随时调节转子流量计，使流量保持不变），调节温度为400℃，活化30min（注意：催化剂活化时不输入乙醇）。

5. 催化反应的测定

催化剂活化结束后，插入乙醇进样管并调节适当的深度，开动平流泵并调节输入的乙醇流量为0.3mL/min，调节温度，使催化剂床温度为350℃。温度稳定后，每5min从湿式流量计读取流量数值一次，测定30min。以流量计的读数$V_{N_2+乙烯}$对时间t作图，得图上的直线Ⅱ。

6. 活化能的测定

在380℃温度下重新进行步骤3. 和步骤5.。

五、数据记录和处理

1. 转子流量计工作曲线数据记录

转子流量计工作曲线数据记录表见表2-13-1。

表2-13-1　转子流量计工作曲线的数据

室温=________；气压=________

调节流量	10	20	40	60	80	100
实际流量/(mL/min)						

2. 绘制转子流量计的工作曲线。以皂膜流量计测定的实际流量为纵坐标，设置的转子流量计的调节流量为横坐标作图。在图的纵坐标实际流量为80mL/min时，找出横坐标调

节流量的数值。

3. 记录空白测定和催化反应实验数据（表 2-13-2），并根据实验数据绘制乙烯的流量 $V_{乙烯}$-时间 t 的直线，根据斜率求出单位时间内产生的乙烯的体积 $q_{V,乙烯}$（可使用计算机程序处理数据，如 Excel 等）。

表 2-13-2　空白样品和反应样品的实验数据

室温＝________；气压＝________

t/min	0	5	10	15	20	25	30
空白样品流量 V_{N_2}/L							
反应样品流量 $V_{N_2+乙烯}$/L							
乙烯的流量 $V_{乙烯}$/L							

由于乙醇蒸气和载气 N_2 经过冷凝后，乙醇和水被冷凝为液态，所以空白样品读出的流量为载气 N_2 的流量 V_{N_2}，反应样品读出的流量为载气 N_2 和乙烯混合气体的流量和 $V_{N_2+乙烯}$。又因为空白样品和反应样品的实验条件相同，所以用相同时刻的反应样品流量减去空白样品流量为乙烯的流量 $V_{乙烯}$。

因为乙烯的流量 $V_{乙烯}$ 随时间 t 呈线性增长，所以单位时间内生成的乙烯体积（物质的量）相同，则斜率为单位时间内产生的乙烯体积 $q_{V,乙烯}$。

4. 根据 $n_B=\dfrac{q_{V,乙醇}\rho_{乙醇}}{M_{乙醇}}$，$n_D=\dfrac{q_{V,N_2}RT}{p}$，$n=\dfrac{q_{V,乙烯}RT}{p}$，$n_A=n_B+n_D$ 求出 n_B、n_A 和 n。根据 $k=\left(\dfrac{RT}{p}\dfrac{n_A}{V_0}\right)\ln\dfrac{n_B}{n_B-n}$，求出 350℃和 380℃下反应的速率常数 k。

其中在本实验中 $q_{V,乙醇}=0.3\text{mL/min}$，$q_{V,N_2}=80\times10^{-6}\text{m}^3/\text{min}$，$p$ 为实验室的大气压，T 为实验时的反应温度。$\rho_{乙醇}$ 为实验温度下乙醇的密度（g/mL）（见附录），$M_{乙醇}$ 为乙醇的摩尔质量（g/mol），V_0 为催化剂的体积（3mL）。

过氧化氢分解的数据填入表 2-13-3。

表 2-13-3　过氧化氢分解的数据

室温＝________，气压＝________。

各物质物质的量	$n_B=\dfrac{q_{V,乙醇}\rho_{乙醇}}{M_{乙醇}}$	$n_D=\dfrac{q_{V,N_2}RT}{p}$	$n_A=n_B+n_D$	$n=\dfrac{q_{V,乙烯}RT}{p}$	$k=\left(\dfrac{RT}{p}\dfrac{n_A}{V_0}\right)\ln\dfrac{n_B}{n_B-n}$
350℃					
380℃					

5. 根据阿伦乌斯公式 $\ln\dfrac{k_2}{k_1}=\dfrac{E_a}{R}\left(\dfrac{1}{T_1}-\dfrac{1}{T_2}\right)$，求得反应的活化能 E_a。

6. 根据 n_B 和 n 计算乙醇脱水反应的转化率。

$$转化率=\frac{已经转化的反应物的物质的量}{进入反应器的反应物起始的物质的量}=\frac{n}{n_B}$$

六、注意事项

1. 反应系统必须不漏气。

2. N_2 的流量和液态乙醇的流量在实验中必须恒定，这决定了实验是否成功。

3. 在实验前需检查湿式流量计的水平和水位，并预先使其运转数圈，使水与气体饱和后，方可进行测量。

4. 采用量气法测定时，冷凝器必须把乙醇蒸气和产物水蒸气冷凝。若采用一个冷凝器要有足够的尺寸和冰水用量。若采用两个冷凝器，前一个冷却剂用冰水，后一个冷却剂用冰盐混合物，效果会更好。

5. 实验反应结束后，先关闭平流泵，移出乙醇进样管，在反应温度下载气吹扫15min后，再关闭气源。避免乙醇倒吸入反应管。

七、思考题

1. 为什么实验时必须严格控制 N_2 流量稳定于同一数值？如果空白测定和样品测定时 N_2 流量不同，对实验结果有何影响？

2. 欲得较低的温度，氯化钠和冰应以怎样的比例混合？

3. 如何检查系统不漏气？

实验小结：

1. 本实验应理解流动法测定乙醇脱水反应的原理。乙醇与催化剂接触的时间 dt 为催化剂的体积除以乙醇气体的体积流量：$dt=\dfrac{dV}{q_V}$

2. 掌握量气法测定产物体积的特点：催化反应中载气 N_2 和乙烯混合气体的流量 $V_{N_2+乙烯}$ 减去空白样品的流量 V_{N_2}。

3. 掌握产物乙烯单位时间内产生物质的量 n 的表达：流量 $V_{乙烯}$-时间 t 直线的斜率为单位时间内产生乙烯的体积 $q_{V,乙烯}$，$n=\dfrac{q_{V,乙烯}RT}{p}$。

4. 掌握多相催化反应的反应速率方程表达式：$k=\left(\dfrac{RT}{p}\dfrac{n_A}{V_0}\right)\ln\dfrac{n_B}{n_B-n}$。

第十四节 溶液表面张力的测定

一、实验目的

1. 掌握最大压力气泡法测定表面张力的原理和技术。

2. 了解表面张力、比表面吉布斯自由能和表面吸附量的含义。

二、实验原理

知识要点：

1. σ 既是表面张力也是比表面吉布斯自由能，它是同一事物的不同角度的命名。

2. 当表面积不能改变时，调节溶质在表面层的浓度来减小 σ，降低体系的自由能 G。

3. 溶液表面吸附量的计算公式：$\Gamma=-\dfrac{c}{RT}\left(\dfrac{d\sigma}{dc}\right)_T$。$\Gamma>0$ 为正吸附；$\Gamma<0$ 为负吸附。

4. 当气泡最小时有 $\Delta p_{max,待测}=\dfrac{2\sigma_{待测}}{R_{半径}}$；利用已知表面张力的水测定 $\Delta p_{max,水}$，计算出 $R_{半径}$，再根据 $R_{半径}$ 测定 $\Delta p_{max,待测}$，计算出 $\sigma_{待测}$。

1. 表面张力 σ

表面张力 σ 是沿着与表面相切的方向，垂直作用于边界线单位长度上的力，单位是N/m。表面张力的大小受温度、压力、溶液的浓度以及共存的另一相的组成的影响。

2. 比表面吉布斯自由能 σ

由于表面上液体分子的受力不平衡，表面的液体分子总有向液体内部运动的趋势，从宏观上看液体表面面积总有一个自动缩小的趋势。从热力学的角度看，这是一个自发的趋势，体系的吉布斯自由能 G 与表面积有关。当温度、压力、组成恒定时，表面积 A 减小，吉布斯自由能 G 降低，其表达式为：

$$(\mathrm{d}G)_{T,p,n}=\sigma \mathrm{d}A \tag{2-14-1}$$

式中，σ 为比表面吉布斯自由能。表面张力和比表面吉布斯自由能在数值上相等，它是同一事物看待的角度不同，如果从力学角度来看待，σ 为表面张力；如果从热力学角度来看，σ 为比表面吉布斯自由能。

3. 溶液的表面吸附

对于溶液而言，当表面积不能改变时，只能通过减小 σ 来降低体系的自由能G。由于溶质能改变溶剂表面张力 σ 的数值，因此可通过调节溶质在表面层的浓度来降低体系的自由能G。若溶质能降低溶剂的表面张力时，则表面层中溶质的浓度大于溶液内部溶质的浓度；反之，如果溶质能使溶剂的表面张力升高，则表面层中溶质的浓度小于溶液内部溶质的浓度。这种表面浓度与溶液内部浓度不同的现象叫做溶液的表面吸附。在一定的温度下，溶液的浓度、表面张力和表面吸附量之间的关系如下：

$$\Gamma=-\frac{c}{RT}\left(\frac{\mathrm{d}\sigma}{\mathrm{d}c}\right)_T \tag{2-14-2}$$

式中，Γ 为表面吸附量，$\mathrm{mol/m^2}$；σ 为溶液的表面张力，N/m；T 为热力学温度，K；c 为溶液的浓度，$\mathrm{mol/m^3}$；R 为气体常数。表面吸附量 Γ 是指在单位面积的表面层中所含溶质的数量与等量溶剂在本体溶液中所含溶质的数量的差值。

由式（2-14-2）可知，若$\left(\frac{\mathrm{d}\sigma}{\mathrm{d}c}\right)_T<0$，则 $\Gamma>0$，此时溶液表面层的浓度大于溶液内部的浓度，称为正吸附。若$\left(\frac{\mathrm{d}\sigma}{\mathrm{d}c}\right)_T>0$，则 $\Gamma<0$，此时溶液表面层的浓度小于溶液内部的浓度，称为负吸附。

由式（2-14-2）可以看出，只要测得某一温度下不同浓度溶液的表面张力，以表面张力 σ 对 c 作图，得到 σ-c 的曲线。在曲线上任选一点做切线，此切线的斜率就是该点对应的横坐标浓度下的$\left(\frac{\mathrm{d}\sigma}{\mathrm{d}c}\right)_T$，将斜率代入式（2-14-2）中，就可求出该浓度下气-液界面上的吸附量 Γ。

4. 最大压力气泡法

最大压力气泡法是将毛细管在待测液体的液面吹气泡，气泡的半径 r 与气泡的内外压力差 Δp 遵循拉普拉斯公式：

$$\Delta p=\frac{2\sigma}{r} \tag{2-14-3}$$

式中，r 为气泡的半径，m；Δp 为气泡里面的压强减去外面的压强之差，Pa。若知道气泡的半径 r 和气泡的内外压力差 Δp，就能根据式（2-14-3）求出表面张力 σ。当毛细管在待测液体的液面吹气泡时，气泡逐渐长大，其半径也是不断变化的，不易直接测量。但是当气泡吹出一半时（即等于毛细管的半径，如图 2-14-1 所示），此时气泡的半径达到最小值。

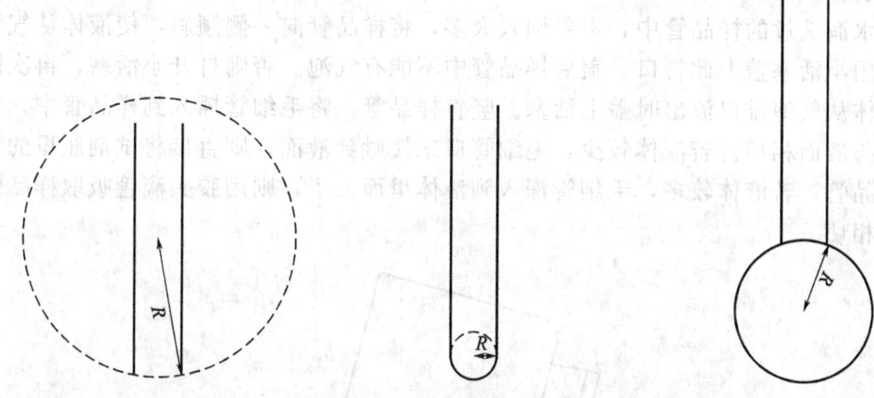

图 2-14-1　气泡半径变化图

若待测液体的表面张力不变，当气泡的半径达到最小时，根据式（2-14-3），气泡内外压力差值最大，此时毛细管的半径为气泡的最小半径，见式（2-14-4）：

$$\Delta p_{\max,待测}=\frac{2\sigma_{待测}}{R_{半径}}(R_{半径}=r_{\min}) \tag{2-14-4}$$

式中，$\Delta p_{\max,待测}$ 为待测液体的最大压力差，Pa；$\sigma_{待测}$ 为待测液体的表面张力，N/m；$R_{半径}$ 为毛细管的半径；$r_{\min}$ 为气泡的最小半径，m。由于毛细管的半径很小，直接测定时会有较大误差，因此气泡的最小半径不能通过直接测量毛细管的半径得到。本实验通过用相同的毛细管测定在蒸馏水中吹气泡时的最大压力差值 $\Delta p_{\max,水}$，由于蒸馏水的表面张力 $\sigma_{水}$ 的数值已知，根据式（2-14-3）求出气泡的最小半径，即毛细管的半径，见下式：

$$R_{半径}=\frac{2\sigma_{水}}{\Delta p_{\max,水}}(R_{半径}=r_{\min}) \tag{2-14-5}$$

式中，$\Delta p_{\max,水}$ 的单位是 Pa；$\sigma_{水}$ 的单位是 N/m。用同一只毛细管测定待测液体的表面张力，则毛细管的半径不变。将式（2-14-5）代入式（2-14-4）得：

$$\sigma_{待测}=\frac{\Delta p_{\max,待测}}{\Delta p_{\max,水}}\sigma_{水} \tag{2-14-6}$$

求出待测液体的表面张力 $\sigma_{待测}$。

三、实验仪器与试剂

1 台 SYP-Ⅱ玻璃恒温水浴，1 支直径为 0.3～0.4mm 的毛细管，1 支样品管，1 支 250mL 的滴液漏斗，1 台精密数字微压差测量仪，蒸馏水，体积分数为 10%、20%、30%、40%、50%的乙醇水溶液。

四、实验步骤

操作要领：

1. 毛细管与液面相切时，气泡外的压强为液面上方的测定压强，气泡内的压强为大气压。

2. 测定 25℃下水泡的内外最大压力差 $\Delta p_{\max,水}$。

3. 分别测定体积分数为 10%、20%、30%、40%、50%的乙醇水溶液的最大压力差 $\Delta p_{\max,待测}$。

1. 毛细管半径的测定

(1) 装样　如图 2-14-2 所示，打开样品管左侧的小活塞，将试剂瓶里的蒸馏水直接倒入用蒸馏水润洗过的样品管中，不要倒入太多，将样品管向一侧倾斜，使液体从气泡排口流出，迅速用小活塞盖上此管口，盖后样品管中不能有气泡。否则打开小活塞，再次倾斜样品管，当液体从气泡排口流出时盖上活塞。竖直样品管，将毛细管插入到样品管中，并使毛细管的管口与液面相切。若液体较少，毛细管口未接触到液面，则直接将试剂瓶里的蒸馏水直接倒入样品管；若液体较多，毛细管深入到液体里面去了，则用胶头滴管吸取样品管中的液体，直至相切。

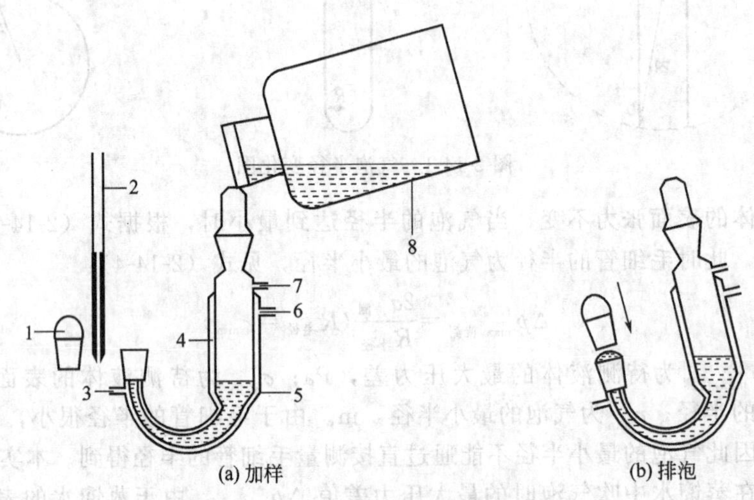

图 2-14-2　表面张力装样示意图

1—小活塞；2—毛细管；3—循环水入口；4—循环水夹套；5—样品管；6—循环水出口；7—接口（滴液漏斗）；8—试剂瓶

(2) 恒温、采零　将装好样的样品管固定在铁夹台上，注意铁夹的位置是样品管的磨口处。调节样品管在恒温水浴中的深度，使样品管内的液面低于恒温水浴的液面，让恒温水进入到循环水夹套中加热样品管内的蒸馏水，但恒温水浴的液面不得高于气泡排口，避免恒温水槽中的水流入到样品管内污染蒸馏水。调节好后，恒温 10min。

按图 2-14-3 所示将仪器连接好，打开滴液漏斗顶端的通大气开关，使滴液漏斗和大气相通，然后按“采零”键，使压力计的读数归零［精密数字（微差压）压力计适用于正、负压测量，测量范围在－10～＋10kPa，精密度为 1Pa。按下“采零”键，此时显示窗口显示值归零。窗口显示值的数值为实际压力与采零时的实际压力的差值］。

(3) 滴液、吹泡、读数　关闭通大气开关，使系统不与大气相通。打开滴液漏斗下方的滴液开关，使漏斗中的液体滴下。此时由于漏斗中的气压减小，与漏斗相通的样品管内的气压也同时减小，小于大气的压力，因此大气从毛细管上方的管口进入到样品管内，样品管的液面中出现气泡。调节滴液开关控制滴液速度，缓慢抽气，从而控制吹泡的速度，以每分钟 5～10 个为宜。在数字式微压差测量仪上，读出气泡单个逸出绝对值最大时的最大压力差。重复读数三次，取平均值。

(4) 卸料　拔开与样品管相连的软管，从恒温槽中取出样品管。注意样品管从铁夹卸下时不要只提毛细管，而应拿住样品管的下方。打开小活塞，从此口将蒸馏水倒完。

2. 乙醇溶液表面张力的测定

将待测的乙醇溶液浓度由稀到浓逐一测定最大压力差，按照测定蒸馏水时的操作步骤，

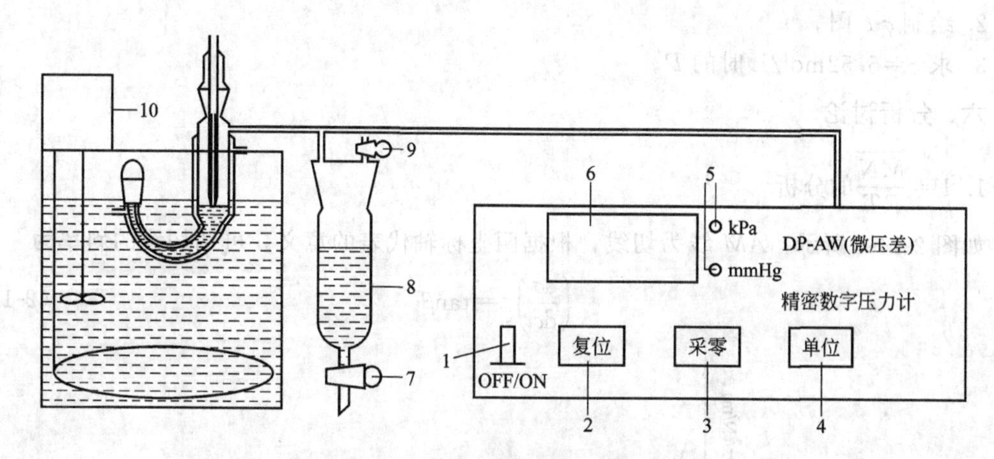

图 2-14-3 表面张力测定装置图

1—压力计电源开关；2—复位键；3—采零键；4—单位键；5—单位指示灯；6—数值显示窗口；7—滴液开关；8—滴液漏斗；9—通大气开关；10—SYP-Ⅱ玻璃恒温水浴

分别测定体积分数为10%、20%、30%、40%、50%的乙醇水溶液的最大压力差。

五、数据记录和数据处理

1. 将实验数据填入表2-14-1并计算（25℃时，$\sigma_{水}$ 查附表得到）。

表 2-14-1 乙醇水溶液表面张力的数据

室温：______；大气压：______；恒温槽温度：______；$\sigma_{水}$：______

浓度 /(mol/L)	$\Delta p_{max,水}$/kPa		$\Delta p_{max,乙醇}$/kPa		$\sigma_{乙醇}=\frac{\Delta p_{max,乙醇}}{\Delta p_{max,水}}\sigma_{水}$ /(N/m)	$-\left(\frac{d\sigma}{dc}\right)_T$ (电脑处理)	$\overline{MN}$ (30%)(坐标纸处理)	Γ (30%)
	实验值	平均值	实验值	平均值				
1.74 (10%)								
3.84 (20%)								
5.52 (30%)								
6.96 (40%)								
8.70 (50%)								

2. 绘制 σ-c 图。

3. 求 $c=5.52$mol/L 时的 Γ。

六、分析讨论

1. $\Gamma=\dfrac{\overline{MN}}{RT}$的分析

如图 2-14-4 所示，AM 线为切线，根据两坐标轴代表的意义，可知切线的斜率为

$$\left(\frac{\mathrm{d}\sigma}{\mathrm{d}c}\right)_T=\tan\beta \tag{2-14-7}$$

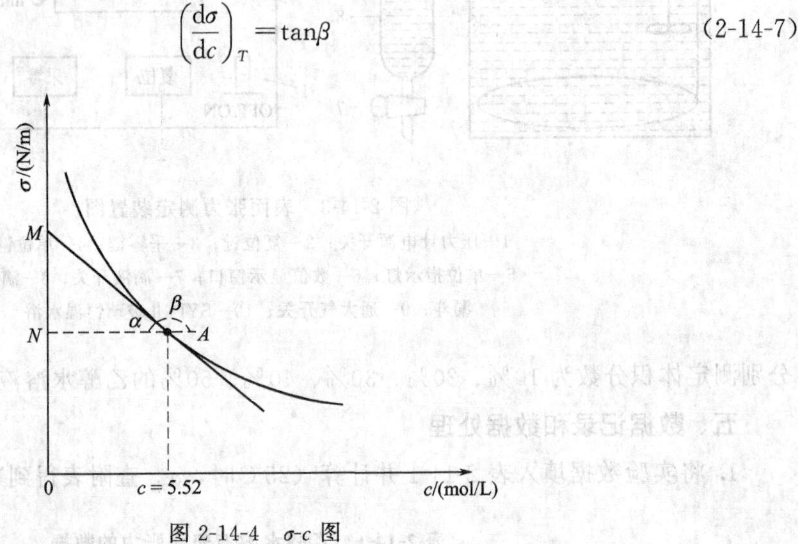

图 2-14-4 σ-c 图

根据代数中的线段来表示斜率

$$\tan\alpha=\frac{\overline{MN}}{\overline{AN}} \tag{2-14-8}$$

在曲线上取 $c=5.52$ 的 A 点做切线，交 y 轴于 M 点，过 A 点做水平直线，交 y 轴于 N 点，M 和 N 点的坐标的差值为$\overline{MN}$。

由图 2-14-4 可知，$\overline{AN}$的数值为 c 减去 0，即$\overline{AN}=c$。由于 α 和 β 互为补角，因此

$$\tan\alpha=-\tan\beta \tag{2-14-9}$$

则

$$\left(\frac{\mathrm{d}\sigma}{\mathrm{d}c}\right)_T=-\frac{\overline{MN}}{\overline{AN}} \tag{2-14-10}$$

将式（2-14-10）代入式（2-14-2）得

$$\Gamma=\frac{\overline{MN}}{RT} \tag{2-14-11}$$

在曲线上取不同的点就可得到不同的$\overline{MN}$值，从而求出不同浓度时的吸附量。

2. 文献报道值：25℃时 $\Gamma_\infty=5.88\times10^{-6}\,\mathrm{mol/m^2}$。

七、注意事项

1. 做实验时，试剂直接从瓶中倒到样品管中，不可二次取液，更不可用胶头滴管直接从试剂瓶中取液。

2. 不可向样品管中倒太多试剂，以免用胶头滴管将液体取出时次数太多，用时太长。

3. 做切线时注意是一点的切线，不是整个曲线上的切线。

4. 曲线的横坐标不是百分数，而是体积摩尔浓度 c，曲线上的五个点的横坐标分布并不均匀。

八、思考题

1. 测定表面张力时毛细管口与液面的接触情况如何？如插入太深有何影响？
2. 测定表面张力时为什么要读最大压力差？
3. 滴液漏斗放水过快，对实验结果有何影响？

案例分析

将实验数据填入表 2-14-2 并计算（$\sigma_{水}$ 查附表得到）。

表 2-14-2 乙醇水溶液表面张力测定的实验数据

室温：18℃；大气压：101.3kPa；恒温槽温度：25℃；$\sigma_{水}$＝0.07197N/m

浓度/(mol/L)	$\Delta p_{max,水}$/kPa	$\Delta p_{max,乙醇}$/kPa	$\sigma_{乙醇}=\frac{\Delta p_{max,乙醇}}{\Delta p_{max,水}}\sigma_{水}$ /(N/m)	$-\left(\frac{d\sigma}{dc}\right)_T$ (电脑处理)	$\overline{MN}$ (30%) (坐标纸处理)	Γ (30%)
1.74 (10%)		0.216				
3.84 (20%)		0.160				
5.52 (30%)	0.231	0.143				
6.96 (40%)		0.130				
8.70 (50%)		0.122				

(1) 计算 $\sigma_{乙醇}$ 打开 Origin8.0，其默认打开了一个 Sheet 窗口，该窗口为 A、B 两列。将表格中 c/(mol/L)、$\Delta p_{max,乙醇}$ 两列的数据依次输入到 A 列、B 列。选择“Column”菜单中的“Add New Column”添加一个新列，这个新列为 C 列，计算 $\sigma_{乙醇}$。用代表 c/(mol/L)、$\Delta p_{max,乙醇}$ 两列的数据 A 列、B 列计算 $\sigma_{乙醇}=\frac{\Delta p_{max,乙醇}}{\Delta p_{max,水}}\sigma_{水}$。参见第一章第五节 Origin 在“液体饱和蒸气压的测定”实验数据处理中的应用中“计算数据列”。

(2) 用 Origin8.0 计算 $\left(\frac{d\sigma}{dc}\right)_T$

① 绘制 σ-c 图。如图 2-14-5 所示，打开 Origin8.0，Book1 的 A（X）为乙醇溶液浓度 c，C（Y）为表面张力 σ，在工具栏中“Polt”中选“Line＋Symbol”中带点和线的曲线方式，参看第一章第五节 Origin 在“雷诺校正”中的应用中将数据输入表格中，绘制曲线。此曲线的纵坐标为表面张力 σ，横坐标为浓度 c，此为 σ-c 图。

在纵坐标上的“B”中输入“σ/(N/m)”，横坐标“A”中输入“c/(mol/L)”。在输入时，“σ”和“·”需要特殊输入。在 Origin 的文本输入状态下，按下“Ctrl＋M”，弹出一个特殊符号对话框，如图 2-14-6 所示。选中“σ”后点“Insert”键，“σ”就输入了。选中“·”后点“Insert”键，“·”就输入了。用工具栏中的“x^2”和“x_2”调节上标和下

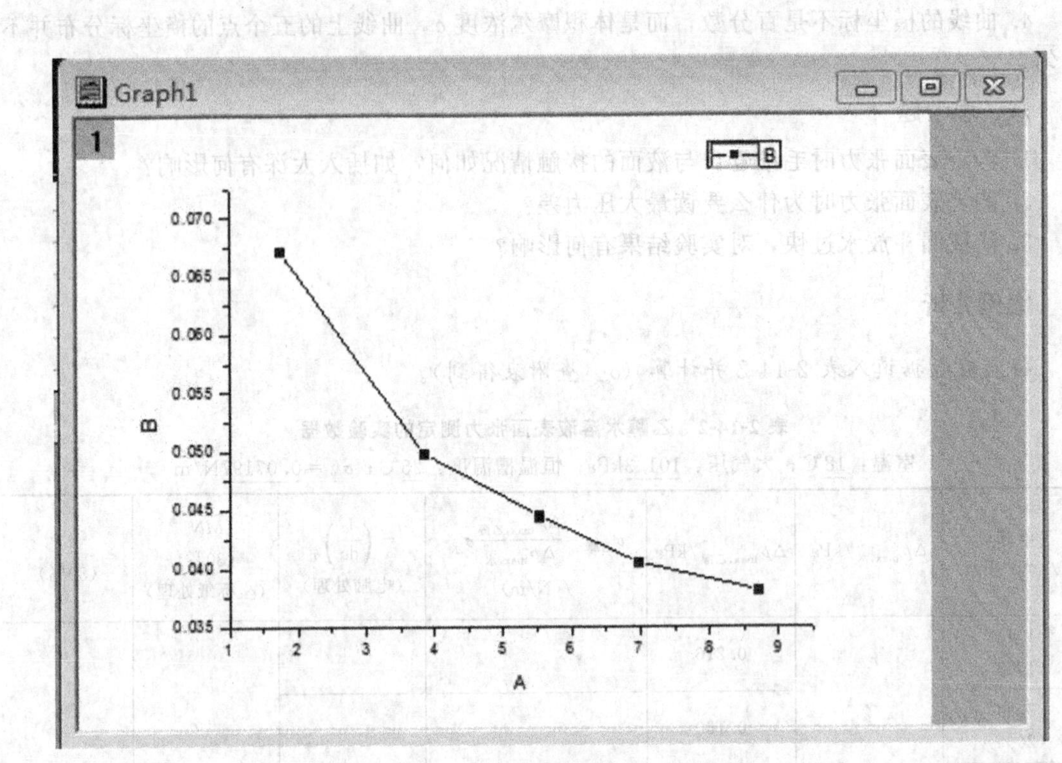

图 2-14-5 Origin 中绘制的 σ-c 的截图

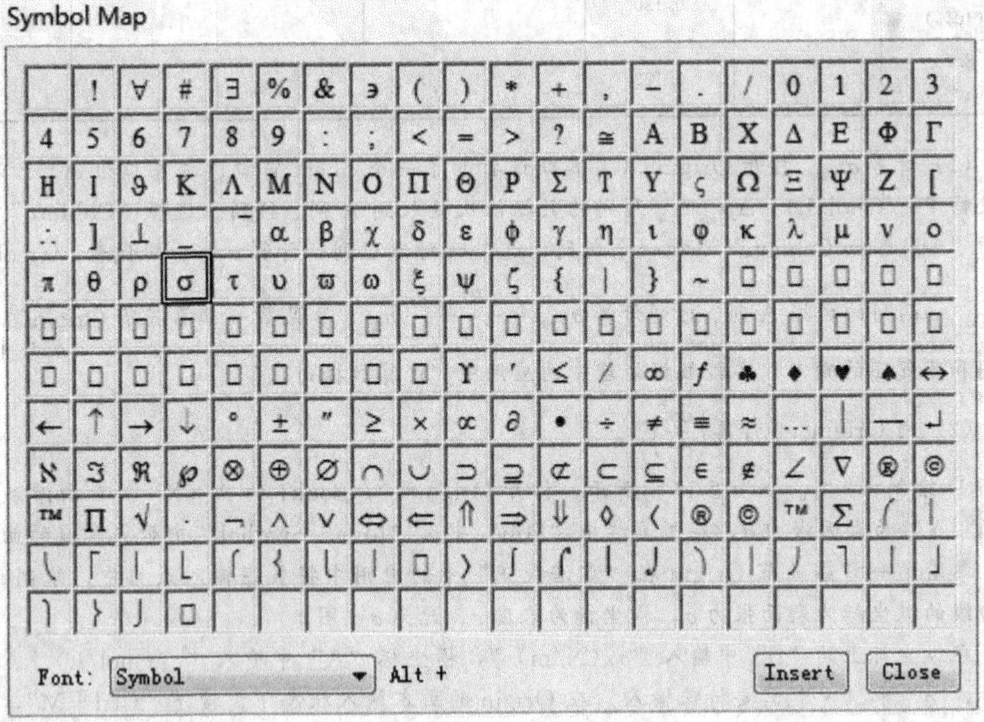

Symbol Map

Font: Symbol Alt +

Insert Close

图 2-14-6 Origin 中特殊符号输入的截图

标。在工具栏中将“σ”的字体设定为“Symbol”，“I”（斜体），大小设定为 28，如图 1-5-1 所示。横坐标轴上的名称符号也是用一样的方法输入。

绘制的 σ-c 曲线，如图 2-14-7 所示。

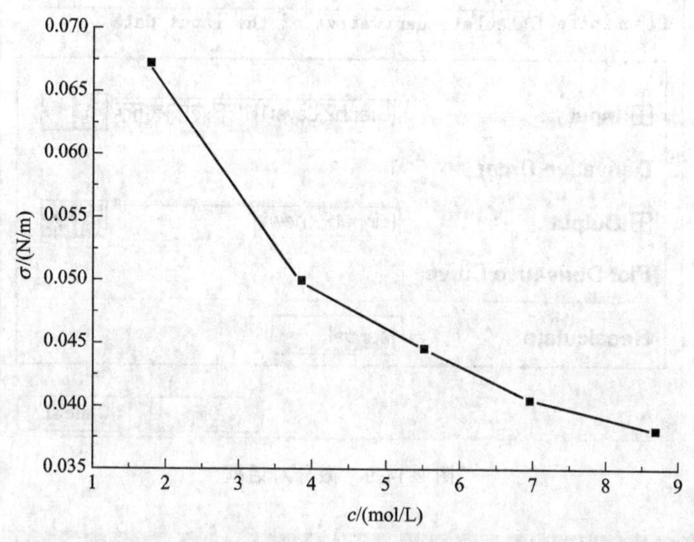

图 2-14-7　σ-c 曲线

② 求出各数据点的$\left(\frac{d\sigma}{dc}\right)_T$。

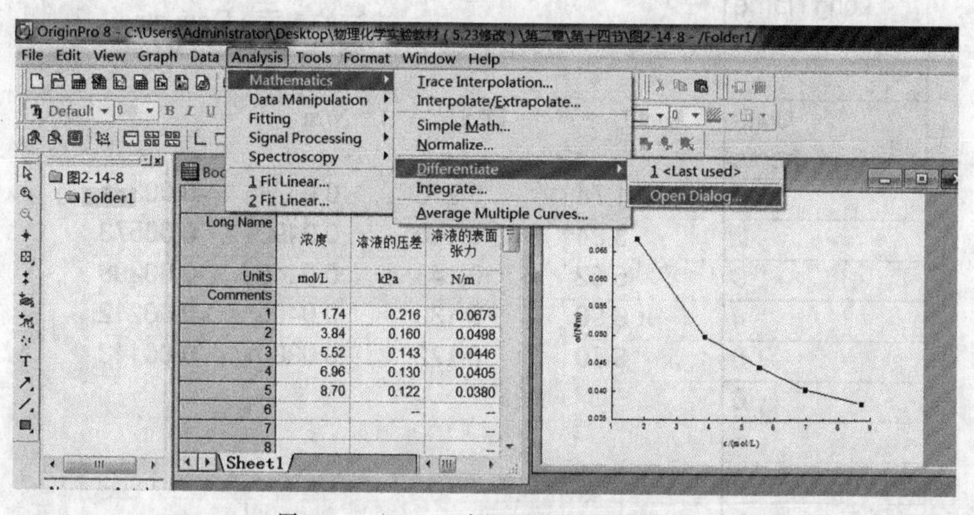

图 2-14-8　Origin 中调用微分对话框截图

如图 2-14-8 所示，在“Graph1”对话框中用鼠标左键选中曲线，在工具栏中的“Analysis”中选“Mathematics”—“Differentiate”—“Open Dialog…”，弹出对话框“Mathematics：differentiate”，如图 2-14-9 所示。

点“OK”后，如图 2-14-10 所示，在 Book1 中多了一列 D(Y) 为$\left(\frac{d\sigma}{dc}\right)_T$，即 σ-c 图上各点对应的微分数值。将不同浓度下的$\left(\frac{d\sigma}{dc}\right)_T$值 D(Y) 列输入到 Excel 对应的表格中。

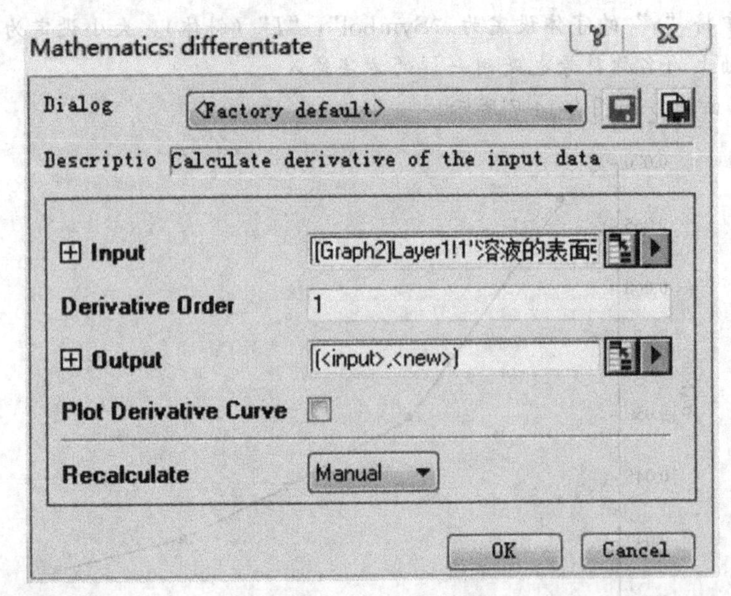

图 2-14-9　微分对话框

Book1

	A(X)	B(Y)	C(Y)	D(Y)
Long Name	浓度	溶液的压差	溶液的表面张力	Derivative Y1
Units	mol/L	kPa	N/m	
Comments				
1	1.74	0.216	0.0673	-0.00831
2	3.84	0.160	0.0498	-0.00573
3	5.52	0.143	0.0446	-0.00298
4	6.96	0.130	0.0405	-0.00212
5	8.70	0.122	0.0380	-0.00143
6		--	--	
7			--	
8			--	
9			--	
10			--	

Sheet1

图 2-14-10　计算曲线上数据点的$\left(\frac{d\sigma}{dc}\right)_T$截图

(3) 计算不同浓度的Γ　$\Gamma=-\frac{c}{RT}\left(\frac{d\sigma}{dc}\right)_T$，将对应的列进行计算，参看第一章第五节Origin在“液体饱和蒸气压的测定”中Origin对数据表的计算。

图 2-14-11 为 Origin 中计算 Γ 的截图。实验数据见表 2-14-3。

	A(X)	B(Y)	C(Y)	D(Y)	E(Y)
Long Name	浓度	溶液的压差	溶液的表面张力	Derivative Y1	表面超量
Units	mol/L	kPa	N/m		mol/m^2
Comments					
1	1.74	0.216	0.0673	-0.00831	0.00000583
2	3.84	0.160	0.0498	-0.00573	0.00000888
3	5.52	0.143	0.0446	-0.00298	0.00000665
4	6.96	0.130	0.0405	-0.00212	0.00000596
5	8.70	0.122	0.0380	-0.00143	0.00000503

图 2-14-11 Origin 中计算 Γ 的截图

表 2-14-3 乙醇水溶液表面张力测定的实验数据

室温：18℃；大气压：101.3kPa；恒温槽温度：25℃；$\sigma_{水}=0.07197$N/m

浓度 /(mol/L)	$\Delta p_{max,水}$/kPa	$\Delta p_{max,乙醇}$/kPa	$\sigma_{乙醇}=\frac{\Delta p_{max,乙醇}}{\Delta p_{max,水}}\sigma_{水}$ /(N/m)	$-\left(\frac{d\sigma}{dc}\right)_T$ (电脑处理)	$\overline{MN}$ (30%) (坐标纸处理)	Γ /(mol/m^2)
1.74 (10%)		0.216	0.0673	−0.00831		5.83×10^{-6}
3.84 (20%)		0.160	0.0499	−0.00573		8.88×10^{-6}
5.52 (30%)	0.231	0.143	0.04455	−0.00298		6.64×10^{-6}
6.96 (40%)		0.130	0.0405	−0.00212		5.96×10^{-6}
8.7 (50%)		0.122	0.0380	−0.00143		5.03006×10^{-6}

从表 2-14-3 中可知，$c=5.52$mol/L 时的 Γ 为 6.64×10^{-6}mol/m^2。

实验小结：

1. 本实验应掌握最大压力气泡法测定溶液的表面张力，理解最大压力差与最小半径的关系 $\Delta p_{max,待测}=\frac{2\sigma_{待测}}{R_{半径}}$ （$R_{半径}=r_{min}$）。

2. 掌握求解表面吸附量 Γ 的方法 $\Gamma=-\frac{c}{RT}\left(\frac{d\sigma}{dc}\right)_T=-\frac{c}{RT}\times\tan\beta=\left(-\frac{c}{RT}\right)\times\left(-\frac{\overline{MN}}{c}\right)=\frac{\overline{MN}}{RT}$。

第十五节　溶液吸附法测定固体比表面积

一、实验目的

1. 掌握用次甲基蓝水溶液吸附法测定颗粒活性炭的比表面积。

2. 了解朗缪尔（Langmuir）单分子层吸附理论和溶液法测定比表面积的基本原理。

二、预备实验

分光光度计是溶液中的物质在光的照射下，产生了对光吸收的效应。

不同物质都具有其特定的波长光，当特定的波长光通过溶液时，光线被吸收而减弱，如图 2-15-1 所示。透过的光线（透光率）和物质的浓度有一定的比例关系，即比尔定律：

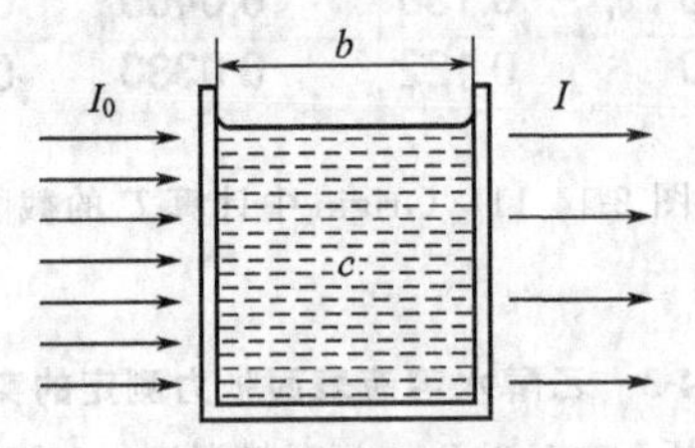

图 2-15-1　比尔定律原理示意图

$$T=I/I_0 \tag{2-15-1}$$

$$A=-\lg T=-\lg\ (I/I_0)\ =\varepsilon bc \tag{2-15-2}$$

式中，T 为透光率；I_0 为入射光强度；I 为透射光强度；A 为吸光度；ε 为摩尔吸收系数；b 为溶液的光径长度；c 为溶液的浓度。可以看出吸光度 A 与溶液浓度 c 成正比。

1. 工作原理

722E 型分光光度计的基本原理图见图 2-15-2。从光源发出的连续光线经单色器将白光分成连续分布的单色光，旋转波长手轮（图 2-15-3），使所需波长的光线恰好通过出射狭缝，所需的光线照射到比色皿，一部分光线被吸收，透过的光进入检测器、放大器，显示到记录器（数字显示器）上。722E 型分光光度计外形见图 2-15-3。

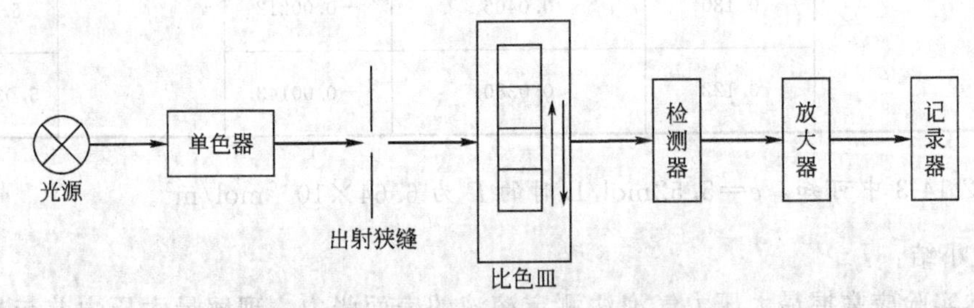

图 2-15-2　722E 型分光光度计原理示意图

2. 使用方法

（1）校准仪器

① 打开电源开关，仪器预热 20min，调节波长手轮至所需波长对准刻度线。

② 将模式调为透射比 T，将比色皿架子（不透光）置于光路中，按下“0%T”按键，使显示值归零。使盛有参比溶液的比色皿置于光路中，按下“100%T”按键，使显示值为“100.0”，则调节完毕。

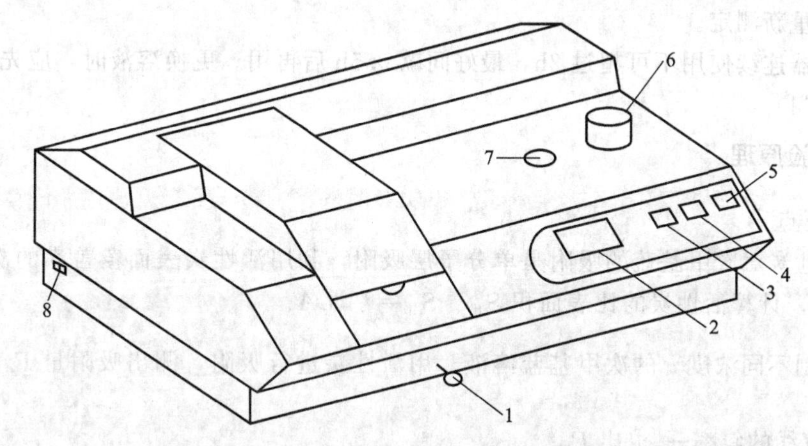

图 2-15-3 722E 型分光光度计外形图

1—试样架拉手；2—数字显示器；3—吸光度/透射比选择按键；4—100%T 按键；5—0%T 按键；6—波长手轮；7—波长刻度窗；8—电源开关

(2) 将模式调为吸光度 A。当在透光率模式下稳定地显示“100.0”，将选择开关调为“A”（吸光度模式），此时吸光度应显示为“.000”，若不是，则重复步骤（1）调节。

(3) 测定吸光度。拉动试样架拉手，使比色皿逐个经过光路，读出吸光度。

3. 实验仪器与试剂

722E 型分光光度计，5 支 100mL 容量瓶，1 支 50mL 容量瓶，浓度为 0.3126×10^{-3} mol/L 次甲基蓝溶液（A. R），2 支 2mL 移液管，1 支 5mL 移液管，1 支 10mL 移液管，蒸馏水。

4. 实验步骤

(1) 校准分光光度计，操作见使用方法步骤（1）。

(2) 配置标准溶液。分别量取 1mL、1.5mL、2mL、2.5mL、3mL 浓度为 0.3126×10^{-3} mol/L 的次甲基蓝溶液于 100mL 容量瓶中，用蒸馏水定容摇匀，依次贴标签编号为 B1、B2、B3、B4、B5。

B1、B2、B3、B4、B5 五个标液的浓度为 $0.01c$、$0.015c$、$0.02c$、$0.025c$、$0.03c$（$c=0.3126\times10^{-3}$ mol/L）

(3) 选择工作波长。选用浓度为 $0.02c$ 的标准溶液（B3），在 600～700nm 范围内调节波长，测定吸光度，以吸光度最大的波长为工作波长。

(4) 测定吸光度。将校正时参比溶液的蒸馏水不动，在剩余的试样架中依次放 5 个标准溶液。从低浓度向高浓度测定吸光度，然后绘制出吸光度（A）-浓度（c）的标准直线（可使用计算机程序处理数据，如 Excel 等）。

5. 注意事项

(1) 调节时应将入光口正对光源。

(2) 测量时比色皿先用蒸馏水冲洗，再用待测液润洗 2～3 次。溶液不要装得太满，大约为比色皿高度的 4/5 即可。

(3) 拿比色皿时，大拇指和食指握住磨砂面，不可用手触摸光滑面。比色皿放入试样架前，需把周围表面的溶液用滤纸吸干，再用擦镜纸擦干，注意保护透光面。

(4) 仪器在使用时，应关闭光门（打开试样室盖）来核对显示值是否为“0”，如果不是要及时调节重新测定。

(5) 仪器连续使用不可超过2h，最好间歇0.5h后再用。更换溶液时，应先打开试样室盖（关闭光门）。

三、实验原理

知识要点：

1. 活性炭对次甲基蓝的吸附是单分子层吸附，利用活性炭表面覆盖满的次甲基蓝的吸附量Γ_∞，计算活性炭的比表面积$S_{比}$，$S_{比}=\Gamma_\infty LA$。

2. 配制不同浓度c的次甲基蓝溶液，用活性炭进行吸附，测出吸附量Γ，作$\frac{c}{\Gamma}$-c的直线，由直线的斜率$\frac{1}{\Gamma_\infty}$求出Γ_∞。

3. 通过测定次甲基蓝溶液的原始浓度c_0和平衡浓度c计算吸附量Γ，$\Gamma=\frac{(c_0-c)\ V}{m}$。浓度$c_0$和$c$通过查吸光度（A）-浓度（c）的标准直线得到。

1. 在溶液中次甲基蓝在活性炭表面的单层吸附

在一定温度下，固体在某些溶液中的吸附可用Langmuir单分子层吸附方程来处理。其吸附方程为

$$\Gamma=\Gamma_\infty\frac{bc}{1+bc} \tag{2-15-3}$$

式中，Γ为平衡吸附量，即1g吸附剂达到吸附平衡时，吸附溶质的物质的量，mol/g；Γ_∞为饱和吸附量，即1g吸附剂的表面上盖满一层吸附质分子时所能吸附的最大量，mol/g；c为达到平衡时，溶质在溶液本体中的浓度，mol/L；b为经验常数，与溶质（吸附质）、吸附剂的性质有关。

活性炭是一种固体吸附剂，作为染料的次甲基蓝具有最大的吸附倾向。研究表明，在一定浓度内，活性炭对次甲基蓝的吸附是单分子层吸附，符合Langmuir理论。

2. 吸附剂活性炭的比表面积$S_{比}$

当吸附剂活性炭的表面上盖满一层次甲基蓝分子时，活性炭的比表面积$S_{比}$：

$$S_{比}=\Gamma_\infty LA \tag{2-15-4}$$

式中，Γ_∞为1g活性炭的表面上盖满一层次甲基蓝分子时所吸附的次甲基蓝分子的物质的量，mol/g；L为阿伏伽德罗常数；A为1个次甲基蓝分子在吸附剂表面占据的面积，m^2；$S_{比}$为1g吸附剂活性炭的比表面积，m^2/g。

假设次甲基蓝在表面是直立的，则$A=1.52\times10^{-18}\ m^2$/分子。因为$L=6.02\times10^{23}$分子/mol，将$A$和$L$代入式（2-15-4），活性炭的比表面积$S_{比,活性炭}$为：

$$S_{比,活性炭}=\Gamma_\infty\times9.15\times10^5 \tag{2-15-5}$$

式中，$S_{比,活性炭}$为活性炭的比表面积，m^2/mol。

3. 活性炭饱和吸附量Γ_∞的计算

由Langmuir单分子层吸附方程（2-15-3）整理得：

$$\frac{c}{\Gamma}=\frac{1}{\Gamma_\infty}c+\frac{1}{\Gamma_\infty b} \tag{2-15-6}$$

用$\frac{c}{\Gamma}$对c作图，从直线斜率可求得Γ_∞。

以质量为m的活性炭为吸附剂，在次甲基蓝溶液中振荡，使其达到吸附平衡。用分光光度计测量吸附前后次甲基蓝溶液的浓度，从浓度的变化可以求出1g活性炭吸附次甲基蓝溶液的吸附量Γ。

$$\Gamma=\frac{(c_0-c)V}{m} \tag{2-15-7}$$

式中，c和c_0分别为次甲基蓝溶液的平衡浓度和原始浓度，mol/L；V为次甲基蓝溶液的体积，L；m单位为g。

配制不同浓度的次甲基蓝溶液，在不同浓度的溶液中加入质量为m的活性炭，求出在每个浓度的次甲基蓝溶液中1g活性炭的吸附量Γ。根据c和Γ作$\frac{c}{\Gamma}$-c的直线，由直线的斜率$\frac{1}{\Gamma_\infty}$求出Γ_∞。

本实验中次甲基蓝溶液平衡浓度c和原始浓度c_0是从预备实验的吸光度（A）-浓度（c）的标准直线上查得的。如图2-15-4所示，通过纵坐标吸光度A查得坐标的浓度c。

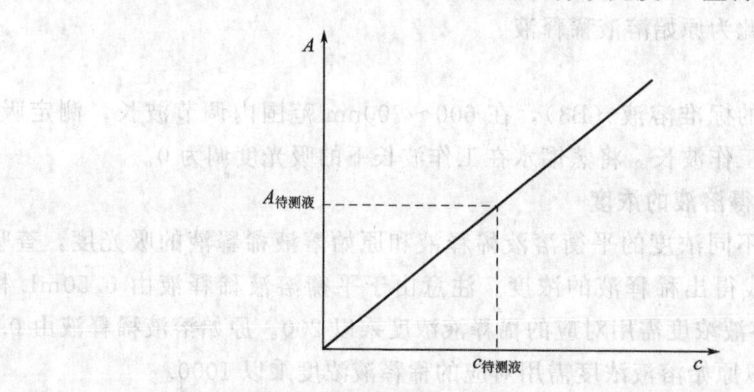

图2-15-4　吸光度（A）-浓度（c）的标准直线

四、实验仪器与试剂

1台722型分光光度计，1台康氏振荡仪，5支100mL锥形瓶，5支50mL容量瓶，5支500mL容量瓶，5支10mL移液管，6支5mL移液管，质量分数为0.2%的次甲基蓝溶液，蒸馏水，马弗炉。

五、实验步骤

操作要领：

1. 用容量瓶配制不同浓度的吸附试样次甲基蓝溶液。
2. 在试样中加活性炭颗粒，吸附至平衡。
3. 测定吸附前后溶液浓度，根据稀释液的吸光度在查吸光度（A）-浓度（c）标准直线查得稀释液的浓度。稀释液的浓度乘以稀释的倍数200后为原浓度。

1. 样品准备

（1）活化活性炭。将颗粒活性炭置于瓷坩埚中，放在500℃马弗炉中活化1h，然后置于干燥器中备用。

(2) 配制五个浓度的吸附试样次甲基蓝溶液。将质量分数为0.2%的次甲基蓝溶液按照表2-15-1在50mL的容量瓶中定容。

表 2-15-1 吸附试样配置比例

编号	1	2	3	4	5
$V_{0.2\%次甲基蓝溶液}$/mL	30.00	20.00	15.00	10.00	5.00
$V_{蒸馏水}$/mL	20.00	30.00	35.00	40.00	45.00

(3) 样品吸附。准确称量0.1g活性炭，将其和五个不同浓度的次甲基蓝溶液，加入到已编号的五个锥形瓶中。塞好塞子后，放在振荡器上振荡3h（振荡速度以活性炭可反动为宜）。

(4) 离心分离，稀释定容。将五个平衡吸附后的样品溶液，约取5mL放入平衡管中，用离心机分离10min。量取上层平衡溶液0.5mL放入100mL容量瓶中，并用蒸馏水定容，此为平衡溶液稀释液。

2. 原始溶液处理

为了准确测量0.2%的次甲基蓝原始溶液浓度，量取0.10mL溶液放入100mL容量瓶中，并用蒸馏水定容，此为原始溶液稀释液。

3. 选择工作波长

选用浓度为$0.02c$的标准溶液（B3），在600～700nm范围内调节波长，测定吸光度，以吸光度最大的波长为工作波长。将蒸馏水在工作波长下的吸光度调为0。

4. 测量吸光度，查得溶液的浓度

依次分别测量五个不同浓度的平衡溶液稀释液和原始溶液稀释液的吸光度，查吸光度(A)-浓度（c）标准直线得出稀释液的浓度。注意由于平衡溶液稀释液由0.50mL稀释到100.00mL，所以平衡溶液浓度需用对应的稀释液浓度乘以200。原始溶液稀释液由0.10mL稀释到100.00mL，所以原始溶液浓度需用对应的稀释液浓度乘以1000。

六、数据记录和数据处理

1. 将预备实验中的吸光度A填入表2-15-2。绘制出吸光度（A)-浓度（c）的标准直线。

表 2-15-2 吸光度（A)-浓度（c）的标准溶液的数据

预备实验室温t=______℃；实验气压p=______kPa；本次实验的室温t'=______℃

标准溶液编号	1	2	3	4	5
浓度c/($\times 0.3126\times 10^{-3}$mol/L)	0.0100	0.0150	0.0200	0.0250	0.0300
吸光度A					

2. 将实验数据填入表2-15-3并计算。

表 2-15-3 浓度c和活性炭的吸附量Γ的数据

瓶编号	1	2	3	4	5
0.2%次甲基蓝原始溶液稀释液的吸光度					
原始溶液稀释液的浓度/(mol/L)					

续表

瓶编号	1	2	3	4	5
原始溶液的浓度/(mol/L)					
$V_{0.2\%次甲基蓝原始溶液}$/mL	30.00	20.00	15.00	10.00	5.00
$V_{蒸馏水}$/mL	20.00	30.00	35.00	40.00	45.00
次甲基蓝溶液初始溶液的浓度 c_0/(mol/L)					
次甲基蓝平衡溶液稀释液的吸光度					
平衡溶液稀释液的浓度/(mol/L)					
平衡溶液的浓度 c/(mol/L)					
$\Gamma\ \left[=\frac{(c_0-c)V}{m}=\frac{(c_0-c)\times 0.05}{0.1}\right]$/(mol/g)					
$\frac{c}{\Gamma}$/(g/L)					

在本实验中 $V=50\text{mL}$，$m=0.1\text{g}$。

3. 求活性炭饱和吸附量 Γ_∞。作 $\frac{c}{\Gamma}$-c 的直线，由直线的斜率 $\frac{1}{\Gamma_\infty}$ 求出 Γ_∞。

4. 计算活性炭的比表面积 $S_{比,活性炭}$。$S_{比,活性炭}=\Gamma_\infty\times 9.15\times 10^5\ \text{m}^2/\text{mol}$

七、注意事项

1. 容量瓶使用前需检漏。
2. 配制溶液定容过程中，将每个容量瓶贴上标签，避免混淆。
3. 标准溶液的浓度要准确配制。
4. 测定溶液吸光度时要按照从稀到浓的顺序测量，每个溶液要测三次，取平均值。
5. 活性炭颗粒要均匀并干燥，且每份称重应尽量接近。
6. 吸光度（A）-浓度（c）的标准直线必须过原点。

八、思考题

1. 测定次甲基蓝原始溶液和平衡溶液时，为什么要将溶液稀释才能进行测定？
2. 如何才能加快吸附平衡的速度？溶液中发生吸附时如何判断其达到平衡？
3. 为什么次甲基蓝原始溶液浓度要选在 0.2%左右，吸附后的次甲基蓝溶液浓度要在 0.1%左右？若吸附后溶液浓度太低，在实验操作方面应如何改动？

九、实验讨论和启示

1. 在测定过程中，当原始溶液浓度较高时，会出现多分子层吸附，而如果吸附平衡后溶液的浓度过低，则吸附又不能达到饱和，因此原始溶液浓度和吸附平衡后溶液的浓度都应选在适当的范围内。

2. 除了分光光度法外，还可以用化学分析法，测定原理与分光光度法相同。操作中用不同浓度的乙酸溶液代替次甲基蓝溶液，用标准的 0.1mol/L NaOH 溶液滴定吸附前后乙酸的浓度，计算活性炭的比表面积时，按每个乙酸分子的横截面积为 0.24nm^2 进行计算。

实验小结：

1. 本实验应理解次甲基蓝在颗粒活性炭单分子层吸附，通过次甲基蓝在活性炭表面的数量和1个次甲基蓝分子覆盖的面积，计算活性炭比表面积的原理。

2. 掌握 Langmuir 单分子层吸附方程：$\frac{c}{\Gamma}=\frac{1}{\Gamma_{\infty}}c+\frac{1}{\Gamma_{\infty}b}$，在$\frac{c}{\Gamma}$-$c$ 的直线中，由斜率可求 Γ_{∞}。

第十六节　表面活性剂临界胶束浓度的测定

一、实验目的

1. 掌握电导法测定表面活性剂溶液的临界胶束浓度的原理与方法。

2. 了解水溶性表面活性剂的性质特点。

二、实验原理

知识要点：

1. 表面活性剂加入水中使溶液的表面张力降低，当溶液的表面张力降到最低时，浓度为表面活性剂的临界胶束浓度（CMC）。

2. 当溶液浓度达到临界胶束浓度时，表面活性剂在水中的排布为胶束，胶束的电导率较小，所以电导率随浓度增大而增大的变化幅度变小。

在溶剂中，加入少量就能使其表面张力降低的物质称为表面活性剂。表面活性剂加入水中后，在浓度较低时，表面活性剂分子主要分布在溶液表面，当浓度增加到一定值，溶液的表面张力降到最低，此时在表面层上表面活性剂达饱和。继续增加表面活性剂，表面层容纳不了的表面活性剂分子在溶液中形成疏水基朝里、亲水基指向水相的胶束。此时形成胶束的浓度叫做表面活性剂的临界胶束浓度，以 CMC 表示。

除了刚才分析的溶液表面张力降到最低，在 CMC 上会出现折点外，溶液的电导率、摩尔电导率、渗透压、浊度、表面张力、去污能力等性质同浓度的关系曲线同样会出现明显的转折，如图 2-16-1 所示。这个现象是测定 CMC 的实验依据，也是表面活性剂的一个重要特征。

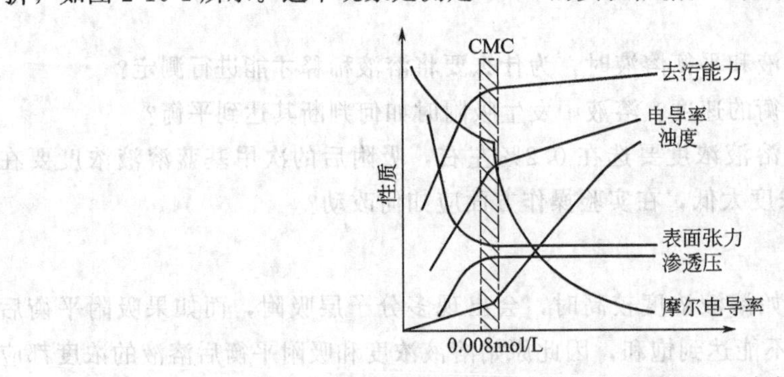

图 2-16-1　十二烷基硫酸钠溶液的各种性质对浓度的示意图

十二烷基硫酸钠是离子型表向活性剂，当溶液浓度很稀时，电导率的变化规律也和强电解质一样随浓度增大而增大。但当溶液浓度达到临界胶束浓度时，随着胶束的生成，胶束的体积比单体分子的体积大，同时由于胶束表面层及扩散层的反离子的存在，使胶束的导电能力比单体离子差，虽然电导率仍随浓度增大而增大，但变化幅度变小。因此在 CMC 处电导率随浓度变化的曲线出现一折点，同样摩尔电导率也急剧下降。

本实验采用电导法测定电导率，利用电导率 κ 同浓度 c 的关系曲线或摩尔电导率 Λ_m 同浓度 c 的曲线上的折点求出 CMC 值。

三、实验仪器与试剂

1 台 DDSJ-308A 型电导率仪（带电极），1 台 SYP-Ⅱ玻璃恒温水浴，11 支 25mL 容量瓶，0.1mol/L 的十二烷基硫酸钠溶液，电导水。

四、实验步骤

操作要领：

1. 用容量瓶配制不同浓度的十二烷基硫酸钠溶液。
2. 浓度从小到大测定 25℃下不同浓度溶液的电导率（连接温度传感器）。

1. 调节温槽温度为 25.0℃（若天气较热设为 30.0℃）。

2. 调节电导率仪上的电导池常数，使它与电导电极的电导池常数数值一致（参看第三章电导率仪的使用方法）。

3. 分别移取 0.25mL、0.5mL、1.0mL、1.5mL、2.0mL、2.5mL、3.0mL、3.5mL、4.0mL、4.5mL、5.0mL 0.1000mol/L 的十二烷基硫酸钠溶液定容到 25mL 容量瓶中，此时配制的浓度分别为 0.0010mol/L、0.0020mol/L、0.0040mol/L、0.0060mol/L、0.0080mol/L、0.0100mol/L、0.0120mol/L、0.0140mol/L、0.0160mol/L、0.0180mol/L、0.0200mol/L。

4. 按浓度从小到大的顺序，用电导率仪测定各溶液电导率值，并记录数据。每次测量时电导率仪上的温度为 25.0℃。

五、数据处理

1. 记录数据至表 2-16-1，并计算各浓度的十二烷基硫酸钠溶液的摩尔电导率。

表 2-16-1　十二烷基硫酸钠溶液 25℃的电导数据

室温＝________；气压＝________；电导池常数＝________

c/(mol/L)	0.0010	0.0020	0.0040	0.0060	0.0080	0.0100	0.0120	0.0140	0.0160	0.0180	0.0200
κ/(μS/cm)											
Λ_m/(S·m^2/mol)											

2. 作 κ-c 图与 Λ_m-c 图，由曲线转折点确定临界胶束浓度 CMC 的值。

六、注意事项

1. 容量瓶使用前需检漏。
2. 配制溶液定容过程中，将每个容量瓶贴上标签，避免混淆。

七、思考题

1. 除了电导法外，还有哪些方法可以测定表面活性剂的临界胶束浓度？
2. 电导法测定 CMC 的依据是什么？
3. CMC 是一个什么值？它是固定的数值吗？

案例分析

将实验数据填入表 2-16-2 并计算。

表 2-16-2 十二烷基硫酸钠溶液 25℃的电导实验数据

室温：35℃；气压：99.47kPa；电导池常数：0.959m^{-1}

c/(mol/L)	0.0010	0.0020	0.0040	0.0060	0.0080	0.0100	0.0120	0.0140	0.0160	0.0180	0.0200
κ/(μS/cm)	100.1	185.0	325.0	473.0	586.0	705.0	798.0	905.0	985.0	1076.0	1168.0
Λ_m/(S·m^2/mol)											

1. 计算 Λ_m

(1) 打开 Origin8.0，其默认打开了一个 Sheet 窗口，该窗口为 A、B 两列。选择“Column”菜单中的“Add New Column”添加一个新列，这个新列为 C 列。将表格中 c/(mol/L)、κ/(μS/cm) 两列的数据依次输入到 A 列、B 列。

(2) 计算 Λ_m 数据列。用 B 列数据 [κ/(μS/cm)] 除以 A 列数据 [c/(mol/L)]，将单位换算，B 列中的数据 κ 都乘以 0.0001 变为 S/m，C 列中的数据 c 都乘以 1000 变为 mol/m^3，计算出 Λ_m 数据列，工作表格的计算参见第一章第五节 Origin 在“液体饱和蒸气压的测定”中“计算数据列”的应用。

(3) 绘图。在工具栏中点“Plot”，在下拉菜单中点“Line+Symbol”，此时弹出一个对话框，如图 1-5-3 所示。在 A 列中对应的 X 项中打钩（将 A 列的数据作为横坐标），在 B 列中对应的 Y 项中打钩（将 B 列的数据作为纵坐标），点 OK 键，描出一条曲线。

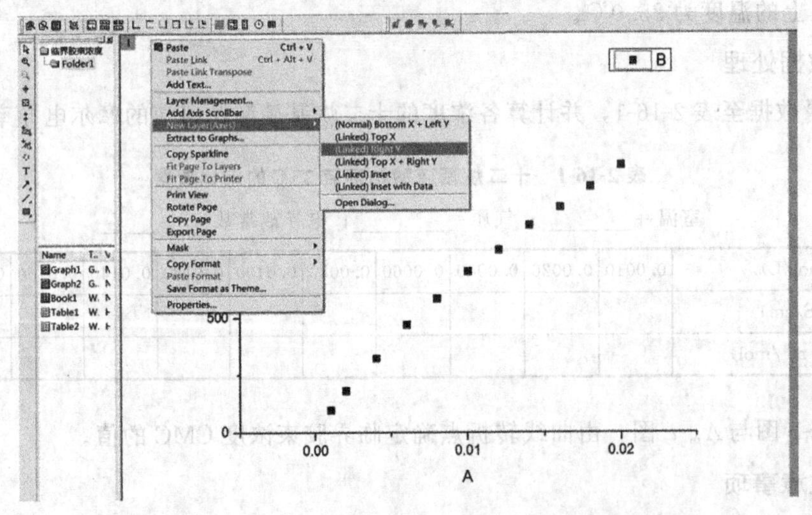

图 2-16-2 Origin 中新建图层 2 和右侧坐标轴的截图

新建图层 2。在图形的空白处点右键，如图 2-16-2 所示，在弹出的下拉菜单中点“New Layer (Axes)”“(Linked) Right Y”。这是新建一个纵坐标轴在右边的图层。新建后原图上增加图层 2 和右侧坐标轴。

在图层 2 中添加 C 列数据。如图 2-16-3 所示，点中图层 2，点反键，在弹出的下拉菜单中点“Layer Contents…”，弹出的对话框“Layer 2”如图 2-16-4 所示。

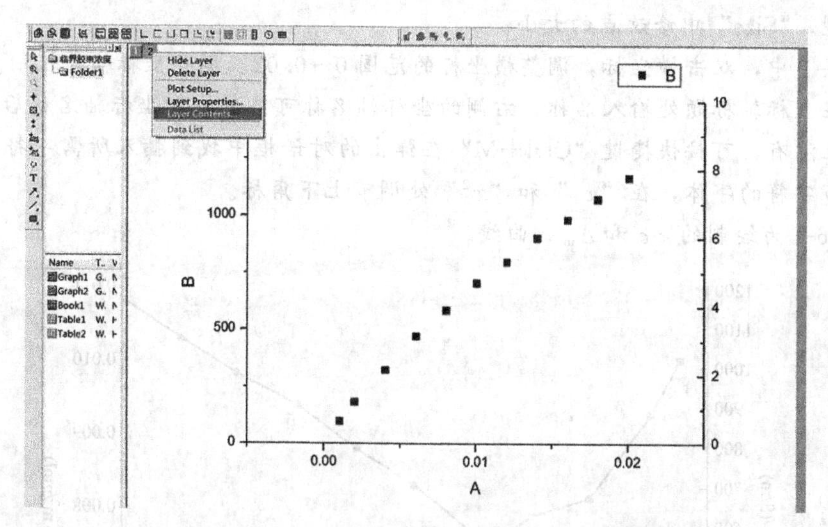

图 2-16-3　Origin 中新图层添加数据的工具栏截图

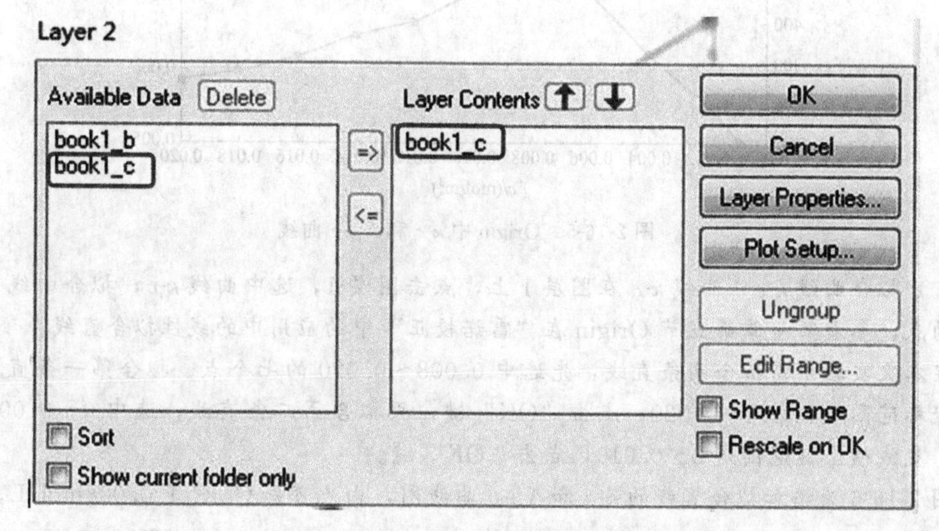

图 2-16-4　Origin 中新图层添加数据的对话框

在弹出的对话框中添加 C 列，即 Λ_m 数据列。

(4) 美化曲线。点击图层 2，以 C 列数据的数值为准在图层 2 中修改纵坐标范围。改哪点哪，双击纵坐标，在“Y Axis-Layer2”中“Scale”的“From”“To”中输入纵坐标的范围 0.005～0.011，如图 1-5-5 所示。在“Title & Fromat”中的“Thickness”输入纵坐标轴的粗细，如图 1-5-6 所示。

在图层 2 中，双击曲线 2，在对话框“Polt Details”的“Polt Type”中选择“Line+Symbol”，然后在“Line”的“Width”中修改线的粗细。在“Symbol”的“Preview”中修改点的类型，在“Size”中修改点的大小，如图 1-5-7 所示。

点击图层 1，以 B 列数据的数值为准在图层 1 中修改纵坐标范围，纵坐标的最小值为 100，最大值为 1200。调整纵坐标轴的粗细。

在图层 1 中，双击曲线 1，在对话框“Polt Details”的“Polt Type”中选择“Line+Symbol”。然后在“Line”的“Width”中修改线的粗细，在“Symbol”的“Preview”中修

改点的类型，“Size”中修改点的大小。

在图层1中，双击横坐标，调整横坐标的范围0～0.02。调整坐标轴的粗细。

然后在坐标轴标题处输入名称。右侧的坐标轴名称可复制左侧坐标轴名称后修改。有些符号键盘上没有，可按快捷键“Ctrl＋M”在弹出的对话框中找到插入所需字符，注意在工具栏处调节字符的字体，在“x_2”和“x^2”处调节上下角标。

图2-16-5为绘制的κ-c和Λ_m-c曲线。

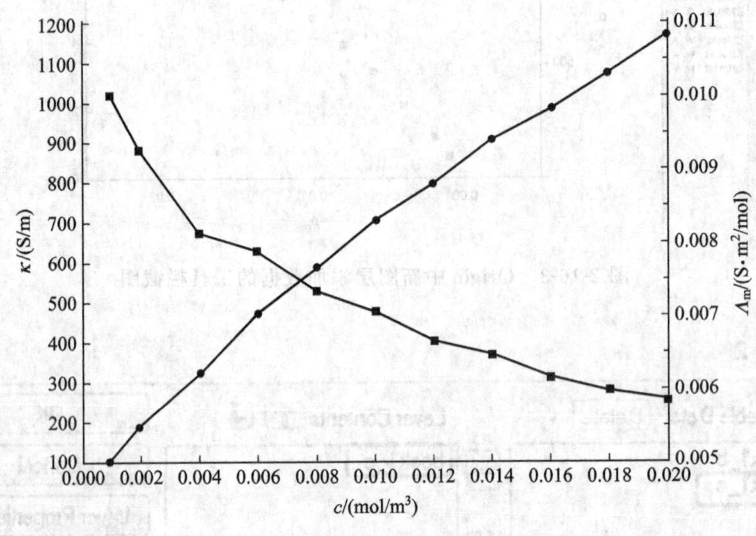

图2-16-5 Origin中κ-c和Λ_m-c曲线

(5) 拟合曲线κ-c　曲线κ-c在图层1上，点击图层1，选中曲线κ-c，拟合曲线上一定区域的点，参看第一章第五节Origin在“雷诺校正”中的应用中的线性拟合直线。

在本次实验中需拟合两条直线，先选中0.008～0.020的七个点，拟合第一条直线，直线横坐标范围是0.006～0.020，点击“OK”键，再拟合第二条直线，选中0～0.008的五个点，直线横坐标范围是0～0.010，点击“OK”键。

图2-16-6为添加拟合直线的κ-c和Λ_m-c曲线图，由此可知CMC是0.008mol/L。

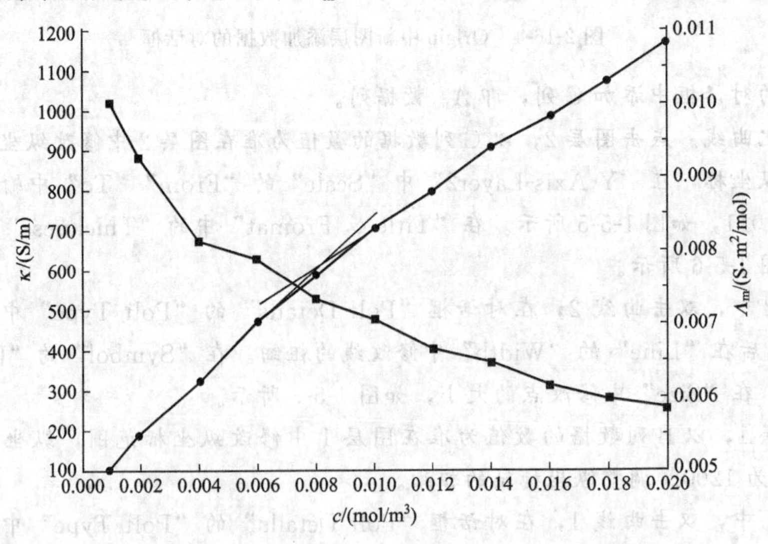

图2-16-6 Origin中添加拟合直线的κ-c和Λ_m-c曲线

实验小结：

1. 本实验应理解临界胶束浓度，了解在浓度发生变化时，物理性质在临界胶束浓度处的突变。

2. 掌握用电导法测定临界胶束浓度。

第十七节　黏度法测定高聚物的相对分子质量

一、实验目的

1. 掌握用乌氏黏度计测定高聚物黏均相对分子质量的原理和方法。

2. 测定聚乙烯醇的黏均相对分子质量。

二、预备实验

乌氏黏度计测量液体黏度属于毛细管法，在测量中一定体积的液体在重力的作用下流过毛细管，测定出流过毛细管的时间，根据公式计算出液体的黏度。

1. 工作原理

根据泊肃叶定律，液体流经毛细管时，将遵循下列公式：

$$\eta=\frac{\pi\Delta p r^4 t}{8Vl} \tag{2-17-1}$$

式中，t 为流过毛细管的时间；V 为时间 t 内流经毛细管的液体的体积；Δp 为管两端的压力差；r 为毛细管的半径；l 为毛细管的长度。

通过公式（2-17-1）可知，直接测定出液体的黏度比较困难，常采用已知黏度的液体（如水）做标准，测定出流过毛细管的时间，再用同一黏度计测定未知黏度的液体流过毛细管的时间，可计算出黏度。

若待测液体和水分别流经同一个乌氏黏度计，则水的黏度

$$\eta_{水}=\frac{\pi\Delta p_{水} r^4 t_{水}}{8Vl} \tag{2-17-2}$$

待测液体的黏度

$$\eta_{待测}=\frac{\pi\Delta p_{待测} r^4 t_{待测}}{8Vl} \tag{2-17-3}$$

对于同一只黏度计而言两种液体的黏度公式中毛细管半径 r 和毛细管长度 l 相同，若两种液体的体积也相同，则有

$$\frac{\eta_{待测}}{\eta_{水}}=\frac{\Delta p_{待测} t_{待测}}{\Delta p_{水} t_{水}}=\frac{\rho_{待测} ght_{待测}}{\rho_{水} ght_{水}}=\frac{\rho_{待测} t_{待测}}{\rho_{水} t_{水}} \tag{2-17-4}$$

式中，h 为毛细管的高度；$\rho_{待测}$ 为待测液体的密度；$\rho_{水}$ 为水的密度；$t_{待测}$ 为待测液体流过毛细管的时间；$t_{水}$ 为水流过毛细管的时间。因此用同一个乌氏黏度计，在相同的温度下，两种液体的黏度比等于它们的密度与流经时间的乘积比。若两种液体的密度近似相等，则

$$\frac{\eta_{待测}}{\eta_{水}}=\frac{t_{待测}}{t_{水}} \tag{2-17-5}$$

若以水作为已知液体，通过查工具书可知其黏度，测定流经时间后可通过式（2-17-5）计算出待测液体的黏度。

2. 使用方法

(1) 乌氏黏度计用热洗液、自来水、蒸馏水冲洗，毛细管要反复用水冲洗后干燥。

(2) 滤液沿洁净、干燥乌氏黏度计的管 3 内壁注入 C 中（图 2-17-1），液体量介于 c、d 刻度线之间，将黏度计垂直固定于恒温水浴［水浴温度除另有规定外，应为 (25±0.05)℃］中，并使水浴的液面高于球 A，放置 15min。

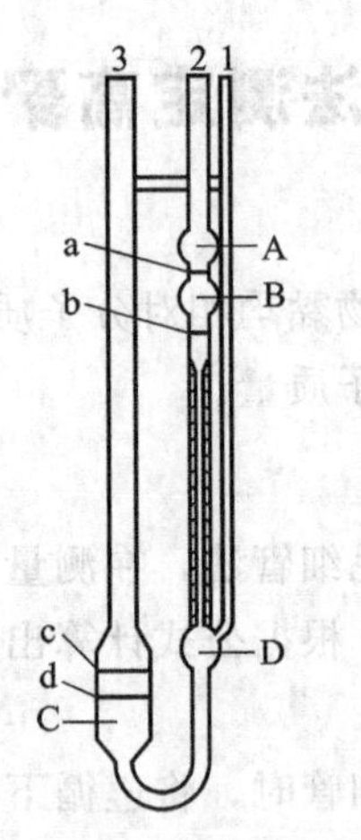

图 2-17-1 乌氏黏度计

(3) 堵住住管口 1，用洗耳球从管口 2 处抽气，使溶液的液面缓缓升高至球 A 的中部，先开放管口 1，使毛细管内的液体与 D 球液体分开（这样液体流下时所受的压差不受球 C 中液面高度的影响），再迅速开放管口 2，使溶液在管内自然下落，用秒表准确记录液面自测定线 a 下降至测定线 b 处的流出时间。

(4) 重复测定两次，两次测定值相差不得超过 0.1s，取两次的平均值为液体的流出时间 t。按照式 (2-17-5) 计算出乙醇的黏度。

3. 注意事项

(1) 待测液需过滤后才能加入到乌氏黏度计中，以免待测液中的颗粒堵塞毛细管。

(2) 新的乌氏黏度计使用前需清洗干净，标准是毛细管壁上不挂水珠。先用洗液清洗，若洗液不能洗干净，则改用 5% 的氢氧化钠乙醇溶液清洗，而后再用自来水、蒸馏水冲洗。

(3) 测定时，温度不易变化，一般在 ±0.3℃ 以内。

(4) 黏度计在测定高聚物后，要注入纯溶剂浸泡，以免高聚物黏结在毛细管的内壁，影响测量。

三、实验原理

知识要点：

1. η_{sp} 是溶剂分子与高聚物分子和高聚物分子之间的内摩擦的体现，$[\eta]$ 是溶剂分子与高聚物分子的内摩擦的体现。

2. 在足够稀的溶液中 $\frac{\eta_{sp}}{c}$ 对 c 和 $\frac{\ln\eta_r}{c}$ 对 c 呈直线关系，且 $[\eta]=\lim\limits_{c\to 0}\frac{\eta_{sp}}{c}=\lim\limits_{c\to 0}\frac{\ln\eta_r}{c}$。

3. 相对黏度 η_r 为溶液的流出时间 t 与纯溶剂的流出时间 t_0 之比：$\eta_r=\frac{\eta}{\eta_0}=\frac{t}{t_0}$

1. 高聚物的相对分子质量

高聚物的相对分子质量不仅反映了高聚物分子的大小，还直接影响到它的许多物理性质，是表征高聚物性能的重要参数之一。高聚物是由单体分子聚合而来的，但并非每一个高聚物分子的聚合程度都相同，因此高聚物往往是相对分子质量大小不同的大分子混合物，所以通常所测的高聚物相对分子质量是一个平均值。

测定高聚物相对分子质量的方法很多，比较起来，黏度法的设备简单，操作方便，并且有很好的实验精度，是常用的方法之一。用该法求得的相对分子质量称为黏均相对分子质量。

2. 高聚物溶液的黏度

高聚物稀溶液的黏度是它在流动时液体内部的内摩擦的体现。这种内摩擦由三部分构成：①溶剂分子之间的摩擦，这种内摩擦体现出来的黏度是纯溶剂的黏度，用 η_0 表示；②溶剂分子与高聚物分子之间的摩擦；③高聚物分子之间的摩擦，这三种内摩擦的总和体现出来的黏度为溶液的黏度，用 η 表示。在同一温度下，一般 $\eta > \eta_0$。

相对于溶剂，溶液的黏度增加的分数叫做增比黏度 η_{sp}，表达式如下：

$$\eta_{sp}=\frac{\eta-\eta_0}{\eta_0}=\frac{\eta}{\eta_0}-1=\eta_r-1 \tag{2-17-6}$$

式中，η_r 为相对黏度。由式（2-17-6）可知 η_{sp} 扣除了纯溶剂分子之间内摩擦效应，仅仅是溶剂分子与高聚物分子和高聚物分子之间内摩擦的体现。高聚物的增比黏度 η_{sp} 往往随着浓度的增加而增大。为了便于比较，定义单位浓度下的增比黏度为比浓黏度，即 η_{sp}/c，而 $\ln\eta_r/c$ 为比浓对数黏度。

当溶液无限稀释时，高聚物分子之间相隔较远，它们之间的内摩擦力可以忽略，此时溶液的比浓黏度主要是溶剂分子与高聚物分子之间内摩擦力的体现，比浓黏度 η_{sp}/c 的数值趋于一个极值：

$$[\eta]=\lim_{c\to 0}\frac{\eta_{sp}}{c} \tag{2-17-7}$$

因为 $\eta_r=\eta_{sp}+1$，所以

$$\ln\eta_r=\ln(\eta_{sp}+1)=\eta_{sp}\left(1-\frac{1}{2}\eta_{sp}+\frac{1}{3}\eta_{sp}^2-\frac{1}{4}\eta_{sp}^3+\cdots\right)$$

当 $c\to 0$ 时，η_{sp}很小，所以 $\ln\eta_r=\eta_{sp}$，因此

$$[\eta]=\lim_{c\to 0}\frac{\eta_{sp}}{c}=\lim_{c\to 0}\frac{\ln\eta_r}{c} \tag{2-17-8}$$

式中，c 为溶液浓度，g/mL。$[\eta]$ 主要是溶剂分子与高聚物分子之间内摩擦力的体现，称为特性黏度，可以作为高聚物相对分子质量的量度。这是因为高聚物相对分子质量越大，它与溶剂间的接触表面也越大，摩擦就越大，表现出的黏度也大。由于 η_{sp} 和 $\ln\eta$ 均是无因次量，因此 $[\eta]$ 的单位是浓度单位的倒数，$[\eta]$ 的值与高聚物和溶剂有关，可通过实验测得。根据实验，在足够稀的溶液中有下列两个经验关系式：

$$\frac{\eta_{sp}}{c}=[\eta]+k[\eta]^2c \tag{2-17-9}$$

$$\frac{\ln\eta_r}{c}=[\eta]-\beta[\eta]^2c \tag{2-17-10}$$

由式（2-17-9）和式（2-17-10）可知，η_{sp}/c 对 c 和 $\ln\eta_r/c$ 对 c 作图得两条直线，在纵坐标上交于一点为［η］，见图 2-17-2。

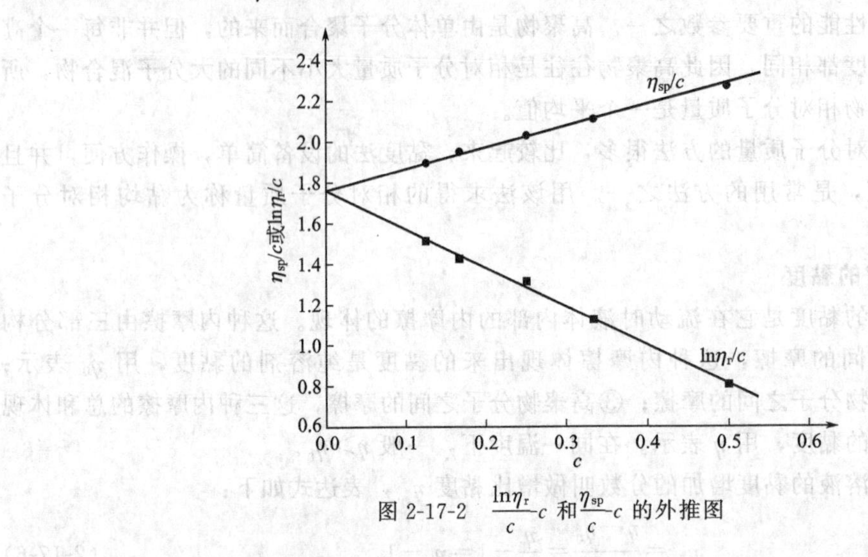

图 2-17-2 $\frac{\ln\eta_r}{c}$-c 和 $\frac{\eta_{sp}}{c}$-c 的外推图

3. 黏均相对分子质量的求解

实验证明，当高聚物、溶剂和温度确定以后，特性黏度［η］与高聚物黏均相对分子质量 M_η 之间有以下经验关系：

$$[\eta]=KM_\eta^\alpha \tag{2-17-11}$$

式中，K 为比例常数；α 为与分子形状等有关的经验常数。K 值和 α 值可由文献查得。通常对于聚乙烯醇溶液，α 值一般在 0.5～1 之间，当温度为 25℃时，$\alpha=0.76$，$K=2\times10^{-2}$ mL/g；当温度为 30℃时，$\alpha=0.64$，$K=6.66\times10^{-2}$ mL/g。

由上述可知，高聚物相对分子质量的测定最后可归结为溶液特性黏度［η］的测定。而［η］的测定中首先要测定出 η_r，由于溶液的密度和溶剂的密度近似相等，根据泊肃叶（Poiseuille）定律可知

$$\eta_r=\frac{\eta}{\eta_0}=\frac{t}{t_0} \tag{2-17-12}$$

式中，η 为溶液的黏度；η_0 为溶剂的黏度；t 为溶液的测定时间；t_0 为溶剂的测定时间。

四、实验仪器与试剂

1 支乌氏黏度计（内径 0.3～0.4mm）；1 台 SYP-Ⅱ玻璃恒温水浴；1 支 100mL 容量瓶；洗耳球；1 支 10mL 移液管；1 支 100mL 烧杯；秒表；玻璃砂芯漏斗（3 号）；聚乙烯醇（A.R）；正丁醇（A.R）。

五、实验步骤

操作要领：

1. 用容量瓶配制并过滤聚乙烯醇溶液。
2. 测定纯溶剂的流出时间 t_0。
3. 测定逐步稀释的溶液的流出时间 t。

1. 溶液配制

准确称取 0.500g 聚乙烯醇于干净的小烧杯中，加入约 60mL 蒸馏水，稍加热至样品完全溶解（高聚物不易溶解，往往要几小时，需提前配好）。取出冷至室温，加入正丁醇 2 滴（去泡），并移入 100mL 容量瓶中，加水至刻度，摇匀。若溶液中有固体杂质，则用事先洗净并干燥的 3 号砂芯漏斗过滤，装入锥形瓶中备用。

2. 溶剂流出时间 t_0 的测定

将玻璃恒温水浴调节为 25℃。

如图 2-17-3 所示，测定蒸馏水流经毛细管所需的时间。重复测定三次，偏差应<0.3s，取其平均值，即为 t_0 值。

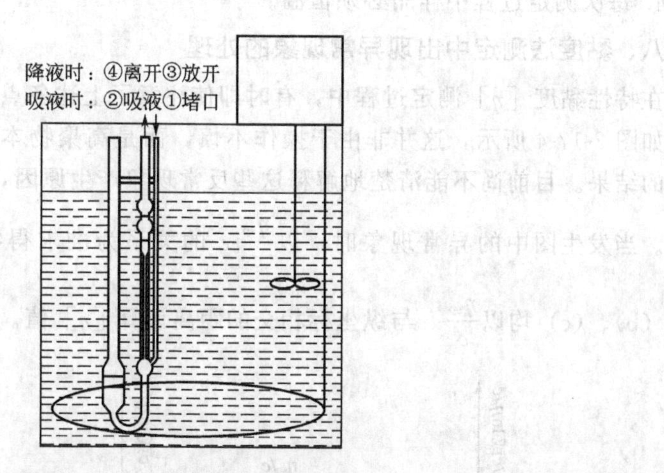

图 2-17-3 乌氏黏度计测定装置

3. 溶液流出时间 t 的测定

待 t_0 测完后，用移液管移取 10.00mL 0.0050g/mL 的聚乙烯醇溶液（浓度为 c）注入黏度计内。重复测定三次，偏差应<0.3s，取其平均值，即为 t 值。依次分别小心加入 5.00mL、5.00mL、10.00mL 蒸馏水，使之与蒸馏水混合均匀，浓度变为$\frac{2}{3}c$、$\frac{1}{2}c$、$\frac{1}{3}c$，测定溶液的流出时间 t 值。

在加入 10.00mL 蒸馏水时，乌氏黏度计里面的液体较多，混合均匀（堵住 1 口在 2 口吸液，以此来将液体混合均匀）后用移液管吸走 10.00mL 蒸馏水。

六、数据处理

1. 测得不同浓度的溶液相应流出的时间填表。

表 2-17-1 不同浓度的溶液的数据

室温：________；气压：________；水浴温度：________

样品		流出时间 t				η_r	η_{sp}	$\frac{\eta_{sp}}{c}$	$\ln\eta_r$	$\frac{\ln\eta_r}{c}$
		测量值/s			平均值/s					
蒸馏水										
溶液浓度/(g/mL)	0.0050									
	0.0033									
	0.0025									
	0.00167									

2. 以$\frac{\eta_{sp}}{c}$和$\frac{\ln\eta_r}{c}$对c作图，得两条直线，外推至$c=0$处，求出［η］值。

3. 根据求得的［η］值，计算M值，当温度为25℃时，$\alpha=0.76$，$K=2\times10^{-2}$mL/g；在30℃时，$\alpha=0.64$，$K=6.66\times10^{-2}$mL/g。

七、注意事项

1. 溶液和蒸馏水混合抽吸时，容易起泡，不易混匀，故应慢慢抽吸。

2. 液体样品不可带入小气泡或灰尘颗粒，避免堵塞毛细管。

3. 测定时乌氏黏度计必须竖直放置，否则影响结果的准确性。

4. 每次测定过程中样品必须恒温。

八、黏度法测定中出现异常现象的处理

在特性黏度［η］测定过程中，有时即使注意了上述各点后也会产生一些异常现象。如图2-17-4所示，这并非由于操作不慎，而是高聚物本身结构和它在溶液中的形态所造成的结果。目前尚不能清楚地解释这些反常现象产生原因，只能在实验技术上做些近似的处理。当发生图中的异常现象时，以$\frac{\eta_{sp}}{c}$-c的关系为准求得特性黏度［η］。图2-17-4中的(a)、(b)、(c)均以$\frac{\eta_{sp}}{c}$-c与纵坐标相交的距离计算［η］值。

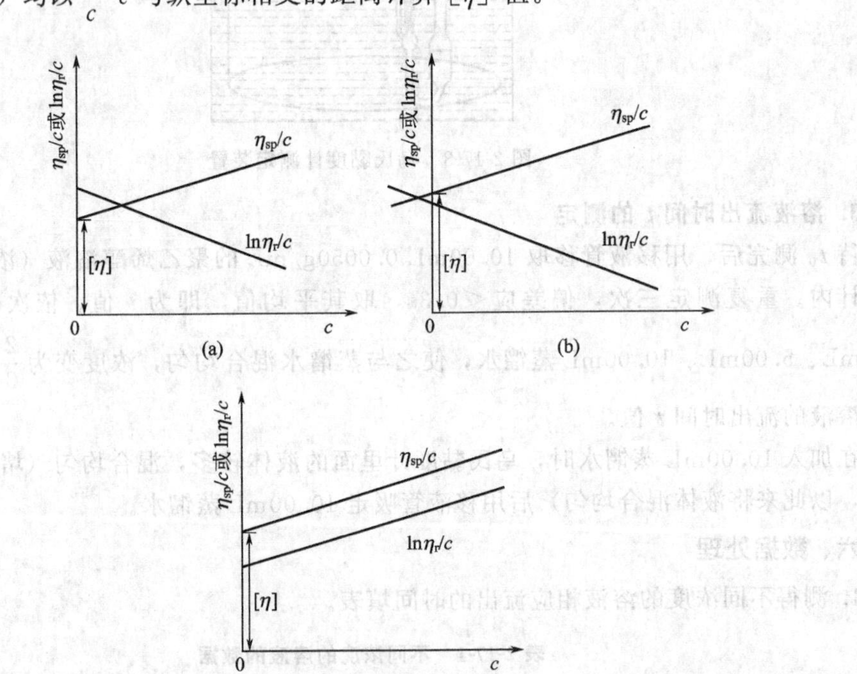

图2-17-4　黏度法测定中出现异常现象时［η］的求法

九、思考题

1. 乌氏黏度计中的支管1有什么作用？加入的液体总体积对黏度测定有没有影响？除去支管1是否仍可以测黏度？

2. 在测定流出时间时，3管的夹子忘记打开了，所测的时间正确吗？为什么？

3. 黏度计的毛细管太粗或太细有什么缺点？

案例分析

将实验数据填入表 2-17-2 并计算。

表 2-17-2 不同浓度溶液的实验数据

室温：31℃；气压：99.23kPa；水浴温度：30℃

样品		流出时间				η_r	η_{sp}	$\frac{\eta_{sp}}{c}$	$\ln\eta_r$	$\frac{\ln\eta_r}{c}$
		测量值/s			平均值/s					
蒸馏水		250.0	250.1	249.9						
溶液浓度/(g/mL)	0.0050	340.2	340.0	340.1						
	0.0033	306.1	305.9	306.0						
	0.0025	291.0	291.1	291.0						
	0.00167	277.1	277.0	277.0						

1. 计算流出时间的平均值

参见第一章第六节 Excel 在“二元液系的汽-液平衡相图”中的应用中用 Excel 计算实验数据 n 的求平均值。

2. 计算出 η_r、η_{sp}、$\frac{\eta_{sp}}{c}$、$\ln\eta_r$ 和$\frac{\ln\eta_r}{c}$

$\eta_r=\frac{t}{t_0}$，利用数据所在单元格的地址进行计算。在本次试验中 t_0 为 250.0s，在 η_r 的单元格地址中将平均值的单元格地址除以 250 算出所有的 η_r，参看第一章第六节用 Excel 计算校正阿贝折光仪误差的实验数据 n。

$\eta_{sp}=\eta_r-1$，$\frac{\eta_{sp}}{c}$，$\ln\eta_r$，$\frac{\ln\eta_r}{c}$依次算出。

在计算 $\ln\eta_r$ 时可直接使用“ln”作为计算的函数，在单元格中输入“$=\ln(\eta_r$ 的单元格地址)”将所有的 $\ln\eta_r$ 算出，见表 2-17-3。

表 2-17-3 不同浓度溶液的实验数据

室温：31℃；气压：99.23kPa；水浴温度：30℃

样品		流出时间				η_r	η_{sp}	$\frac{\eta_{sp}}{c}$	$\ln\eta_r$	$\frac{\ln\eta_r}{c}$
		测量值/s			平均值/s					
蒸馏水		250.0	250.1	249.9	250.0	1	0	0	0	0
溶液浓度/(g/mL)	0.0050	340.2	340.0	340.1	340.1	1.360	0.360	72.1	0.3078	61.6
	0.0033	306.1	305.9	306.0	306.0	1.224	0.224	67.9	0.2021	61.2
	0.0025	291.0	291.1	291.0	291.0	1.164	0.164	65.7	0.1520	60.8
	0.00167	277.1	277.0	277.0	277.0	1.108	0.108	64.8	0.1027	61.5

3. 以$\frac{\eta_{sp}}{c}$和$\frac{\ln\eta_r}{c}$对 c 描点

在空白的单元格处点“插入”“散点图”“仅数据标记的散点图”，绘制两组点，参看

Excel 绘制温度-气（液）组成两条曲线。

图 2-17-5 为绘制的$\frac{\eta_{sp}}{c}$-c 和$\frac{\ln\eta_r}{c}$-c 的散点图。

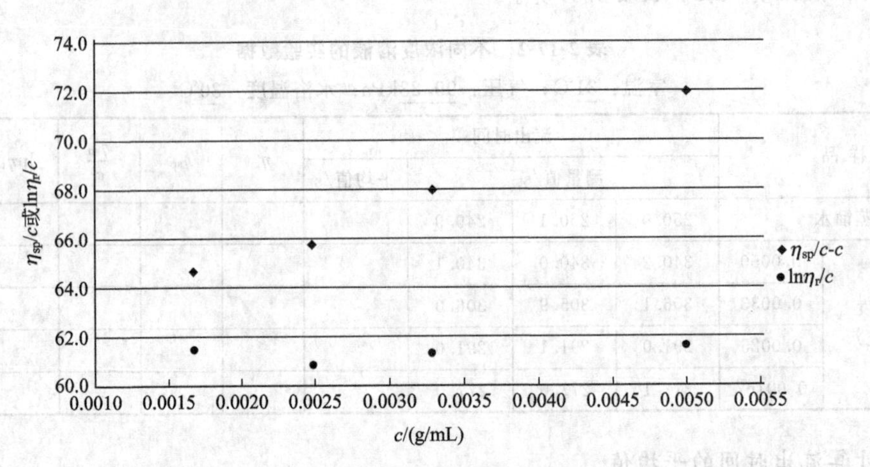

图 2-17-5 $\frac{\eta_{sp}}{c}$-c 和$\frac{\ln\eta_r}{c}$-c 的仅带数据标记的散点图

4. 拟合$\frac{\eta_{sp}}{c}$-c 和$\frac{\ln\eta_r}{c}$-c 直线

点中$\frac{\eta_{sp}}{c}$-c 的 4 个散点，鼠标点反键，在下拉菜单中点“添加趋势线”，在弹出的“设置趋势线格式”对话框中，选“线性”和“显示公式”，则出现拟合直线$\frac{\eta_{sp}}{c}$-c 和线性公式。同理拟合$\frac{\ln\eta_r}{c}$-c 直线，显示线性公式。

图 2-17-6 为$\frac{\eta_{sp}}{c}$-c 和$\frac{\ln\eta_r}{c}$-c 的拟合直线。

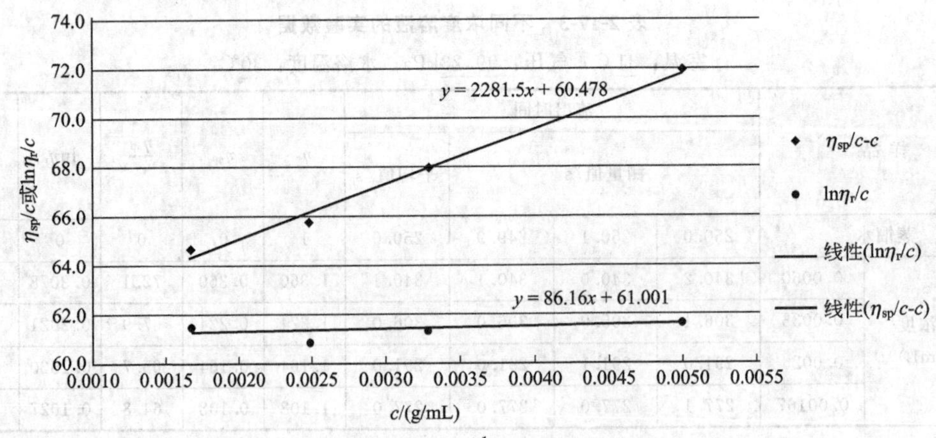

图 2-17-6 $\frac{\eta_{sp}}{c}$-c 和 $\frac{\ln\eta_r}{c}$-c 的拟合直线

5. 计算黏均分子量 M_η

由图可知 $[\eta]=\lim\limits_{c\to 0}\frac{\eta_{sp}}{c}=60.48$，$[\eta]=\lim\limits_{c\to 0}\frac{\ln\eta_r}{c}=61.00$，两条直线没有完全交于一点，以 $\frac{\eta_{sp}}{c}$-c 的关系为准求得特性黏度 $[\eta]=60.48$。

在30℃时，$\alpha=0.64$，$K=6.66\times 10^{-2}$ mL/g，

因为 $[\eta]=KM_{\eta}{}^{\alpha}=6.66\times 10^{-2}\times M_{\eta}{}^{0.64}=60.48$，所以 $M_{\eta}=4.188\times 10^{5}$

本章小结：

1. 本实验应掌握测定高聚物的黏均相对分子质量的方法。

2. 学会使用乌氏黏度计测定黏度。

第十八节 乳状液的制备与性质

一、实验目的

1. 掌握乳状液类型的鉴别方法。
2. 掌握乳状液的破坏和转相方法。
3. 掌握用乳化法测定液体石蜡的 HLB 值。

二、实验原理

知识要点：

1. 表面活性剂加入水中使溶液的表面张力降低，当溶液的表面张力降到最低时，浓度为表面活性剂的临界胶束浓度（CMC）。

2. 当溶液浓度达到临界胶束浓度时，表面活性剂在水中的排布为胶束，胶束的电导率较小，所以电导率随浓度增大而增大的变化幅度变小。

1. 乳状液和乳化剂

将两种不相容的液体混合在一起振荡后，一相以小液滴的形式分布在另一相。小液滴的一相称为分散相，另一相称为分散介质。乳状液中有一相是水或水溶液，称为水相，用 W 表示。另一相是与水不互溶的有机液体，一般统称为“油”相，用 O 表示。

乳状液存在两种类型，油分散在水中形成的乳液，称为水包油型乳液，用 O/W 表示，如牛奶；若水分散在油中则称为油包水型乳液，用 W/O 表示，如天然原油。

为了形成稳定的乳状液往往会向水-油体系中加入乳化剂。振荡后形成的乳状液的类型与乳化剂有关，有些亲水性较强的乳化剂往往有利于形成 O/W 型乳状液，如油酸钠，有些亲油性较强的乳化剂往往有利于形成 W/O 型乳状液，如油酸镁。

2. 乳状液类型的鉴别

O/W 型乳状液和 W/O 型乳状液在外观上并无明显的区别，可通过下面 3 种方法鉴别。

（1）稀释法 乳状液能被分散介质的液体稀释。若加水到 O/W 型乳状液，乳状液被稀释，不影响其稳定性，例如牛奶能被水稀释。若加水到 W/O 型乳状液中，乳状液变稠或被破坏分层。

（2）电导法 因为水溶液有导电能力，而油的导电能力差，因此 O/W 型乳状液的导电能力比 W/O 型乳状液的导电能力要大得多。利用乳状液的电导率能判断乳状液的类型，电

导率较大的是 O/W 型乳状液。

(3) 染色法　若将少量油性染料加入到乳状液中，整个乳液都染上了颜色，说明是 W/O型乳状液；如果只有星星点点的液体带色，则说明乳液是 O/W 型乳状液。

3. 乳状液的破坏和转相

(1) 顶替法。在乳液中加入不能生成牢固保护膜并且表面活性更大的物质，它们能吸附在水油界面将原有的乳化剂顶走。例如异戊醇的表面活性大，能顶替原有的乳化剂，但其碳氢链较短，不足以形成牢固的保护膜，从而起到破乳作用。

(2) 用试剂破坏乳化剂。若加入无机酸，皂类就变成脂肪酸析出，使乳状液失去乳化剂的稳定作用而遭到破坏。例如在油酸钠中加入盐酸会发生如下反应：

$$C_{17}H_{33}COONa + HCl \longrightarrow C_{17}H_{33}COOH + NaCl$$

(3) 在稀乳状液中加入电解质能减少乳化剂在分散介质中的水化程度，进而减少分散相液滴表面水化层的厚度，亦能促使乳状液破坏。

(4) 加入适量起反效应的乳化剂，在转型过程中使乳状液被破坏。例如在由油酸钠作乳化剂的 O/W 型乳状液中加入油酸镁，因为油酸镁的亲油性强，能在界面吸附形成较厚的油层，与油酸钠相抗衡，互相降低它们的乳化作用，使乳状液的稳定性降低而破坏。若油酸镁加入得过多，则它的乳化作用占优势，还会转化为 W/O 型乳状液。

(5) 电场法。此法常用于 W/O 型乳状液的破乳。由于油的导电能力很小，工业上常用高压交流电破乳。高压电场使极性的乳化剂分子在电场中随电场转向，从而能削弱其保护膜的强度。带电水滴相互吸引，当电压升至某一值时，这些小水滴瞬间聚集成大水滴，在重力作用下分离出来，从而达到水油分离的效果。

(6) 加热法。升温一方面可以增加乳化剂的溶解度，从而降低了它在界面上的吸附量，削弱了保护膜；另一方面可以降低分散介质的黏度，从而有利于增加液滴相碰的机会，所以升温有利于乳状液的破坏。

(7) 机械法。如离心分离。

4. 表面活性剂的 HLB 值

表面活性剂的品种繁多，如何为指定的油-水体系选择一个合适的乳化剂，从而得到性能最优的乳液，是乳液制备的中心课题。要从成千上万的表面活性剂种选取满意的乳化剂并非易事，最可靠的方法就是用实际实验体系直接进行测量，但此方法测定范围太广，对于表面活性剂类型的乳化剂，HLB 值是具有参考价值的数据。

HLB 值是表面活性剂分子中的亲水基的亲水性和亲油基的亲油性的比值。

(1) 离子型表面活性剂 HLB 值　离子型表面活性剂的 HLB 值常用官能团的 HLB 值来确定，只要把该化合物中各官能团 HLB 值的代数和加上 7 就可以了。各官能团的 HLB 值见表 2-18-1。例如，十二烷基硫酸钠的 HLB 值为 $38.7+12\times(-0.475)+7=40.0$。

(2) 非离子型表面活性剂的 HLB 值　对于非离子型表面活性剂，亲水性用亲水基的摩尔质量来表示，亲油性用亲油基的摩尔质量来表示。因此，非离子型表面活性剂的 HLB 值可用下式计算：

$$\text{非离子型表面活性剂的 HLB 值} = \frac{\text{亲水基摩尔质量}}{\text{亲水基摩尔质量} + \text{亲油基摩尔质量}} \times \frac{100}{5} \qquad (2\text{-}18\text{-}1)$$

(3) 混合乳化剂的 HLB 值　每一种表面活性剂都具有一定的 HLB 值，而每一种被乳化的实验体系又都有一个所需 HLB 值，单个乳化剂所具有的 HLB 值不一定恰好与被乳化

表 2-18-1　乳化剂中各官能团的 HLB 值

亲水官能团	HLB 值	亲油官能团	HLB 值
$-SO_4Na$	38.7	$\underset{\mid}{\overset{\diagdown\ \diagup}{CH}}$	−0.475
—COOK	21.1		
—COONa	19.1	$-CH_2-$	−0.475
磺酸盐	约 11.0	$-CH_3$	−0.475
—N(叔胺 R_3N)	9.4	—CH＝	−0.475
酯(山梨糖醇酐环)	6.8	$-CF_3$	−0.870
酯(自由的)	2.4	$-CF_2-$	−0.870
—COOH	2.1	苯环	−1.662
—OH(自由的)	1.9	$-CH_2CH_2CH_2O-$	−0.15
—O—	1.3	$-CHCH_3CH_2O-$	−0.15
—OH(山梨糖醇酐环)	0.5	$-CH_2CH_3CHO-$	−0.15

的油所需的 HLB 值相适应，所以常将两种不同 HLB 值的乳化剂混合使用，以获得最适的 HLB 值。

混合乳化剂的 HLB 值 $HLB_{混合}$ 可按下式计算：

$$HLB_{混合}=\frac{[HLB]_A\times m_A+[HLB]_B\times m_B}{m_A+m_B} \tag{2-18-2}$$

式中，$[HLB]_A$、$[HLB]_B$ 分别为两种单个乳化剂的 HLB 值；m_A、m_B 分别为两种乳化剂的质量。例如，以质量分数为 40%的司盘 80（HLB＝4.3）和 60%的吐温 80（HLB＝15.0）相混合，乳化剂 $HLB_{混合}$＝40%×4.3＋60%×15.0＝10.72。

(4) 油-水体系 HLB 值的测定　当选用的乳化剂构成的实验体系稳定时，油-水体系 HLB 值就为乳化剂的 HLB 值。

三、实验仪器与试剂

100mL 锥形瓶 2 只（带塞），50mL 锥形瓶 2 只，大试管 5 只，小滴管 3 只，电导率仪 1 台（带电极），恒温水浴槽。1%、5%油酸钠水溶液（分别在自来水中加 1%、5%的油酸钠），2%油酸镁油溶液（在环己烷中加 2%的油酸镁），3mol/L 的 HCl，0.25mol/L 的 $MgCl_2$，饱和 NaCl 溶液。

10 支 50mL 干燥有塞试管，量程 200g 的电子天平 1 台，1 只分液漏斗，1 支 50mL 量筒，吐温 80，司盘 80，液体石蜡，苏丹红染色溶液和亚甲基蓝溶液。

四、实验步骤

操作要领：

1. 制备两种类型的乳状液。
2. 采用稀释法、染色法、电导法鉴别乳状液的类型。
3. 在两种类型的乳状液加入不同的试剂观察乳状液的破坏和转相。
4. 配成不同 HLB 值的五种混合乳化剂。
5. 在不同 HLB 值的混合乳化剂中加入相同体积的液体石蜡，再分别加入上述不同 HLB 值的混合乳化剂 2.0mL，振荡后观察分层情况。

1. 乳状液的制备

在 100mL 锥形瓶中加入 25mL 质量分数为 1%的油酸钠水溶液，然后加入 25mL 环己烷（每次加 1mL），盖上塞子后剧烈摇动（采用间歇式效果更好），直到看不到分层形成乳液，便制得了Ⅰ型乳状液。

另取一只 100mL 锥形瓶中加入 25mL 质量分数为 2%的油酸镁油溶液，然后加入 25mL 自来水（每次加 1mL），盖上塞子后剧烈摇动（采用间歇式效果更好），直到看不到分层形成乳液，便制得了Ⅱ型乳状液。

2. 乳状液类型的鉴别

（1）稀释法　向两只盛有自来水的 50mL 锥形瓶内分别滴入几滴Ⅰ型乳状液和Ⅱ型乳状液，观察现象。

（2）染色法　向两只干净的试管内移入 5mL Ⅰ型乳状液和Ⅱ型乳状液，然后每只试管分别滴 1 滴苏丹Ⅲ油溶液，观察现象。

（3）电导法　向两只 50mL 烧杯内分别加入 25mL Ⅰ型乳状液和Ⅱ型乳状液，插入电极（完全浸没），观察电导率数值。

3. 乳状液的破坏和转相

（1）向两只干净的试管中一只滴入约 2mL Ⅰ型乳状液，另一只滴入约 2mL Ⅱ型乳状液，然后向每只试管里面都逐滴加 3mol/L 的 HCl，观察现象。

（2）向两只干净的试管中一只滴入约 2mL Ⅰ型乳状液，另一只滴入约 2mL Ⅱ型乳状液，然后在水浴中加热，观察现象。

（3）向干净的试管中一只滴入约 5mL Ⅰ型乳状液，逐滴加 0.25mol/L $MgCl_2$，每加一滴都摇动试管，注意观察乳状液的破坏和转相（采用稀释法鉴别是否转相）。

（4）向干净的试管中一只滴入约 5mL Ⅰ型乳状液，逐滴加饱和 NaCl 溶液，每加一滴都摇动试管，注意观察乳状液的破坏和转相（采用稀释法鉴别是否转相）。

（5）向干净的试管中一只滴入约 5mL Ⅱ型乳状液，逐滴加 5%油酸钠水溶液，每加一滴都摇动试管，注意观察乳状液的破坏和转相（采用稀释法鉴别是否转相）。

4. 液体石蜡 HLB 的测定

（1）用吐温 80（HLB＝15.0）及司盘 80（HLB＝4.3）配成 HLB 值为 6.0、8.0、10.0、12.0 及 14.0 的五种混合乳化剂。将配制好的混合乳化剂分别加入 5 支 50mL 干燥有塞试管中，加 10mL 水溶化。

（2）取 5 支 50mL 干燥有塞试管，各加入 8mL 液体石蜡，再分别加入上述不同 HLB 值的混合乳化剂 2.0mL，剧烈振摇 10s，然后加入蒸馏水 36mL，每次加 4mL，振摇 20 次，经放置 5min、10min、30min、60min 后，分别观察并记录各乳剂分层毫升数。

（3）将稳定性最好的乳液分别加油溶性苏丹红染色和水溶性亚甲基蓝染色，观察判断乳剂类型。根据以上观察结果，判断不同类型的液体石蜡水溶液所需的 HLB 值。

五、注意事项

温度对非离子表面活性剂的亲水亲油性有影响，吐温 80 和司盘 80 属于非离子表面活性剂，因此温度波动不宜超过 1℃。

六、数据处理

1. 在表 2-18-2 中记录实验现象并解释原因。

表 2-18-2　乳状液实验的数据

室温：＿＿＿＿＿＿；气压：＿＿＿＿＿＿

方法		Ⅰ型乳状液	Ⅱ型乳状液
乳状液类型的鉴别	稀释法		
	染色法		
	电导法		
乳状液的破坏和转相	加 3mol/L HCl		
	加热		
	加 0.25mol/L $MgCl_2$		
	加饱和 NaCl 溶液		
	加 5%油酸钠水溶液		

2. 在表 2-18-3 中记录吐温 80 和司盘 80 的质量，并计算各单个乳化剂的质量分数。

表 2-18-3　吐温 80 和司盘 80 的数据

HLB 值	6	8	10	12	14
吐温 80/g					
司盘 80/g					

3. 在表 2-18-4 中记录 5 个样分层的时间和下层溶液的体积。

表 2-18-4　5 个样分层的时间和下层溶液的体积

HLB 值	6	8	10	12	14
5min 分层后下层溶液体积/mL					
10min 分层后下层溶液体积/mL					
20min 分层后下层溶液体积/mL					
30min 分层后下层溶液体积/mL					

4. 判断液体石蜡水溶液为 O/W 型还是 W/O 型。

七、思考题

1. 是否使乳状液转相的方法都可以破乳？是否使乳状液破乳的方法都可用来转相？
2. 破坏乳状液的方法有哪些？
3. 影响乳剂物理稳定性的因素有哪些？如何制备与评价稳定的乳剂？

某些体系制成乳状液时所需的 HLB 列于表 2-18-5。

表 2-18-5　乳状液所需的 HLB 值

油相	HLB 值		油相	HLB 值
	O/W	W/O		O/W
石蜡	10	4	苯	15
蜂蜡	9	5	甲苯	11～12
石蜡油	7～8	4	油酸	17

续表

油相	HLB值		油相	HLB值
	O/W	W/O		O/W
芳烃矿物油	12	4	DDT	11～13
烷烃矿物油	10	4	DDV	14～15
煤油	14	—	十二醇	14
棉籽油	7.5	—	硬脂酸	17
蓖麻油	14	—	四氯化碳	16

实验小结：

1. 本实验应理解乳状液类型的鉴别方法，乳状液的破坏和转相的原理。
2. 掌握测定液体石蜡 HLB 值的方法。

第十九节　凝胶的制备与性质

一、实验目的

1. 了解凝胶的定义。
2. 掌握明胶和固体酒精的制备方法。
3. 掌握胶凝的影响因素。
4. 掌握凝胶的溶胀度。

二、实验原理

知识要点：

1. 凝胶分为弹性凝胶和刚性凝胶。
2. 胶凝的影响因素。
3. 凝胶的性质。

1. 凝胶

在一定条件下，溶胶［如 $Fe(OH)_3$、硅酸等］或溶液中的胶体分子或高分子相互连接，构成一定的空间网状结构，结构空隙中充满了分散介质（液体或气体），整个体系失去流动性，这种体系叫做凝胶。凝胶在日常生活中经常遇到，例如制作果冻或水晶软糖中的明胶、化妆品中的植物凝胶、实验室用的硅胶等。

凝胶可分为弹性凝胶和刚性凝胶。弹性凝胶失去分散介质后，体积明显缩小，而当重新吸收分散介质时，体积又重新膨胀，例如明胶。刚性凝胶失去或重新吸收分散介质时，形状和体积都不改变，例如硅胶等。

2. 胶凝和胶凝的影响因素

胶凝是由溶胶或高分子溶液形成凝胶的过程。高分子溶液的溶解度降低或溶胶的稳定性降低，使高分子或溶胶分子析出并相互连接、构成一定的空间网状结构而形成凝胶。

影响胶凝的因素分为四种：①与胶体分子或高分子颗粒的形状有关，颗粒越不对称，越易于胶凝；②浓度越大，分子间距离越小越易于胶凝，胶凝速度越快，浓度很低时不能形成结构；③温度低时有利于胶凝，相反温度高时，热运动强度增大，不易构成一定的空间网状结构，不易胶凝，因此每一种溶液都有一个最高胶凝温度；④电解质的加入。电解质加入溶胶后，溶胶的水化膜变薄，胶粒带电量减少，原有的平衡被破坏，分子间相互连接，构成空间网状结构，这种胶凝叫聚沉胶凝。电解质加入到高分子溶液中，使高分子溶质脱水，溶解度降低，形成凝胶，如蛋白质的盐析。

3. 凝胶的性质

（1）溶胀度 α 的测定　将质量为 m_0 的干凝胶放到溶剂中，达到吸液平衡后，将溶胀物与溶剂分离，再称量溶胀后的凝胶质量 m_1，则溶胀度 α 用下式计算：

$$\alpha=\frac{m_1-m_0}{m_0}\times 100\% \tag{2-19-1}$$

式中，m_0 和 m_1 的单位为 g。

（2）凝胶中的扩散现象和化学反应　和普通溶液一样，凝胶中的分散介质也具有扩散作用，在凝胶中也能发生化学反应。例如李塞根环中的 Ag^+ 向凝胶中扩散，吸引周围的 $Cr_2O_7^{2-}$ 产生沉淀，形成沉淀区，并吸附 $Cr_2O_7^{2-}$。Ag^+ 继续向前扩散，由于周围的 $Cr_2O_7^{2-}$ 浓度较低不足以形成沉淀，形成间歇区，Ag^+ 继续向前扩散，经过沉淀区、间歇区，如此形成了多层同心圆。

三、实验仪器和试剂

50mL 的烧杯 5 只，250mL 的烧杯 1 只，20mL 的试管 4 只，50mL 的量筒 2 只，250mL 的三口烧瓶 1 只，表面皿 1 只，量程 200g 的电子天平 1 台，明胶（A. R），硬质酸（A. R），无水乙醇（A. R），重铬酸钾（A. R），50%的硝酸银溶液，40%的氢氧化钠溶液，2.5mol/L 的碘化钠溶液，2.5mol/L 的氯化钠溶液。

四、实验步骤

操作要领：

1. 用容量瓶配制不同浓度的十二烷基硫酸钠溶液。
2. 按浓度从小到大测定 25℃下不同浓度溶液的电导率（连接温度传感器）。

1. 凝胶的制备和胶凝的现象

（1）在四个 50mL 的烧杯中分别配制 20mL 1%、5%、10%、15%的明胶加热至溶解，自然冷却至室温，观察哪些能胶凝并比较胶凝时间的长短。

（2）将步骤（1）中的 20mL 10%的明胶再次加热到溶解，然后平均分装在 4 个 20mL 的试管中，向 3 支试管中分别加入 2.5mol/L 的碘化钠、2.5mol/L 的氯化钠、2.5mol/L 的硫酸钠摇匀，比较胶凝时间的长短。

（3）在 250mL 的三口烧瓶中加入 5g 硬脂酸和 100mL 乙醇，在水浴温度 70℃下完全溶解，加入 8mL 40%氢氧化钠，搅拌，趁热倒入烧杯中，冷却后为固体酒精。

2. 凝胶的性质

（1）溶胀度的测定　称量 50mL 的烧杯的质量，记录为 $m_{烧杯}$。取 0.25g 明胶粉末至 50mL 的烧杯中，加入 5mL 水，加热后溶解，冷却至室温胶凝。向凝胶中加入 50mL 水，用表面皿按住烧杯口，将烧杯中的水倒出至量筒中，直至没有水流出为止。再次称量烧杯和里面凝胶的总质量 m。

(2) 扩散现象和化学反应　取4g明胶粉末和1g重铬酸钾至250mL的烧杯中，加入100mL水，加热至溶解后倒入表面皿中，冷却至室温。取5%硝酸银溶液滴于凝胶上，盖好表面皿，观察李塞根环。

五、注意事项

使用前须用冷水浸泡数小时（可避免加热时产生大量气泡和明胶粉末完全膨胀所产生的僵块），待完全膨胀后再隔水加热，胶液温度控制在70℃以下。

六、实验数据处理

在表2-19-1中记录实验数据并解释原因。

表2-19-1　凝胶实验的数据

室温：＿＿＿＿＿＿＿；气压：＿＿＿＿＿＿＿

<table>
<tr><td colspan="2">项目</td><td>明胶溶液的浓度</td><td>1%</td><td>5%</td><td>10%</td><td>15%</td><td>胶凝方法</td></tr>
<tr><td rowspan="6">凝胶的制备和胶凝</td><td rowspan="4">明胶的制备</td><td>胶凝时间/min</td><td></td><td></td><td></td><td></td><td rowspan="4"></td></tr>
<tr><td>明胶溶液的浓度</td><td colspan="4">10%</td></tr>
<tr><td>加电解质</td><td>不加</td><td>加碘化钠</td><td>加氯化钠</td><td>加硫酸钠</td></tr>
<tr><td>胶凝时间/min</td><td></td><td></td><td></td><td></td></tr>
<tr><td rowspan="2">固体酒精的制备</td><td colspan="6">胶凝方法</td></tr>
<tr><td colspan="6"></td></tr>
<tr><td colspan="2" rowspan="3">凝胶的性质</td><td colspan="3">溶胀度$\left(\alpha=\frac{m-m_{烧杯}-0.1}{0.1}\times100\%\right)$</td><td colspan="3">李塞根环原理</td></tr>
<tr><td>$m_{烧杯}$/g</td><td>m/g</td><td>α</td><td colspan="3" rowspan="2"></td></tr>
<tr><td></td><td></td><td></td></tr>
</table>

七、思考题

1. 什么是胶凝？
2. 影响胶凝的因素有哪些？

实验小结：
本实验应掌握胶凝的影响因素，理解李塞根环原理。

第二十节　明胶等电点的测定

一、实验目的

1. 掌握明胶等电点的测定方法。
2. 理解pH值对明胶溶胀度的影响。

二、预备实验

实验室中使用的pH计主要采用电位分析法测定pH值。电位分析法是测定原电池的电动势，由于电动势与特定离子H^+的活度有关，得到H^+的浓度，从而得到pH值。数学上定义pH值为氢离子浓度的常用对数负值，即$pH=-lg[H^+]$。

原电池由两个半电池构成，其中一个半电池为指示电极，它的电位与特定的 H^+ 的活度有关；另一个半电池为参比电极，它的电位与 H^+ 的活度无关，它是在金属导线外面覆盖一层此种金属的微溶性盐，并且插入含有此种金属盐阴离子的电解质溶液中，如 Ag|AgCl(s)|Cl^-，此时该半电池电位或电极电位的大小取决于 Cl^- 的活度。当 H^+ 和 Cl^- 的浓度变化时，构成的原电池的电动势也会发生变化。

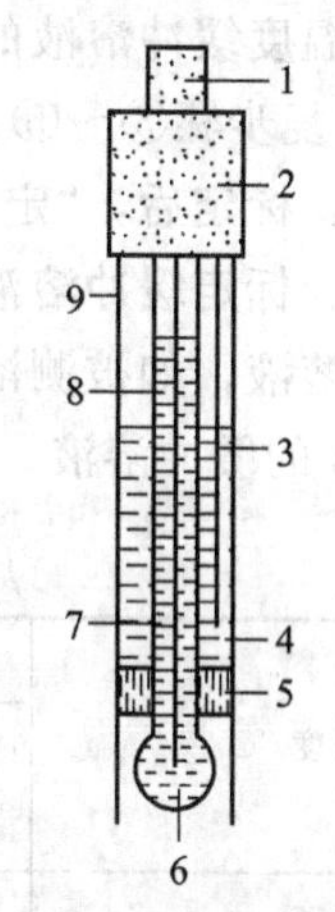

图 2-20-1　复合电极

1—导线；2—塑料壳；3— Ag | AgCl 外参比电极；4—饱和的 AgCl 溶液和 3mol/L 的 KCl 溶液；5—多孔陶瓷；6—玻璃膜球；7—Ag | AgCl 内参比电极；8—饱和的 AgCl 溶液和 0.1mol/L 的 HCl 溶液；9—聚碳酸酯外壳

1. 工作原理

目前在测定 pH 值时酸度计上配套使用的电极大多数是复合电极。

复合电极是由玻璃电极和参比电极组合而成，玻璃电极为指示电极，Ag|AgCl(s)为参比电极。如图 2-20-1 所示。玻璃电极由一根 Ag | AgCl 的内参比电极与装在玻璃膜小球内饱和的 AgCl 溶液和 0.1mol/L 的 HCl 溶液组成。下方的玻璃膜小球用特殊的玻璃膜制成，对 H^+ 非常敏感。由于玻璃膜里面的 H^+ 浓度不变，而玻璃膜外部的待测液 H^+ 浓度在变化，因此玻璃电极的电极电位会随之而变化。参比电极由 Ag | AgCl 的外参比电极与装在聚碳酸酯外壳内饱和的 AgCl 溶液和 3mol/L 的 KCl 溶液组成。由于参比电极内无 H^+，因此参比电极的电极电位不随 H^+ 浓度变化，参比电极电极电位基本不变。由这两个电极组成的原电池的电动势会随着 H^+ 浓度变化而发生改变。由于在恒定温度下测定的电动势只与待测液中 H^+ 的浓度有关，并且呈线性关系，因此测定出复合电极的电动势就能得到待测液中 H^+ 的浓度，进而得到 pH 值。

2. 使用方法

pH 计（图 2-20-2）在使用前需要预热和校正。

(1) 校正

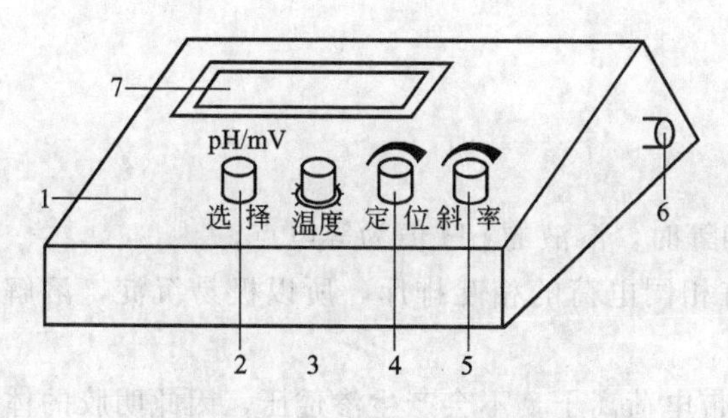

图 2-20-2　pHS-25 型酸度计

1—pH 计；2—选择旋钮（pH/mV）；3—温度调节旋钮；4—定位调节旋钮；5—斜率调节旋钮；6—电极杆接口；7—显示屏

① 将 pH 计选择旋钮置于“pH”档，预热 30min。

② 调温度。调节“温度补偿”旋钮，将温度调为待测液体的温度。

③ 清洗电极。用蒸馏水清洗电极，吸干电极外的水。

④ 定位。把“斜率”调节旋钮顺时针调到最大，然后把用蒸馏水清洗过的电极插入已知 pH=6.86 的缓冲溶液中，调节“定位”旋钮，使仪器上显示的数值与当时温度下的 pH 值一致（不同温度缓冲溶液的 pH 值查表 2-20-1）。

⑤ 调斜率。用蒸馏水清洗电极，插入 pH=4.00（若待测液显酸性）或插入 pH=9.18（若待测液显碱性），调节“斜率”调节旋钮，使仪器上显示的数值与当时温度下的 pH 值一

致（不同温度缓冲溶液的 pH 值见表 2-20-1）。

⑥ 重复步骤③～⑤，直至不再调节“定位”和“斜率”旋钮为止。

注意：标定后，“定位”旋钮、“斜率”旋钮和“温度补偿”旋钮不应再有变动，否则需重新定位。标定缓冲溶液第一次应用 pH ＝6.86 的缓冲溶液，第二次应用接近被测溶液 pH 值的缓冲溶液，如被测溶液为酸性，应选 pH＝4.00 的缓冲溶液，如被测溶液为碱性则选 pH＝9.18 的缓冲溶液。

表 2-20-1　缓冲溶液的 pH 值与温度的对应关系

温度/℃	pH 值		
	0.05mol/L 邻苯二甲酸氢钾	0.025mol/L 混合磷酸盐	0.01mol/L 四硼酸钠
5	4.00	6.95	9.39
10	4.00	6.92	9.33
15	4.00	6.90	9.28
20	4.00	6.88	9.23
25	4.00	6.86	9.18
30	4.01	6.85	9.14
35	4.02	6.84	9.10
40	4.03	6.84	9.07
45	4.04	6.83	9.04
50	4.06	6.83	9.02
55	4.07	6.83	8.99
60	4.09	6.84	8.97

（2）测量　把电极用蒸馏水洗净，甩干，插入待测溶液中，摇动烧杯，使溶液均匀，在显示屏中读出溶液的 pH 值。

三、实验原理

知识要点：

1. 蛋白质分子所带的正、负电荷数量相等时，溶液的 pH 值为等电点。

2. 当 pH 值为等电点时，溶液中因没有相同电荷的相互排斥，所以极易沉淀，溶解度最小。

3. pH 值在等电点时，明胶分子不产生带电荷离子，不会产生渗透压，因此明胶的体积几乎不变。

1. 等电点

明胶是高分子电解质，属于蛋白质的一种。蛋白质含有氨基和羧基，这两种基团在水中都能水解，因此是两性高分子电解质。由下式可知，当溶液中蛋白质分子所带的正、负电荷数量相等时，分子的净电荷为零，此时溶液的 pH 值为等电点，用 pI 表示。当溶液的 pH 值较大，大于 pI 值时，将发生左侧的反应，使蛋白质分子上的负电荷数量大于正电荷，整个蛋白质处于带负电状态。当溶液的 pH 值较小，小于 pI 值时，将发生右侧的反应，使蛋白质分子上的正电荷数量大于负电荷，整个蛋白质处于带正电状态。

$$R\begin{matrix}COOH\\NH_2\end{matrix}$$

蛋白质

$$\Updownarrow$$

$$R\begin{matrix}COO^-\\NH_2\end{matrix} \underset{+OH^-}{\overset{+H^+}{\rightleftharpoons}} R\begin{matrix}COO^-\\NH_3^+\end{matrix} \underset{+OH^-}{\overset{+H^+}{\rightleftharpoons}} R\begin{matrix}COOH\\NH_3^+\end{matrix}$$

$pH>pI$　　净电荷为零 $pH=pI$　　$pH<pI$

2. pH 值对明胶的溶解度和溶胀度的影响

(1) 对溶解度的影响　明胶在水中的溶解度与溶液的 pH 值有关。当在等电点时溶液中蛋白质分子所带的净电荷为零，在溶液中因没有相同电荷的相互排斥，分子相互之间的作用力减弱，其颗粒极易碰撞、凝聚而产生沉淀，同时在等电点时与水分子间作用力最弱，水化程度最差，因此溶解度最小。当在明胶溶液中加入去水的物质（如乙醇），明胶溶液容易凝结。

(2) 对溶胀度的影响　当电解质大分子物质的溶液与溶剂之间用半透膜隔开时，小离子和溶剂可以自由地通过半透膜。

明胶的网状结构可视为半透膜，网状结构上带氨基或羧基的大离子不能透过网状骨架，但是解离出来的小离子可以透过。当 pH 值不在等电点时，由于膜内产生的氨基或羧基带有电荷离子，静电吸引力使得小离子电解质向膜内扩散，在扩散达到平衡时，膜两侧的浓度不相等，膜内的浓度高于膜外的浓度而产生渗透压。水分子将从凝胶外部向内部渗透，填充网孔使明胶体积膨胀。当 pH 值在等电点时，明胶分子不解离，没有带电荷离子，不会产生渗透压，因此明胶的体积几乎不变。

四、实验仪器和试剂

9 只 25mL 的容量瓶，9 只 25mL 的烧杯，9 只 5mL 的移液管，9 只 5mL 的称量瓶，1 只表面皿、1 台量程为 200g 的电子天平，1 台酸度计，明胶（A. R），无水乙醇（A. R）。

五、实验步骤

操作要领：

1. 用容量瓶配制不同 pH 值的 NaAc-HAc 缓冲溶液。
2. 配制 1%明胶溶液，在 9 个 pH 值的环境中加入乙醇，比较明胶溶液溶解度大小。
3. 配制 9 个 pH 值 15%的明胶溶液，测定明胶前后的质量。

1. 明胶等电点的测定

(1) 按表 2-20-1 配制不同 pH 值的缓冲溶液，在贴有标签的 9 个 25mL 容量瓶中分别加 0.1mol/L NaAc 和 HAc，最后都定容至 25mL。然后倒入到贴有标签的 9 个 25mL 的烧杯中，用 pH 计测定其准确的 pH 值。

(2) 取 9 支试管，用移液管分别移取 (1) 中配制的 9 种溶液 3mL，并加入 1%的明胶溶液，摇匀。

(3) 取第 5 支试管，其 pH 值应介于 9 种溶液的正中间，向其中滴加无水乙醇，边滴边摇，直至溶液明显浑浊，记下加入乙醇的体积。

(4) 向其余的 8 支试管中加入相同体积的乙醇，边滴边摇，记录浑浊的程度（可用画“正”字表示）。

2. 不同 pH 值下明胶溶胀度的测定

(1) 称量贴有标签的 9 支称量瓶，记录为 $m_{瓶}$。

(2) 称取 15g 的明胶放入 100mL 的烧杯中，加 100mL 蒸馏水，在 60℃水浴中加热至溶解，配置成 15%的明胶溶液。用量筒在每个称量瓶中加入明胶溶液 10mL（此时每个瓶中干凝胶 1.5g）。

(3) 向每个称量瓶中加入 5mL 9 种缓冲溶液，测定每种溶液的 pH 值（若凝结，可在水浴中稍稍加热），冷却至室温，自然胶凝（或在冰箱中冷冻）。

(4) 用小刀将凝胶切成小方块，向装有凝胶的称量瓶中加满水，轻轻搅动。10min 后用表面皿按住烧杯口，将烧杯中的水倒出，直至没有水流出为止。再次称量烧杯和里面凝胶的总质量，记录为 $m_{瓶+胶+水}$。

(5) 计算 9 支称量瓶中凝胶的溶胀度 α。

六、注意事项

使用前须用冷水浸泡数小时（可避免加热时产生大量气泡和明胶粉末完全膨胀所产生的僵块），待完全膨胀后再隔水加热，胶液温度控制在 70℃以下。

七、实验数据处理

在表 2-20-2 中记录实验数据并解释原因。

表 2-20-2 明胶的实验数据

室温：　　；气压：

项目	试管号								
	1	2	3	4	5	6	7	8	9
0.1mol/L NaAc	5.00	5.00	5.00	5.00	5.00	5.00	5.00	5.00	5.00
0.1mol/L HAc	0.29	0.58	1.15	2.30	5.60	11.20			
1mol/L HAc							2.00	4.00	8.00
总体积/mL	25.00								
测定的 pH 值									
项目	明胶等电点的测定								
乙醇的体积/mL									
浑浊程度									
项目	不同 pH 值下明胶溶胀度的测定								
$m_{瓶}$									
配制后的 pH 值									
$m_{瓶+胶+水}$									
$m_{胶+水}$									
溶胀度 $\left(\alpha=\frac{m_{胶+水}-1.5}{1.5}\times100\%\right)$									

八、思考题

1. 什么是等电点？

2. 在等电点时，明胶的溶解度和溶胀度如何变化？

实验小结：

本实验应理解等电点，理解 pH 值对明胶的溶解度和溶胀度的影响。

第三章　常用实验仪器

第一节　测温仪器与控制仪

物理化学实验中有两个重要的状态变量：温度和压力。温度是体系状态的一个基本参数，体系的许多性质都与温度有关。因此，在科学实验和实际生产中准确测量和控制温度是很重要的。

热力学温度是国际单位制（SI）的七个基本单位之一。它以开尔文为单位，单位的符号是K，物理量用符号 T 表示。1K 等于水的三相点热力学温度到绝对零度之间温度值的 1/273.16。

由于摄氏度使用较早，人们更为熟悉，故把它作为具有专门名称的 SI 导出单位保留了下来，用符号 t 表示，单位的符号是℃。开尔文温度与摄氏温度的区别只是计算温度的起点不同，即零点不同，彼此相差一个常数，可以相互换算。摄氏度温度与开尔文温度之间的换算关系是：

$$t = T - 273.15$$

用于测量温度的物质，都具有与温度密切相关而且又能严格复现的物理性质，如体积、压力、电阻、热电势及辐射波等。利用这些特性就可以制成各种类型的温度计。

一、水银温度计

水银温度计是实验室常用的测温仪器。它的结构简单，价格低廉，具有较高的精确度，直接读数，使用方便；但是易损坏，损坏后无法修理，并且水银毒性较大。水银温度计使用范围为－35～360℃，其刻度与温度计的量程范围不同有关。

水银温度计由于毛细管分布不均等原因会造成测量误差，因此在使用水银温度计前，必须加以校正。主要校正方法有以下两种。

1. 零点校正

以纯物质的熔点或沸点作为标准进行校正，也可以与标准温度计进行比较。由于水银温度计下端玻璃球的体积在使用过程中可能改变，导致温度读数与真实值不符，因此必须校正零点。例如把水银温度计与标准温度计置于冰-水混合体系中，待其热平衡后观察零点刻度，进行比较找出校正值。

2. 露茎校正

水银温度计有全浸式和非全浸式两种。非全浸式水银温度计常刻有浸入量的刻度。全浸式水银温度计只有水银球和水银柱全部浸入被测系统中时，其读数才是正确的。如有部分露在被测系统之外，则因温度差异会引起误差，这就必须进行露茎校正。露茎校正的方法是：在测量温度计旁放一支辅助温度计，辅助温度计的水银球应置于测量温度计露茎高度的中部，如图 3-1-1 所示。校正公式为：

$$\Delta t_{露茎} = Kh(t_{测} - t_{环})$$

式中，K 为水银对于玻璃的膨胀系数，$K=0.00016$；h 为露出待测体系外水银柱的长度，称为露茎高度；$t_{测}$ 为测量温度计上的读数；$t_{环}$ 为环境的温度，可用一支辅助温度计读出，其水银球置于测量温度计露茎的中部。

考虑以上因素，实际温度应为测量值与校正值之和：

$$t_{实际}=t_{测量}+\Delta t_{露茎}$$

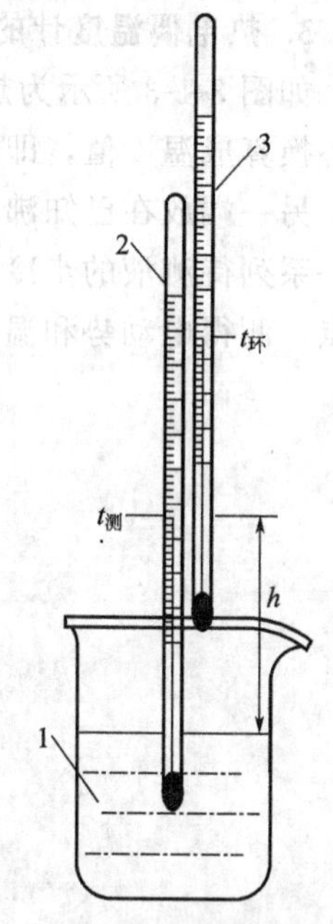

图 3-1-1　温度计露茎校正示意图

1—被测液体；2—测量温度计；3—辅助温度计

二、热电偶温度计

1. 热电偶温度计的测量原理

将两种金属导线构成一封闭回路，如果两个接点的温度不同，则由于两种金属中的电子活性不同而在接点处产生接触电势（也称温差电势或热电势）。如在回路中串联一个毫伏表，则可粗略显示出该温差电势的量值。这一对金属导线就构成了热电偶温度计，简称为热电偶。

图 3-1-2 为热电偶回路图。实验表明，温差电势 E 与两个接点的温度差 ΔT 之间存在函数关系。如果其中一个接点的温度 T_1 恒定不变，则温差电势只与另一个接点的温度 T_2 有关，即 $E=f(T_2)$。通常，将其一端置于标准压力 $p^\ominus$ 下的冰水共存系统中，那么，通过温差电势就可直接测出另一端的温度值，这便是热电偶的测温原理。

2. 热电偶温度计的特点

热电偶温度计量程宽，使用方便，它的种类繁多，各有其优缺点，常用的几种热电偶的种类及其特点见表 3-1-1。

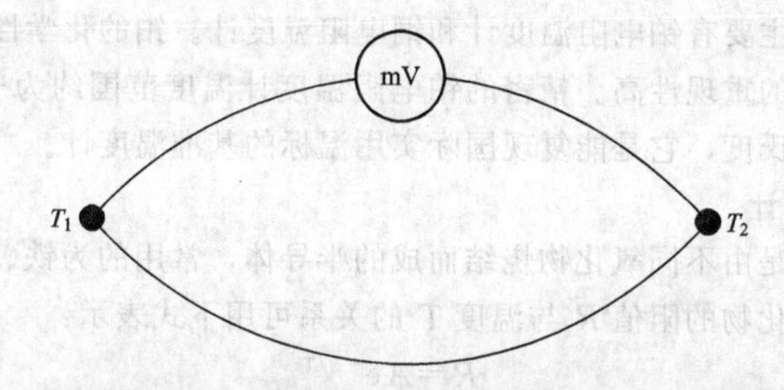

图 3-1-2　热电偶回路图

表 3-1-1　常用热电偶的种类及其特点

热电偶的类别	分度号	使用温度/℃		特点
		长期	短期	
铜-康铜	T	350	600	热电势大，价格便宜，灵敏度高，线性度好，但重现性不佳，只能在 350℃以下使用
镍铬-考铜	E	600	800	热电势大，价格便宜，是很好的低温热电偶，但重现性欠佳
镍铬-镍硅	K	1000	1300	重现性良好，线性好，热电动势大，价格便宜，但测量精度低，适用于一般测量
铂铑 10-铂	S	1300	1600	稳定性和重现性均很好，可用于精密测温和作为基准热电偶使用。但价格较高，低温区热电动势太小，不适于高温还原气氛中使用

3. 热电偶温度计的校正

如图 3-1-3 所示为热电偶的校正、使用装置。热电偶温度计在使用时需将测定得到的电动势换算成温度值，即需要作出温度与电动势的校正曲线。通常是将热电偶的一端放在冷端，另一端放在已知沸点或熔点的纯物质中，即热端，组成测量体系，如图 3-1-3 所示。测定一系列待测液的步冷曲线，曲线上水平部分所对应的电动势数值即对应于该物质的沸点或熔点，测得电动势和温度的对应值，则电动势-温度的曲线即为热电偶工作曲线。

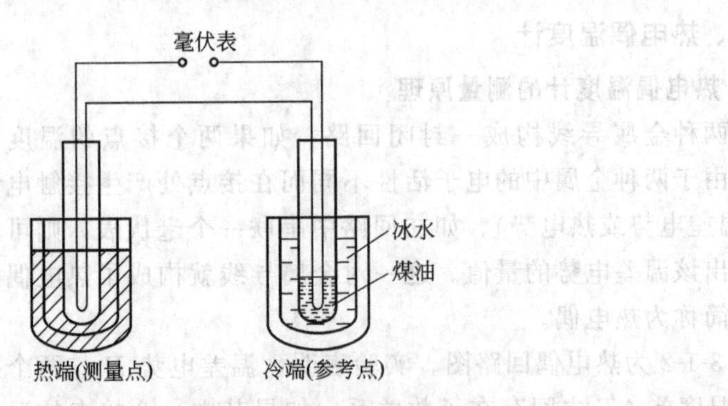

图 3-1-3　热电偶的校正、使用装置

使用这只热电偶时只需读出测量得到的电动势，查刚才所做的热电偶工作曲线，就能得到测量的温度数值。

三、电阻温度计

电阻温度计是根据导体或半导体的电阻随温度变化的规律来测量温度的温度计。用于测温的导体或半导体称为热电阻。

1. 金属电阻温度计

金属电阻温度计主要有铂电阻温度计和铜电阻温度计。铂的化学性质和物理性质稳定性好，电阻随温度变化的重现性高。精密的铂电阻温度计温度范围约为－270～1200℃，其误差可低至万分之一摄氏度，它是能复现国际实用温标的基准温度计。

2. 热敏电阻温度计

热敏电阻温度计是由不同氧化物烧结而成的半导体，常用的为铁、镍、锌等金属的氧化物的混合物。金属氧化物的阻值 R 与温度 T 的关系可用下式表示：

$$R=A\mathrm{e}^{-B/T}$$

式中，A、B 为常数，A 值取决于材料的形状及大小，B 值为材料的物理特性常数。采用电桥测定热敏电阻的电阻值以指示温度。

热敏电阻的电阻值 R 与温度 T 之间并非呈线性关系，但当用来测量较小的温度范围时，则近似为线性关系。实验证明，用热敏电阻温度计测温差的精度可达 0.01℃，而且具有热容小、反应快、便于自动记录等优点。

四、SWC-Ⅱ$_D$ 精密数字温度温差仪

在物理化学实验中，对系统的温差进行精确测量时（如燃烧焓、溶解热和中和热的测定），以往都是使用水银贝克曼温度计。这种水银贝克曼温度计使用起来比较麻烦，需要根据被测温度高低，调节水银球的汞量。贝克曼温度计由薄玻璃制成，比一般水银温度计长得多，存放和使用时易损坏。

SWC-Ⅱ$_D$ 精密数字温度温差仪是采用温度传感器（如铂电阻、热电偶等），将温度的变化转化为电信号的变化，然后再将电信号通过数模转化为数字信号，通过显示器显示出来。

SWC-Ⅱ$_D$ 精密数字温度温差仪的精度高、测量范围宽、操作简单，使用时对基温自动选择不需要像水银贝克曼温度计一样调节水银球中汞的量，此外它还具有定时报警、基准温差采零、基温锁定等功能。

1. SWC-Ⅱ$_D$ 数字控温仪的结构

SWC-Ⅱ$_D$ 数字控温仪由一个温度传感器和一个控制器构成。使用前将温度传感器Ⅰ插在控制器后方的面板中。

图 3-1-4 为 SWC-Ⅱ$_D$ 数字控温仪操作面板。

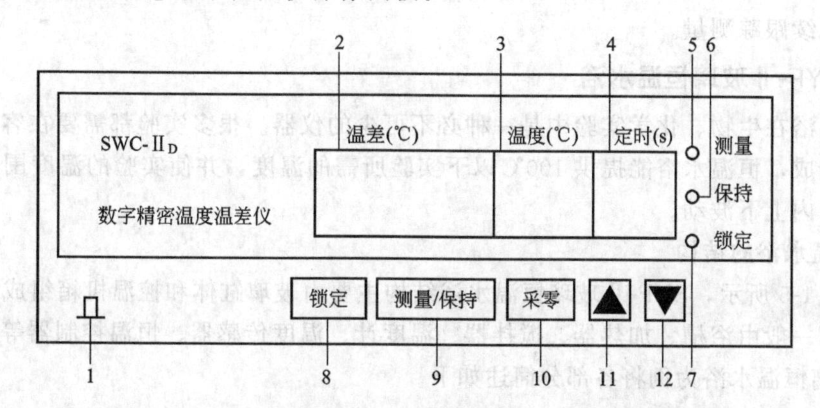

图 3-1-4 SWC-Ⅱ$_D$ 数字控温仪操作面板示意图

1—电源开关；2—温差显示窗口；3—温度显示窗口；4—定时窗口；5—测量指示灯；6—保持指示灯；7—锁定指示灯；8—锁定键；9—测量/保持键；10—采零键；11—增时键；12—减时键

2. 使用方法

（1）将温度传感器插入被测液体中，数字精密温度温差仪上就显示实际的温度，同时根据被测物的温度，自动选择合适的基温，显示温差如图 3-1-4 所示。基温选择的标准见表3-1-2。

表 3-1-2 基温选择的标准 单位：℃

温度 t	基温① t_0	温度 t	基温 t_0
$t<-10$	-20	$50<t<70$	60
$-10<t<10$	0	$70<t<90$	80
$10<t<30$	20	$90<t<110$	100
$30<t<50$	40	$110<t<130$	120

① 基温 t_0 不一定为绝对准确值，为标准温度的近似值。

注：温差显示为被测物体实际温度 t 与基温 t_0 的差值。

（2）实验中需要测量的温差往往是从一个过程的始态到终态温度的变化值，操作面板显示的温度和温差都可以作为始态的数值和终态的数值，但是温差数值的精密度可达小数点以后三位，更加精确。为了温度的变化值测量得更加精确，往往将现有的绝对温度（实际温度）作为基温，按“采零”键是将现有的绝对温度（实际温度）作为基温，此时温差显示的是实际温度与采零时的实际温度的差值。由于采零时的实际温度为基温，所以采零时温差会显示零。采零后若实际温度升高，温差显示为正数，若实际温度下降，温差显示为负数。

(3) 采零后的温差应保持以采零时的实际温度为基温，所以应及时地按下“锁定”键，使仪器将基温锁定为采零时的实际温度。若未按“锁定”键，半小时以后基温将恢复到仪器自动选择的状态。

(4) 按住“▲”键或“▼”键不放，直至定时栏的数值为记录温差的间隔时间。当松开按键后，时间就开始倒计时。

(5) 需记录温度和温差时，可按“测量/保持”键，使仪器处于保持状态（此时保持指示灯亮），仪器上的数值不再变化，读数完毕后，再按一下“测量/保持”键，即可转换为测量状态，继续跟踪测量。

五、SYP-Ⅱ玻璃恒温水浴

恒温水浴在生物、化学实验中是一种必不可少的仪器。很多实验都需要在客观温度恒定的条件下完成，恒温水浴能提供100℃以下实验所需的温度，并使实验的温度围绕设定温度在一定范围内上下波动。

1. 恒温水浴的结构

如图 3-1-5 所示，SYP-Ⅱ玻璃恒温水浴结构主要由玻璃缸体和控温机箱组成。

恒温槽一般由浴槽、加热器、搅拌器、温度计、温度传感器、恒温控制器等组成。现以SYP-Ⅱ玻璃恒温水浴为例将各部分简述如下。

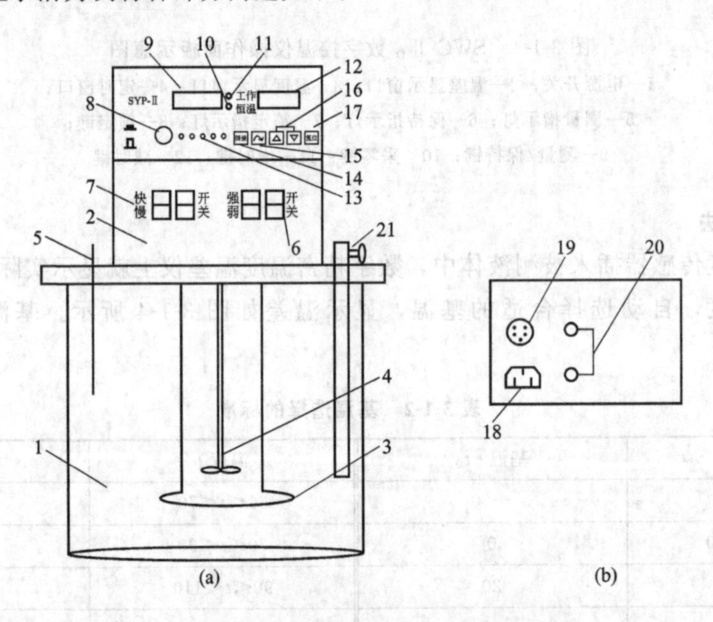

图 3-1-5　SYP-Ⅱ玻璃恒温水浴结构示意图

1—玻璃缸体；2—控温机箱；3—加热器；4—搅拌器；5—温度传感器；6—加热器开关；7—搅拌电源开关；8—控温电源开关；9—温度显示窗口；10—恒温指示灯；11—工作指示灯；12—设定温度显示窗口；13—回差指示灯；14—回差键；15—移位键；16—增、减键；17—复位键；18—电源插座；19—温度传感器；20—保险丝座；21—可升降支架（夹温度计）

(1) 浴槽　采用玻璃槽，使实验中的现象便于观察。物理化学实验一般采用蒸馏水作介质，恒温超过 90℃时，可采用甘油、甘油水溶液或液体石蜡。

(2) 加热器　如果恒温的温度高于室温，则需要不断向槽中供给热量，以补偿其向环境散失的热量，通常采用电加热器间歇地加热介质来实现恒温控制。加热器需要用热容量小、导热性能好的材质制作。

(3) 搅拌器　搅拌器使恒温槽内液体的温度尽可能地均匀一致。在电动机的带动下搅拌器随之转动，搅拌器的转速可以用变阻器调节。搅拌器的转速、安装位置对恒温效果有影响。

(4) 温度传感器　它是恒温槽的感觉中枢，其作用是当恒温槽的温度高于或低于设定温度时发出信号，命令执行机构停止加热或加热。温度传感器的种类很多，如热电偶、热敏电阻温度计等。

(5) 恒温控制器　它是控制温度的执行机构，控制加热器工作或停止工作。

2. 恒温水浴的使用方法

(1) 向玻璃缸体 1 内注入其容积 2/3～3/4 的自来水（可根据实际需要而定)。

(2) 用配备的电源线将控温机箱后面板连接起来，打开控温电源开关。

(3) 按“回差”键，如图 3-1-6 所示，回差将依次显示 0.5→0.4→0.3→0.2→0.1。选择所需的回差键即可。

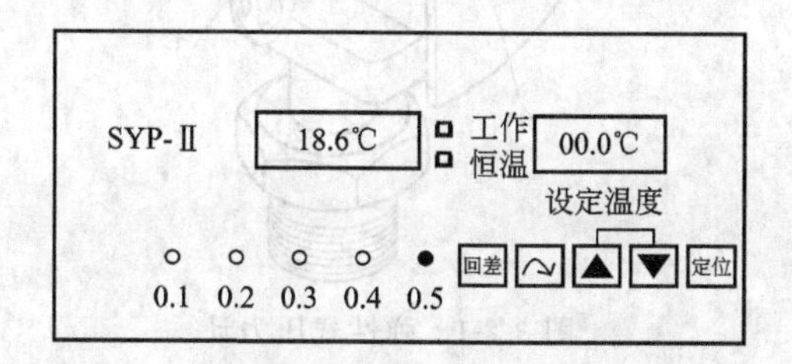

图 3-1-6　接通电源后温度显示窗口初始状态

(4) 控制温度的设置：如将恒温槽设定到 28.0℃，如图 3-1-6 所示，可按动⍉键，右侧显示屏设定温度上的第一位数字（百位数字）将闪烁；继续按动⍉键，第二位数字（十位数字）将闪烁，此时闪烁的数位数值可调节。按动“▲”键，此位将逐次显示“0”、“1”、“2”，直到显示“2”时停止按动“▲”键；继续按动⍉键，第三位数字（个位数字）将闪烁，再按动“▼”键，此位将逐次显示“9”、“8”，直到显示“8”时停止按动“▼”键；此时温度并未设定完成，按动⍉键，直到设定温度显示窗口的最后一位“0”不再闪烁，“工作”指示灯亮。此时设定温度显示窗口显示值即为设定的温度值 28.0℃。

注意：最低设定温度大于环境温度 5℃时控温较为理想。

(5) 设置完毕，仪表即进入自动升温控温状态。打开玻璃恒温水浴的加热器开关和水搅拌开关。需要慢搅拌时可将“水搅拌”置于“慢”位置，通常情况下置于“快”位置即可。升温过程中为使升温速度尽可能快，可将加热器功率置于“强”位置。当温度接近设定温度 2～3℃时，将加热器功率置于“弱”的位置，以便达到较为理想的控温效果。

(6) 系统温度达到设定温度时，工作指示灯自动转换到恒温状态，恒温指示灯亮。此后，控温系统根据回差值设置的大小进行自动恒温。

衡量恒温水浴的品质好坏，可以用恒温水浴灵敏度来衡量。通常以实测的最高温度与最低温度值之差的一半来表示其灵敏度。

第二节　压力计与控制仪

一、弹性式压力计

弹性式压力计是利用各种不同形状的弹性元件在压力下产生变形的原理制成的压力测量仪表。

当压力计受到压力时，弹性元件（图 3-2-1 压力计中的弹簧管）发生形变，推动表盘上的指针发生偏转。弹性式压力计适用方便，测量范围大，但比起 U 形管压力计测量精度低。使用时，将弹性式压力计的接口接到需要测定的设备上即可读数，此压力计往往用于测定气体或液体的压力。

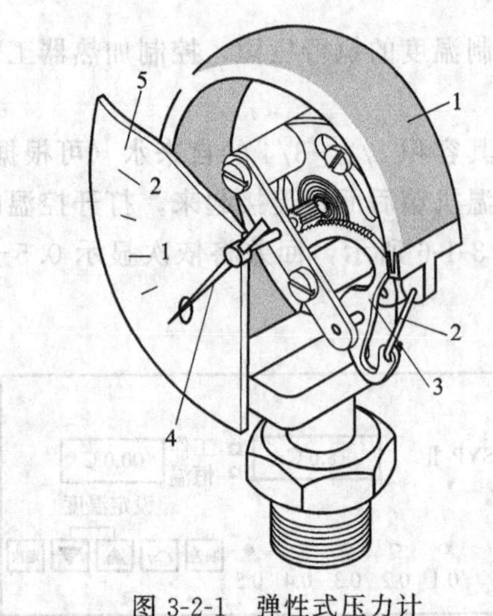

图 3-2-1　弹性式压力计

1—弹簧管；2—拉杆；3—扇形齿轮（传动机构）；4—指针；5—表盘

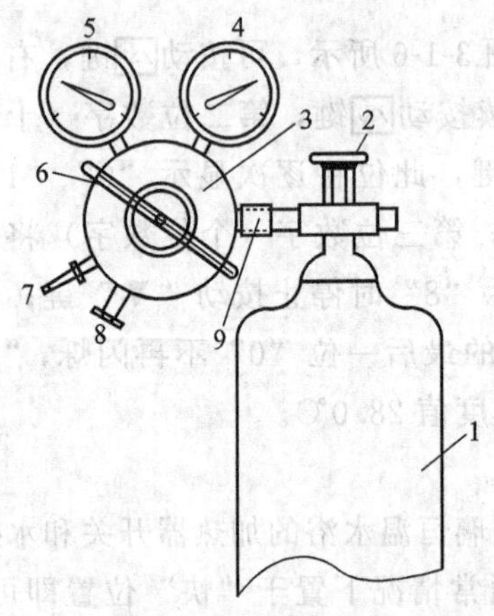

图 3-2-2　安装在气体钢瓶上的氧气减压阀示意图

1—钢瓶；2—钢瓶开关；3—减压阀；4—高压表；5—低压表；6—低压表压力调节螺杆；7—出口；8—安全阀；9—钢瓶与减压表连接螺母

二、气体钢瓶减压阀

在实验室中经常要用到氧气、二氧化碳、氮气等气体，而这些气体储存在专用的高压气体钢瓶中。钢瓶中的气体为高压气体，实验过程中需要将这些高压气体降低到所需要的压力值，这时需要在高压气体钢瓶的出口安装减压阀。

如图 3-2-2 所示，将减压阀连接在高压气体钢瓶的出口上，出口气体的压力由低压表压力调节螺杆调节到所需压力。

1. 工作原理

如图 3-2-3 所示，打开钢瓶开关后，钢瓶中的气体首先进入减压阀的高压气室。顺时针转动低压表压力调节螺杆，使其压缩主弹簧并通过弹簧垫块、传动薄膜和顶杆而将活门打开，使进口的高压气体由高压室经节流减压后进入低压气室，并经出口通往工作系统。

减压阀都装有安全阀。它是减压阀安全使用的装置，也是减压阀出现故障的信号装置。如果由于活门垫、活门损坏或由于其他原因，导致低压气室压力自行上升并超过一定许可值时，安全阀会自动打开排气。

氧气减压阀有许多规格。大多数氧气减压阀的最高进口压力为 15MPa，最低进口压力不小于出口压力的 2.5 倍。

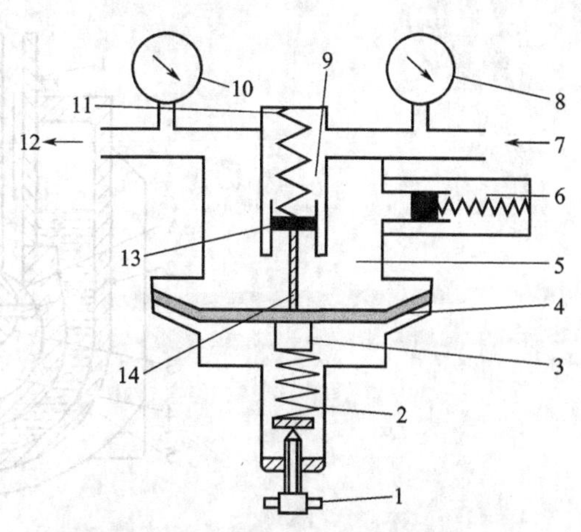

图 3-2-3　氧气减压阀工作原理示意图

1—低压表压力调节螺杆；2—主弹簧；3—弹簧垫块；4—传动薄膜；5—低压气室；6—安全阀；7—进口（接气体钢瓶）；8—高压表；9—高压气室；10—低压表；11—压缩弹簧；12—出口（接使用系统）；13—活门；14—顶杆

2. 使用方法

采用连接螺母将减压阀连接在钢瓶上，用肥皂水检查接口气密性，看是否漏气。首先打开钢瓶的开关，高压表的读数则为钢瓶中的气体压力，然后再打开低压表压力调节螺杆，出口的气体压力则为低压表的读数。当工作结束后，先要关闭钢瓶开关，然后打开低压表压力调节螺杆将减压阀中的气体全部排出，最后把刚才打开的阀门关好，即逆时针方向转动低压表压力调节螺杆，直到调节弹簧不受压为止。

3. 注意事项

（1）把气瓶固定在专用推车上，务必不能使气瓶翻倒在地上。

（2）逆时针转动低压表压力调节螺杆是将出口关闭，当调节螺杆很松时（即调节弹簧不受压）为出口完全关闭。

（3）将减压阀连接在钢瓶上后，检查气密性，避免漏气。要检查是否漏气，先把气瓶开关和低压表压力调节螺杆关好，然后逆时针方向把气瓶开关打开一圈，然后再关闭。如果高压表读数减小，那么就是减压阀高压部分或气瓶与减压阀接口处漏气。随后再顺时针方向把低压表压力调节螺杆打开，如果低压表读数减小，那么就是减压阀低压部分或减压阀后面的管路或仪器漏气。

（4）打开钢瓶开关和低压表压力调节螺杆时不要站在减压阀的正面或背面。在打开钢瓶开关前先要把低压表压力调节螺杆关闭，即逆时针方向旋到调节弹簧不受压为止。

（5）低压表压力调节螺杆应缓慢开启至所需压力读数。如果打开得过大，压力太高的话应旋松调节螺杆，放出一部分气后重新调节。

（6）在实验结束时，先关闭钢瓶开关，低压表压力调节螺杆保持开启状态，直至高压表和低压表的读数归零，最后关闭低压表压力调节螺杆。

三、旋片真空泵

如图 3-2-4 所示，旋片真空泵主要由转子、旋片、弹簧等零件组成。利用偏心的转子（转子的外圆与泵体的内表面相切，两者之间的间隙非常小）的转动，转子槽内滑动的两块旋片借助弹簧张力和离心力紧贴在泵体内壁，当转子旋转时，旋片始终沿泵腔的内壁滑动。

1. 工作原理

两个旋片把转子、泵腔所围成的月牙形空间分隔成 A、B、C 三个部分，当转子按图示方向旋转时，与进气嘴相通的空间 A 的容积不断地增大，A 空间的压强不断降低，当 A 空间内的压强低于被抽容器内的压强，被抽的气体不断地被抽进泵腔 A，此时正处于吸气过

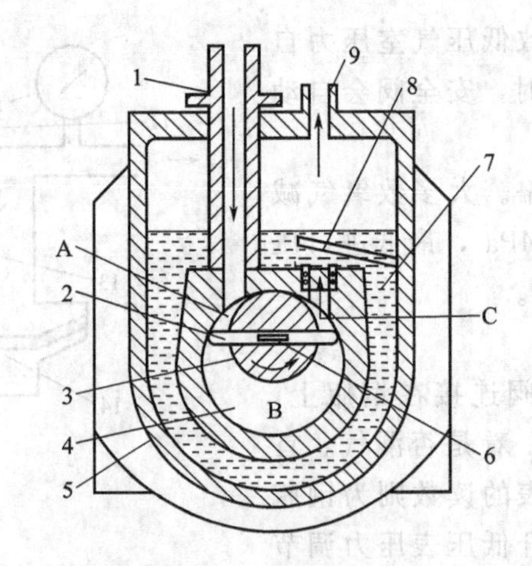

图 3-2-4 旋片真空泵

1—进气嘴；2—旋片；3—转子；4—泵腔；5—油箱；
6—旋片弹簧；7—泵油；8—排气阀；9—排气嘴

程。B腔空间的容积正逐渐减小，压力不断地增大，此时正处于压缩过程。而与排气嘴相通的空间C的容积进一步减小，C空间的压强进一步升高，当气体的压强大于排气压强时，被压缩的气体推开排气阀，被抽的气体不断地穿过油箱内的油层而排至大气中。在泵的连续运转中，不断地吸气、压缩、排气，从而达到连续抽气的目的。

2. 注意事项

(1) 在使用真空泵前，将进气嘴与被抽容器连接。判断哪是进气嘴，哪是排气嘴，可根据泵上的标示。若无标示可把护套倒放在泵口上，如开泵后被吸住，是进气嘴，被吹落，是排气嘴。

(2) 在真空泵开启之前，先将被抽容器通大气，并打开泵与被抽容器之间的阀门。

(3) 开泵以后，逐渐关闭被抽容器中通大气的阀门，使压力缓慢降低。

(4) 关泵前，先关闭泵与被抽容器之间的阀门，然后再关泵。因为关泵后，泵腔中的压力为常压，被抽容器中的压力低于泵腔中的压力，先关闭泵与被抽容器之间的阀门可避免泵油倒灌到被抽容器中。

第三节 WLS-2数字恒流电源

物理化学实验中常常采用功率恒定的恒流电源电加热，例如实验中和热的测定、双液系相图的绘制。在实验中，需将电源调到所需的电压和电流，控制加热功率的大小。

1. 使用方法

如图 3-3-1 所示，将电线（电线没有正负极之分）连接在恒流电源的正极和负极上，再将连接正极和负极的电线与加热器上的两极相连（加热器上的两极没有正负极之分）。打开恒流电源的开关，显示器上显示的是输出电压和输出电流。先旋转“粗调旋钮”，调节到所需输出电压附近，往往粗调是以个位为最小单位，然后再通过“微调旋钮”调节至所需电压。在调节电压时，电流也会随之变化。

2. 注意事项

(1) 数字恒流电源输出的最大电压是15V，为安全电压。

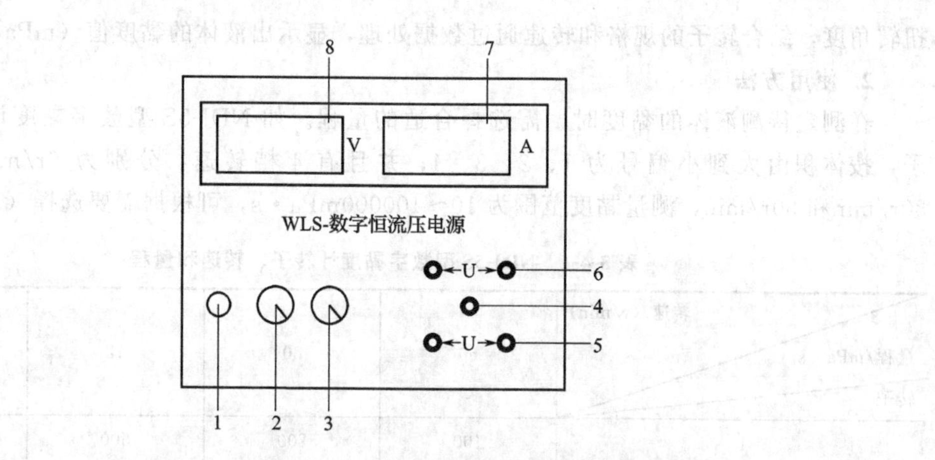

图 3-3-1　WLS-2 数字恒流电源操作面板示意图

1—开关；2—粗调旋钮；3—细调旋钮；4—接地插孔；5—负极插孔；
6—正极插孔；7—输出电流显示；8—输出电压显示

(2) 连接恒流电源正极和负极的电线不能短接或接触打火。

(3) 电源线连接加热器前，先加入液体防止通电后加热器干烧。

第四节　旋转黏度计

当流体流动时，在流动着的液体层之间存在着沿流体层切面方向的内部摩擦力，如果要使液体通过管子，必须消耗一部分功来克服这种流动的阻力。在液体沿着与管壁平行的方向低速前进时，最靠近管壁的液体实际上是静止的，与管壁距离愈远，流动的速度也愈大。流层之间的切向力 F 与两层间的接触面积 A 和速度差 $\mathrm{d}u$ 成正比，与两层间的距离 $\mathrm{d}x$ 成反比：

$$F=\eta A\frac{\mathrm{d}u}{\mathrm{d}x} \tag{3-4-1}$$

式中，η 是比例系数，称为液体的黏度系数，简称黏度。在 SI 制中用帕斯卡·秒（Pa·s）表示。黏度可用旋转黏度计和乌氏黏度计等测量。液体黏度的测定方法主要有以下三种。

(1) 测定液体在毛细管中流过的时间——毛细管法。

(2) 测定圆球在液体中落下的时间——落球法。

(3) 测定液体在同心轴圆柱筒体之间对筒体相对转动的影响——转筒法。

后两种方法适于高、中黏度的溶液，而毛细管法适用于较低黏度、体积较少的溶液。

1. 工作原理

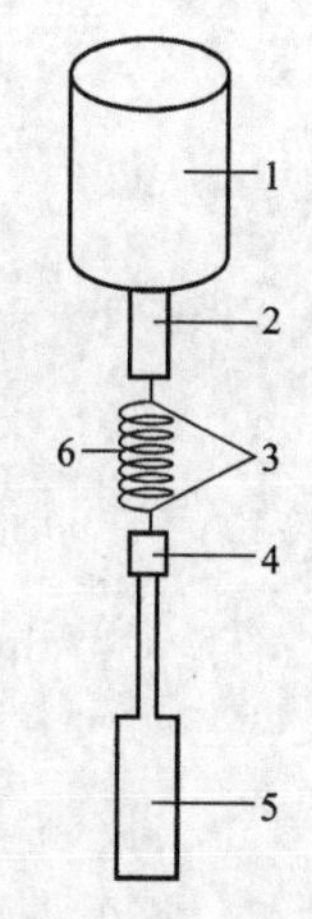

图 3-4-1　旋转黏度计结构图

1—电机；2—转轴；
3—扭矩探测器；4—转子接口；
5—转子；6—游丝

如图 3-4-1 所示，电机以稳定的速度通过转轴和游丝带动转子转动。如果转子未受到液体的阻力，则游丝与转轴同速旋转。反之，如果转子受到液体的黏滞阻力，则游丝产生扭矩与黏滞阻力抗衡，最后达到平衡。这时扭矩探测器探测出游丝的扭转角度，结合转子的规格和转速通过数据处理，显示出液体的黏度值（mPa · s）。

2. 使用方法

在测定待测液体的黏度时，需选择合适的量程。如 NDJ-5S 型数字黏度计配有 4 种转子，按体积由大到小编号为 1、2、3、4；并且有 4 档转速，分别为 6r/min、12r/min、30r/min和 60r/min，测量黏度范围为 10～100000mPa · s，可根据需要选择（表 3-4-1）。

表 3-4-1　NDJ-5S 型数字黏度计转子、转速和量程

量程/mPa · s（转速/(r/min)；转子）	60	30	12	6
1	100	200	500	1000
2	500	1000	2500	5000
3	2000	4000	10000	20000
4	10000	20000	50000	100000

（1）先大约估计被测液体的黏度范围，然后根据量程表选择适当的转子和转速。例如，测定约 3000mPa · s 的液体，可以选用下列配合：2 号转子和 6r/min 或 3 号转子和 30r/min。

（2）若估计不出液体的大致黏度时，应假定为较高黏度，试用由小到大的转子（指体积）和由慢到快的转速。原则是：高黏度的液体选用小的转子、慢的转速；低黏度的液体选用大的转子、快的转速。

（3）如图 3-4-1 所示，将选配好的转子旋入转子接口。旋转升降旋钮，使仪器缓慢地下降，转子逐渐浸入被测液体中，直至转子液面标志和液面相平为止，再调整仪器水平。

（4）如图 3-4-2 所示，打开电源开关。按“转速”键，使显示窗显示所需转速，按“转子”键使显示器上显示的转子编号与所选转子对应。然后按一次“测量”键，开始测量黏度值，此时显示黏度值单位（mPa · s），最好使测量值占量程的 50%～80%，若过高或过低

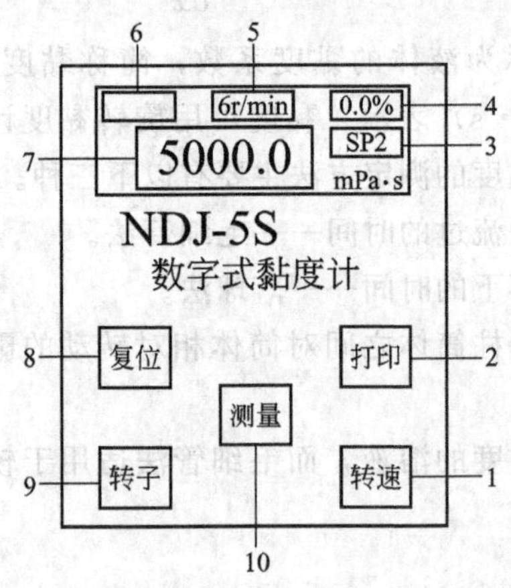

图 3-4-2　NDJ-5S 型数字黏度计操作面板示意图

1—转速键；2—打印键；3—转子显示值；4—百分数显示值；
5—转速显示值；6—游丝；7—黏度显示值；8—复位键；
9—转子键；10—测量键

以现在测量的数值计算合理的量程，再次选择转子和转速。

3. 注意事项

(1) 在安装转子前，先装上保护架，避免转子在下降时被折断。

(2) 装卸转子时应小心操作，装拆时应将连接螺杆微微抬起进行操作，左手扶住转子接口，不使游丝转动，避免旋转拆下转子时，游丝受力过大灵敏度降低。不要使转子横向受力，以免游丝弯曲。

(3) 连接转子接口和转子连接端面及螺纹处应保持清洁，否则将影响转子的正确连接及转动时的稳定性。

(4) 仪器升降时应用手托仪器，防止仪器自重坠落。

(5) 尽可能使转子置于容器中心和液面标志线，并调节仪器两脚的高度，直至旋转黏度计顶上的水平仪中的水平泡进入圈内。(注意：调节水平是在按“测量”键前进行的。)

(6) 测量时精确控制被测液体的温度，转子和保护架与被测液温度一致。保持被测液体的均匀且无气泡，并且防止转子浸入液体时有气泡黏附于转子的表面。

(7) 每次使用完毕应先旋下转子并及时清洗(不得在仪器上进行转子清洗)，清洗后要妥善安放于转子架中。

第五节　电导率仪

电导率是衡量电解质溶液导电能力大小的一种性质，它表示溶液传导电流的能力。由于溶液传导电流的能力与离子的数量、离子间的作用力以及温度有关，因此电导率受电解质溶液的浓度和温度的影响。电导率仪是测定电解质溶液的电导率的仪器。

一、工作原理

电导 (L) 是电阻 (R) 的倒数。当电极(通常为铂电极或铂黑电极)插入溶液中，在电极上加上电压，在电极间溶液中的带电离子在电场的作用下发生定向移动，正负电极间会产生电流，电解质溶液也遵循欧姆定律。电解质溶液的电阻和金属电阻一样，与电极间距 l 成正比，与电极的截面积 A 成反比，即

$$R=\rho\frac{l}{A} \tag{3-5-1}$$

式中，ρ 为电阻率，它表示长 1m，截面积为 $1m^2$ 的导体电阻，其大小取决于物质的本性，单位为 $\Omega\cdot m$；l 的单位为 m；A 的单位为 m^2。根据式 (3-5-1) 得

$$L=\frac{1}{R}=\frac{1}{\rho}\frac{A}{l}=\kappa K_{cell} \tag{3-5-2}$$

式中，电导 L 的单位为 S；κ 是电导率，S/m；K_{cell} 是电极常数，m^{-1}。由式 (3-5-2) 可知，当电极常数 K_{cell} 已知，并测出了溶液电阻 R 或电导 L 时，即可求出电导率。

二、使用方法

1. 电导率的测定

(1) 打开电导率仪开关，预热 30min。

如图 3-5-1，按“模式”键，将模式调到电导率状态。

(2) 将电导率仪的电极常数调为与电极上标注的电极常数一致的数值。调节方法：按动“电极常数”按键，屏幕变为电极常数调节状态，在“选择”状态(即黑色阴影在粗调栏)

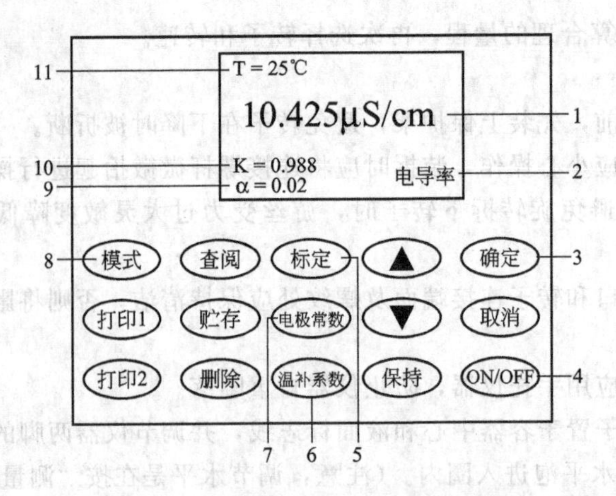

图 3-5-1 电导率仪控制面板示意图

1—显示屏中的电导率数值和单位；2—显示屏中电导率模式；3—"确定"键；4—开关；5—标定；6—"温补系数"键；7—"电极常数"键；8—"模式"键；9—显示屏中温补系数数值；10—显示屏中电极常数数值；11—温度

下按"▼"键和"▲"键，先调节电极常数所在的范围（如 10.0、5.0、1.0、0.1）。若电极常数为 0.988，则应选择 1.0 的范围。继续按"电极常数"按键，变为"调节"状态（即黑色阴影在微调栏），按"▼"键和"▲"键，调节电极常数为准确的数值，如 0.988。最后按"确认"键，仪器自动将电极常数 0.988 存储并返回测量状态，在测量状态中显示此电极常数值。

(3) 若电极上标注的电极常数丢失，则配制一定浓度（1.000mol/L 或 0.1000mol/L）KCl 溶液，电导率见附表 16，用该电极测量溶液的电导率，按下"标定"键，按"▼"键和"▲"键，使仪器显示值与附表 16 提供的电导率值相同，然后按"确认"键。此时仪器将自动计算出电极常数数值并贮存在电导率仪中。

(4) 温补系数调节与计算。一般水溶液电导率测量值的温补系数为 0.02，也可按照下面的方法进行计算。温度补偿的参比温度为 25℃。注意：当电导率仪插上温度传感器后，不论实际的温度是多少，仪器自动按设定的温度系数将电导率补偿到 25℃时的值；不接温度传感器，仪器显示待测溶液未经补偿的原始数值。溶液温补系数的测量方法：

① 将被测液恒温于 25℃的恒温水浴中，使温度保持在 25℃，记录测量的电导率数值 κ_{25}。

② 将被测液恒温于 t 的恒温水浴中，使温度保持在 t 度，记录测量的电导率数值 κ_t。

③ $\kappa_t=\kappa_{25}[1+\alpha(t-25)]$，计算温补系数 α。

注意：在测定温补系数时不可连接温度传感器。

(5) 按"温补系数"键，屏幕变为温补系数调节状态，按"▼"键和"▲"键调节温补系数为所需的数值，然后按"确认"键。因为仪器连接温度传感器时自动将温度补偿到 25℃时的电导率数值，所以温补系数一定要准确。

(6) 将电极和温度传感器同时插入待测液体，液体要浸没电极中的金属片，读出屏幕上显示的电导率和温度，如图 3-5-1 所示。一般情况下所需液体电导率是该液体介质在标准温度（25℃）时的电导率，在设定好温补系数后，连接温度传感器直接测量就能得到 25℃时的电导率了。若所需的电导率数值不是 25℃下的，则拔掉温度传感器，用恒温水浴槽加热待测液到所需温度，再进行测量。

2. TDS的测定

将模式变为"TDS"模式，按"模式"按键，仪器进入TDS测量状态。在测定TDS时温度传感器与仪器连接，测出的数值是温度补偿到25℃时的TDS值。因此必须调节温补系数，温补系数的调节方法与电导率测定中温补系数的调节相同。未连接温度传感器时测量的是待测液实际温度下的盐度数值。

如图3-5-2所示是在TDS的测量状态下，有时还需设置TDS的转换系数。按"电极常数"键，调节仪器的转换系数，然后按确认键，存入仪器。TDS的转换系数的标定方法：先标定好电极常数，使仪器进入"TDS"模式，用蒸馏水清洗电极，用已知电导率的校正液再次清洗电极。将电极浸入温度为25℃的校正液中，待仪器读数稳定后，按下"标定"键，按"▼"键和"▲"键调节仪器显示的TDS数值，使它与表格中的TDS对应，然后按"确认"键。

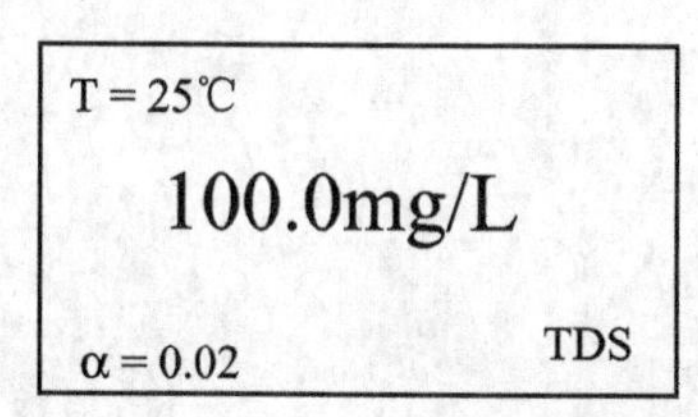

图3-5-2 "TDS"模式数值示意图

表3-5-1 电导率与TDS标准溶液关系

电导率	KCl/(mg/L)	NaCl/(mg/L)	442[①]/(mg/L)
	TDS标准值		
23	11.6	10.7	14.74
84	40.38	38.04	50.5
447	225.6	215.5	300
1413	744.7	702.1	1000
1500	757.1	737.1	1050
2070	1045	1041	1500
2764	1382	1414.8	2062.7
8974	5101	4487	7608
12880	7447	7230	11367
15000	8759	8532	13455
80000	52168	48384	79688

① 442指40% Na_2SO_4、40% $NaHCO_3$、20% NaCl。

3. 盐度的测定

将模式变为盐度模式，按"模式"按键，仪器进入盐度测量状态。在测定盐度时温度传感器与仪器连接，测出的数值是温度补偿到18℃时的盐度值。未连接温度传感器时测量的是待测液实际温度下的盐度数值。

注意：在盐度测定状态下，温度系数已经全部贮存在仪器中，用户不可修改，此时按"温补系数"键不起作用。因此温补系数应在"电导率"模式或"TDS"模式下预先调节好。

三、注意事项

1. 测量前应使电导率仪上显示的电极常数与电极的电极常数一致。

2. 测量前调节好温补系数，并判断是否使用温度传感器。

3. 测量时电极和温度传感器需同时浸没在待测液体中。

4. 若更换待测液体，需用洗瓶冲洗电极和温度传感器，并用滤纸吸干电极和温度传感器上的蒸馏水。注意不可用手触摸电极或按压电极。

附录　物理化学实验常用数据表

附表 1　不同温度下水的密度 ρ

t/℃	ρ/(kg/m³)	t/℃	ρ/(kg/m³)	t/℃	ρ/(kg/m³)	t/℃	ρ/(kg/m³)
0	999.87	15	999.13	30	995.67	45	990.25
1	999.93	16	998.97	31	995.37	46	989.82
2	999.97	17	998.80	32	995.05	47	989.40
3	999.99	18	998.62	33	994.73	48	988.96
4	1000.00	19	998.43	34	994.40	49	988.52
5	999.99	20	998.23	35	994.06	50	988.07
6	999.97	21	998.02	36	993.71	51	987.62
7	999.97	22	997.80	37	993.36	52	987.15
8	999.88	23	997.56	38	992.99	53	986.69
9	999.78	24	997.32	39	992.62	54	986.21
10	999.73	25	997.07	40	992.24	55	985.73
11	999.63	26	996.81	41	991.86	60	983.24
12	999.52	27	996.54	42	991.47	65	980.59
13	999.40	28	996.26	43	991.07	70	977.81
14	999.27	29	995.97	44	990.66	75	974.89

附表 2　不同温度下水的绝对黏度 η

t/℃	η/mPa·s	t/℃	η/mPa·s	t/℃	η/mPa·s	t/℃	η/mPa·s
0	1.7921	13	1.2028	26	0.8737	39	0.6685
1	1.7313	14	1.1709	27	0.8545	40	0.6560
2	1.6728	15	1.1404	28	0.8360	41	0.6439
3	1.6191	16	1.1111	29	0.8180	42	0.6321
4	1.5674	17	1.0828	30	0.8007	43	0.6207
5	1.5188	18	1.0559	31	0.7840	44	0.6097
6	1.4728	19	1.0299	32	0.7679	45	0.5988
7	1.4284	20	1.0050	33	0.7523	46	0.5883
8	1.3860	21	0.9810	34	0.7371	47	0.5782
9	1.3462	22	0.9579	35	0.7225	48	0.5683
10	1.3077	23	0.9359	36	0.7085	49	0.5588
11	1.2713	24	0.9142	37	0.6947		
12	1.2363	25	0.8937	38	0.6814		

附表 3　不同纯度水的电导率

水的类型	特纯水	优质蒸馏水	普通蒸馏水	最优天然水	优质灌溉水	劣质灌溉水	海水
电导率/(μS/m)	$10^{-2}\sim10^{-1}$	$10^{-1}\sim1$	$1\sim10$	$10\sim10^{2}$	$10^{2}\sim10^{3}$	$10^{3}\sim10^{4}$	$10^{4}\sim10^{5}$

附表 4　不同温度下水的折射率 n_D^t

t/℃	n_D^t	t/℃	n_D^t	t/℃	n_D^t	t/℃	n_D^t
10	1.33370	16	1.33331	22	1.33281	28	1.33219
11	1.33365	17	1.33324	23	1.33272	29	1.33208
12	1.33359	18	1.33316	24	1.33263	30	1.33196
13	1.33352	19	1.33307	25	1.33252		
14	1.33346	20	1.33299	26	1.33242		
15	1.33339	21	1.33290	27	1.33231		

附表 5　水和空气界面的表面张力 σ

t/℃	$\sigma\times10^3$/(N/m)	t/℃	$\sigma\times10^3$/(N/m)	t/℃	$\sigma\times10^3$/(N/m)	t/℃	$\sigma\times10^3$/(N/m)
0	75.64	16	73.34	24	72.13	40	69.56
5	74.92	17	73.19	25	71.97	45	68.74
10	74.22	18	73.05	26	71.82	50	67.91
11	74.07	19	72.90	27	71.66	60	66.18
12	73.93	20	72.75	28	71.50	70	64.42
13	73.78	21	72.59	29	71.35	80	62.61
14	73.64	22	72.44	30	71.18	90	60.75
15	73.49	23	72.28	35	70.38	100	58.85

附表 6　几种常用液体的折射率 n_D^t

液体	n_D^t	液体	n_D^t
甲醇	1.3288(20)	四氯化碳	1.4601(20)
乙醚	1.3526(20)	乙苯	1.4959(20)
丙酮	1.3588(20)	甲苯	1.4941(25)
乙醇	1.3611(20)	苯	1.5011(20)
乙酸	1.3720(20)	苯乙烯	1.5440(25)
乙酸乙酯	1.3723(20)	溴苯	1.5597(20)
正己烷	1.3727(25)	苯胺	1.5863(20)
正丁醇	1.3988(20)	溴仿	1.5948(25)
异丙醇	1.3776(20)	一氯甲烷	1.3389(20)
正丙醇	1.3850(20)	环己烷	1.4235(25)
氯仿	1.4459(20)		

注：括号中数字为对应的温度值。

附表7　常用液体的绝对黏度 η

物质	t/℃	η/mPa·s	物质	t/℃	η/mPa·s
甲醇	0	0.82	丙酮	0	0.399
	15	0.623		15	0.337
	20	0.597		25	0.316
	25	0.547		30	0.295
	30	0.510		41	0.280
	40	0.456	乙酸	15	1.31
	50	0.403		18	1.30
乙醇	0	1.733		25.2	1.55
	10	1.466		30	1.04
	20	1.200		41	1.00
	30	1.003		59	0.70
	40	0.834		70	0.60
	50	0.702		100	0.43
	60	0.592	苯	0	0.912
	70	0.504		10	0.758
甲苯	0	0.772		20	0.652
	17	0.61		30	0.564
	20	0.590		40	0.503
	30	0.526		50	0.442
	40	0.471		60	0.392
	70	0.354		70	0.358
乙苯	17	0.691		80	0.329

附表8　几种常用物质的凝固点和摩尔凝固点降低常数

溶剂	凝固点 T_f^*/℃	K_f/(K·kg/mol)	溶剂	凝固点 T_f^*/℃	K_f/(K·kg/mol)
环己烷	6.54	20.0	酚	40.90	7.40
溴仿	8.05	14.4	萘	80.290	6.94
乙酸	16.66	3.90	樟脑	178.75	37.7
苯	5.533	5.12	水	0.0	1.853

附表9　乙醇-环己烷溶液的折射率-组成关系图（25℃）

x(环己烷)	0.00	0.1008	0.2052	0.2911	0.4059	0.5017
$n_D^{25℃}$	1.35935	1.36867	1.37766	1.38412	1.39216	1.39836
x(环己烷)	0.5984	0.7013	0.7950	0.8970	1.00	
$n_D^{25℃}$	1.40342	1.40890	1.41356	1.41855	1.42338	

附表 10 几种有机化合物的标准摩尔燃烧热

物质		$-\Delta_c H_m^\ominus$ /(kJ/mol)	物质		$-\Delta_c H_m^\ominus$ /(kJ/mol)
$CH_4(g)$	甲烷	890.31	$C_6H_5COOH(s)$	苯甲酸	3226.9
$C_2H_6(g)$	乙烷	1559.8	$C_6H_5COOCH_3(l)$	苯甲酸甲酯	3957.6
$C_3H_8(g)$	丙烷	2219.9	$C_4H_9OH(l)$	正丁醇	2675.8
$C_5H_{12}(g)$	正戊烷	3536.1	$(C_2H_5)_2O(l)$	二乙醚	2751.1
$C_6H_{14}(l)$	正己烷	4163.1	$HCHO(g)$	甲醛	570.78
$C_2H_4(g)$	乙烯	1411.0	$CH_3CHO(l)$	乙醛	1166.4
$C_2H_2(g)$	乙炔	1299.6	$C_2H_5CHO(l)$	丙醛	1816.3
$C_3H_6(g)$	环丙烷	2091.5	$(CH_3)_2CO(l)$	丙酮	1790.4
$C_4H_8(l)$	环丁烷	2720.5	$HCOOH(l)$	甲酸	254.6
$C_5H_{16}(l)$	环戊烷	3290.9	$CH_3COOH(l)$	乙酸	874.54
$C_6H_{12}(l)$	环己烷	3919.9	$C_2H_5COOH(l)$	丙酸	1527.3
$C_6H_6(l)$	苯	3267.5	$CH_2CHCOOH(l)$	丙烯酸	1368.2
$C_{10}H_8(s)$	萘	5153.9	$C_3H_7COOH(l)$	正丁酸	2183.5
$CH_3OH(l)$	甲醇	726.51	$(CH_3CO)_2O(l)$	乙酸酐	1806.2
$C_2H_5OH(l)$	乙醇	1366.8	$C_{12}H_{22}O_{11}(s)$	蔗糖	5640.9
$C_3H_7OH(l)$	正丙醇	2019.8	$CH_3NH_2(l)$	甲胺	1060.6
$HCOOCH_3(l)$	甲酸甲酯	979.5	$C_2H_5NH_2(l)$	乙胺	1713.3
$C_6H_5OH(s)$	苯酚	3053.5	$(NH_2)_2CO(s)$	尿素	631.66
$C_6H_5CHO(l)$	苯甲醛	3527.9	$C_5H_5N(l)$	吡啶	2782.4

附表 11 乙醇的饱和蒸气压 p

t/℃	p/kPa	t/℃	p/kPa	t/℃	p/kPa	t/℃	p/kPa
0	1.63	25	7.96	50	29.53	75	88.77
5	2.30	30	10.56	55	37.36	78.3	101.33
10	3.20	35	13.85	60	46.89	80	108.36
15	4.39	40	17.99	65	58.42	85	131.45
20	5.94	45	23.15	70	72.26	90	158.51

附表 12 一些液体的饱和蒸气压

$$\lg p = A - B/\ (C+t)$$

p 为蒸气压（Pa）；t 为温度（℃）；A、B、C 为常数

物质	化学式	A	B	C	温度范围/℃
丙酮	C_3H_6O	9.24210	1210.595	229.664	液态
苯	C_6H_6	9.03059	1211.033	220.790	8～103
甲苯	C_7H_8	9.07958	1344.80	219.482	—
甲醇	CH_4O	10.0224	1474.08	229.13	−14～65
乙醇	C_2H_6O	10.4460	1718.10	237.53	−2～100
乙酸	$C_2H_4O_2$	9.92801	1651.2	225	0～36
		9.3130	1416.7	211	36～170
乙酸乙酯	$C_4H_8O_2$	9.22302	1238.71	217.0	−20～150
氯仿	$CHCl_3$	9.02822	1163.03	227.4	−30～150
四氯化碳	CCl_4	9.05884	1242.43	230.0	—
环己烷	C_6H_{12}	8.96992	1203.526	222.863	−50～220
乙醚	$C_2H_{10}O$	8.9107	994.195	220.0	—

附表 13　几种常用液体的沸点和沸点时的摩尔气化热 $\Delta_{vap}H_m$

物质	沸点/K	$\Delta_{vap}H_m$/(kJ/mol)	物质	沸点/K	$\Delta_{vap}H_m$/(kJ/mol)
水	373.2	40.679	正丁醇	390.0	43.822
环己烷	353.9	30.143	丙酮	329.4	30.254
苯	353.3	30.714	乙醚	307.8	17.588
甲苯	383.8	33.463	乙酸	391.5	24.323
甲醇	337.9	35.233	氯仿	334.7	29.469
乙醇	351.5	39.380	硝基苯	483.2	40.742
丙醇	355.5	40.080	二硫化碳	319.5	26.789

附表 14　常压下共沸物的沸点和组成

共沸物		共沸物的性质	
A 组分	B 组分	沸点/℃	组成(A 组分的质量分数)/%
苯	乙醇	67.9	68.3
环己烷	乙醇	64.8	70.8
正己烷	乙醇	58.7	79.0
乙酸乙酯	乙醇	71.8	69.0
乙酸乙酯	环己烷	71.6	56.0
异丙醇	环己烷	69.4	32.0

附表 15　不同温度下 AgCl 的溶度积 K_{sp}

温度/℃	4.70	9.70	25.0	50.0
K_{sp}	0.21×10^{-10}	0.37×10^{-10}	1.56×10^{-10}	14.2×10^{-10}

附表 16　KCl 不同浓度和温度的电导率

c/(mol/L) \ t/℃	κ/(S/m)			
	1.000	0.1000	0.0200	0.0100
0	6.541	0.715	0.1521	0.0776
5	7.414	0.822	0.1752	0.0896
10	8.319	0.933	0.1994	0.1020
15	9.252	1.048	0.2243	0.1147
20	10.207	1.167	0.2501	0.1278
25	11.180	1.288	0.2765	0.1413
26	11.377	1.313	0.2819	0.1441
27	11.574	1.337	0.2873	0.1468
28		1.362	0.2927	0.1496
29		1.387	0.2981	0.1524
30		1.412	0.3036	0.1552
35		1.539	0.3312	

附表 17 乙酸的电离度 α 和电离平衡常数 $K^{\ominus}$（25℃）

$c/(mol/m^3)$	α	$K^{\ominus}\times10^5$
0.2184	0.2477	1.751
1.028	0.1238	1.751
2.414	0.0829	1.750
3.441	0.0702	1.750
5.912	0.05401	1.749
9.842	0.04223	1.747
12.83	0.03710	1.743
20.00	0.02987	1.738
50.00	0.01905	1.721
100.00	0.01350	1.695
200.00	0.00949	1.645

附表 18 离子无限稀释的摩尔电导率

离子	$\Lambda_m^{\infty}/(10^4\ S\cdot m^2/mol)$			
	0℃	18℃	25℃	50℃
H^+	225	315	349.8	464
K^+	40.7	63.9	73.5	114
Na^+	26.5	42.8	50.1	82
NH_4^+	40.2	63.9	73.5	115
Ag^+	33.1	53.5	61.9	101
$\frac{1}{2}Ba^{2+}$	34.0	54.6	63.6	104
$\frac{1}{2}Ca^{2+}$	31.2	50.7	59.8	96.2
OH^-	105	171	198.3	284
Cl^-	41.0	66.0	76.3	116
NO_3^-	40.0	62.3	71.5	104
CH_3COO^-	20.0	32.5	40.9	67
$\frac{1}{2}SO_4^{2-}$	41	68.4	80.0	125
$\frac{1}{4}[Fe(CN)_6]^{4-}$	58	95	110.5	173

附表 19 某些表面活性剂的临界胶束浓度

表面活性剂	温度/℃	CMC/(mol/L)
氯化十六烷基三甲基胺	25	1.6×10^{-2}
溴化十六烷基三甲基胺		9.12×10^{-5}
溴化十六烷基化吡啶		1.23×10^{-2}
辛烷基磺酸钠	25	1.5×10^{-1}
辛烷基硫酸钠	40	1.36×10^{-1}
十二烷基硫酸钠	40	8.6×10^{-3}
十四烷基硫酸钠	40	2.4×10^{-3}
十六烷基硫酸钠	40	5.8×10^{-4}
十八烷基硫酸钠	40	1.7×10^{-4}

续表

表面活性剂	温度/℃	CMC/(mol/L)
硬脂酸钾	50	4.5×10^{-4}
氯化十二烷基铵	25	1.6×10^{-2}
月桂酸钾	25	1.25×10^{-2}
十二烷基磺酸钠	25	9.0×10^{-3}
十二烷基聚乙二醇(6)基醚	25	8.7×10^{-5}
丁二酸二辛基磺酸钠		1.24×10^{-2}
蔗糖单月桂酸酯		2.38×10^{-2}
蔗糖单棕榈酸酯		9.5×10^{-2}
油酸钾	50	1.2×10^{-3}
对十二烷基苯磺酸钠	25	1.4×10^{-2}
吐温 20	25	6×10^{-2}(以下数据的单位是 g/L)
吐温 40	25	3.1×10^{-2}
吐温 60	25	2.8×10^{-2}
吐温 65	25	5.0×10^{-2}
吐温 80	25	1.4×10^{-2}
吐温 85	25	2.3×10^{-2}

附表 20　25℃时在水溶液中一些电极的标准电极电势

标准态压力 $p^{\ominus}=100\text{kPa}$

电极	电极反应	$\varphi^{\ominus}$/V
	第一类电极	
$Li^{+}\|Li$	$Li^{+}+e^{-}\rightleftharpoons Li$	−3.045
$K^{+}\|K$	$K^{+}+e^{-}\rightleftharpoons K$	−2.924
$Ba^{2+}\|Ba$	$Ba^{2+}+2e^{-}\rightleftharpoons Ba$	−2.90
$Ca^{2+}\|Ca$	$Ca^{2+}+2e^{-}\rightleftharpoons Ca$	−2.76
$Na^{+}\|Na$	$Na^{+}+e^{-}\rightleftharpoons Na$	−2.7111
$Mg^{2+}\|Mg$	$Mg^{2+}+2e^{-}\rightleftharpoons Mg$	−2.375
$OH^{-},H_2O\|H_2(g)\|Pt$	$2H_2O+2e^{-}\rightleftharpoons H_2(g)+2OH^{-}$	−0.8277
$Zn^{2+}\|Zn$	$Zn^{2+}+2e^{-}\rightleftharpoons Zn$	−0.7630
$Cr^{3+}\|Cr$	$Cr^{3+}+3e^{-}\rightleftharpoons Cr$	−0.74
$Cd^{2+}\|Cd$	$Cd^{2+}+2e^{-}\rightleftharpoons Cd$	−0.4028
$Co^{2+}\|Co$	$Co^{2+}+2e^{-}\rightleftharpoons Co$	−0.28
$Ni^{2+}\|Ni$	$Ni^{2+}+2e^{-}\rightleftharpoons Ni$	−0.23
$Sn^{2+}\|Sn$	$Sn^{2+}+2e^{-}\rightleftharpoons Sn$	−0.1366
$Pb^{2+}\|Pb$	$Pb^{2+}+2e^{-}\rightleftharpoons Pb$	−0.1265
$Fe^{3+}\|Fe$	$Fe^{3+}+3e^{-}\rightleftharpoons Fe$	−0.036
$H^{+}\|H_2(g)\|Pt$	$2H^{+}+2e^{-}\rightleftharpoons H_2(g)$	0.0000
$Cu^{2+}\|Cu$	$Cu^{2+}+2e^{-}\rightleftharpoons Cu$	+0.3400
$OH^{-},H_2O\|O_2(g)\|Pt$	$O_2+2H_2O+4e^{-}\rightleftharpoons 4OH^{-}$	+0.401

续表

电极	电极反应	$\varphi^{\ominus}$/V
第一类电极		
Cu^+ | Cu	$Cu^+ + e^- \rightleftharpoons Cu$	+0.522
I^- | $I_2(s)$ | Pt	$I_2(s) + 2e^- \rightleftharpoons 2I^-$	+0.535
Hg_2^{2+} | Hg	$Hg_2^{2+} + 2e^- \rightleftharpoons 2Hg$	+0.7959
Ag^+ | Ag	$Ag^+ + e^- \rightleftharpoons Ag$	+0.7994
Hg^{2+} | Hg	$Hg^{2+} + 2e^- \rightleftharpoons Hg$	+0.851
Br^- | $Br_2(l)$ | Pt	$Br_2(l) + 2e^- \rightleftharpoons 2Br^-$	+1.065
H^+, H_2O | $O_2(g)$ | Pt	$O_2(g) + 4H^+ + 4e^- \rightleftharpoons 2H_2O$	+1.229
Cl^- | $Cl_2(g)$ | Pt	$Cl_2(g) + 2e^- \rightleftharpoons 2Cl^-$	+1.3580
Au^+ | Au	$Au^+ + e^- \rightleftharpoons Au$	+1.68
F^- | $F_2(g)$ | Pt	$F_2(g) + 2e^- \rightleftharpoons 2F^-$	+2.87
第二类电极		
SO_4^{2-} | $PbSO_4(s)$ | Pb	$PbSO_4(s) + 2e^- \rightleftharpoons Pb + SO_4^{2-}$	−0.356
I^- | AgI(s) | Ag	$AgI(s) + e^- \rightleftharpoons Ag + I^-$	−0.1521
Br^- | AgBr(s) | Ag	$AgBr(s) + e^- \rightleftharpoons Ag + Br^-$	+0.0711
Cl^- | AgCl(s) | Ag	$AgCl(s) + e^- \rightleftharpoons Ag + Cl^-$	+0.2221
氧化还原电极		
Cr^{3+}, Cr^{2+} | Pt	$Cr^{3+} + e^- \rightleftharpoons Cr^{2+}$	−0.41
Sn^{4+}, Sn^{2+} | Pt	$Sn^{4+} + 2e^- \rightleftharpoons Sn^{2+}$	+0.15
Cu^{2+}, Cu^+ | Pt	$Cu^{2+} + e^- \rightleftharpoons Cu^+$	+0.158
H^+, 醌, 氢醌 | Pt	$C_6H_4O_2 + 2H^+ + 2e^- \rightleftharpoons C_6H_4(OH)_2$	+0.6993
Fe^{3+}, Fe^{2+} | Pt	$Fe^{3+} + e^- \rightleftharpoons Fe^{2+}$	+0.770
Ti^{3+}, Ti^+ | Pt	$Ti^{3+} + 2e^- \rightleftharpoons Ti^+$	+1.247
Ce^{4+}, Ce^{3+} | Pt	$Ce^{4+} + e^- \rightleftharpoons Ce^{3+}$	+1.61
Co^{3+}, Co^{2+} | Pt	$Co^{3+} + e^- \rightleftharpoons Co^{2+}$	+1.808

附表 21　一些阴离子型表面活性剂的 HLB 值

羧酸盐		磺酸盐		硫酸酯盐	
名称	HLB 值	名称	HLB 值	名称	HLB 值
十二酸钠	20.9	十二烷基磺酸钠	12.3	十二醇硫酸酯钠盐	40.0
十四酸钠	19.9	十四烷基磺酸钠	11.4	十四醇硫酸酯钠盐	39.1
十六酸钠	19.0	十六烷基磺酸钠	10.4	十六醇硫酸酯钠盐	38.1
十八酸钠	18.0	十八烷基磺酸钠	9.4	十八醇硫酸酯钠盐	37.1

附表 22　高分子化合物特性黏度与相对分子质量关系式中的参数表

高聚物	溶剂	t/℃	$K\times10^3$/(mL/g)	α	相对分子质量范围$M\times10^{-4}$
聚丙烯酰胺	水	30	6.31	0.80	2～50
	水	30	68	0.66	1～20
	1mol/L $NaNO_3$	30	37.3	0.66	
聚丙烯腈	二甲基甲酰胺	25	16.6	0.81	5～27
聚甲基丙烯酸甲酯	丙酮	25	7.5	0.70	3～93
聚乙烯醇	水	25	20	0.76	0.6～2.1
	水	30	66.6	0.64	0.6～16
聚己内酰胺	40% H_2SO_4	25	59.2	0.69	0.3～1.3
聚乙酸乙烯酯	丙酮	25	10.8	0.72	0.9～2.5

附表 23　一些非离子型表面活性剂的 HLB 值

聚氧乙烯基数	HLB值			
	聚氧乙烯十二醇醚	聚氧乙烯十八醇醚	聚氧乙烯辛基苯酚醚	聚氧乙烯壬基苯酚醚
1	5.3	3.9	4.9	4.6
3	9.3	7.4	8.8	8.5
5	11.7	9.7	11.1	10.8
10	14.6	12.9	14.1	13.9
15	16.0	14.6	15.6	15.4
20	16.8	15.6	16.5	16.3
30	17.7	16.8	17.4	17.3

附表 24　乳化法确定的一些表面活性剂的 HLB 值

表面活性剂	HLB值	表面活性剂	HLB值
油酸	1.0	聚氧乙烯壬基苯酚醚-9	13.0
Span-85	1.8	聚氧乙烯十二胺-5	13.0
Span-65	2.1	Tween-21	13.3
Span-80	4.3	聚氧乙烯辛基苯酚醚-10	13.5
Span-60	4.7	Tween-60	14.9
聚氧乙烯月桂酸酯-2	6.1	Tween-80	15.0
Span-40	6.7	十二烷基三甲基氯化铵	15.0
聚氧乙烯油酸酯-4	7.7	聚氧乙烯十二胺-15	15.3
Span-20	8.6	Tween-40	15.6
聚氧乙烯月桂酸酯-4	9.4	聚氧乙烯硬脂酸酯-30	16.0
聚氧乙烯十二醇醚-4	9.5	聚氧乙烯硬脂酸酯-40	16.7
Tween-61	9.6	Tween-20	16.7
Tween-81	10.0	聚氧乙烯十八胺-15	16.7
二(十二烷基)二甲基氯化铵	10.0	聚氧乙烯辛基苯酚醚-30	17.0
Tween-85	10.5	油酸钠	18.0
Tween-65	10.5	油酸钾	20.0
十四烷基苯磺酸钠	11.7	十二醇硫酸酯钠盐	40.0
油酸三乙醇胺	12.0		

参 考 文 献

[1] 虞志光．高聚物分子量及其分布的测定［M］．上海：上海科学技术出版社，1984：68-69.

[2] 陈振江，程世贤．物理化学实验［M］．第3版．北京：中国中医药出版社，2012.

[3] 刘志明，吴也平，金丽梅．应用物理化学实验［M］．北京：化学工业出版社，2009.

[4] 王兵，于浩，严峰．物理化学实验［M］．哈尔滨：哈尔滨工程大学出版社，2011.

[5] 韩国彬．物理化学实验［M］．厦门：厦门大学出版社，2010.

[6] 董元彦，路福绥，唐树戈．物理化学［M］．第3版修订．北京：科学出版社，2008.

[7] 刘幸平．物理化学［M］．武汉：华中科技大学出版社，2010.

[8] 高职高专化学教材编写组．物理化学实验［M］．第2版．北京：高等教育出版社，2002.

[9] 董超，李建平．物理化学实验［M］．北京：化学工业出版社，2011.

[10] 华南师范大学化学实验教学中心．物理化学实验［M］．北京：化学工业出版社，2008.

[11] 冯鸣，梅来宝，郭会明．物理化学实验［M］．北京：化学工业出版社，2008.

[12] 唐浩东，吕德义，周向东．新编基础化学实验（Ⅲ）——物理化学实验［M］．北京：化学工业出版社，2008.

[13] 南京大学化学化工学院．物理化学实验［M］．北京：高等教育出版社，2010.

[14] 清华大学等．基础物理化学实验［M］．北京：高等教育出版社，2008.

[15] 东北师范大学等．物理化学实验［M］．第2版．北京：高等教育出版社，1989.

[16] 苏育志．基础化学实验（Ⅲ）［M］．北京：化学工业出版社，2010.

[17] 傅杨武．基础化学实验（Ⅲ）［M］．重庆：重庆大学出版社，2011.

[18] 何畏．物理化学实验［M］．北京：科学出版社，2009.

[19] 龚茂初，王健礼，赵明．物理化学实验［M］．北京：化学工业出版社，2010.

[20] 南京大学物理化学教研室，傅献彩，陈瑞华编．物理化学（下册修订本）［M］．北京：人民教育出版社，1979：181-182.

[21] 袁誉洪．物理化学实验［M］．北京：科学出版社，2008：98-106.

[22] 陆嘉星，刘静霞，陈龙武．乙酸乙酯皂化反应动力学数据测定的紫外光度法，化学通报，1988，(11)：55-56.

[23] 夏海涛．物理化学实验（修订版）［M］．第2版．哈尔滨：哈尔滨工业大学出版社，2004：146-149.

[24] 郑传明，吕桂琴．物理化学实验［M］．北京：北京理工大学出版社，2005：153-155.

[25] 郑秋容，顾文秀．物理化学实验［M］．北京：中国纺织出版社，2010：101-104.

[26] 尹业平，王辉宪．物理化学实验［M］．北京：科学出版社，2006：89-93.

[27] 复旦大学等．物理化学实验［M］．第二版．北京：高等教育出版社，1993：137-140.

[28] 刘展鹏，易兵．物理化学实验［M］．湘潭：湘潭大学出版社，2009：233-238.

[29] 罗鸣，石士考，张雪英．物理化学实验［M］．北京：化学工业出版社，2012：164-166.

[30] 梁敏，邹东恢，赵桦萍，蔗糖水解反应速率常数测定实验的改进．高师理科学刊，2002，22（3）：83-86.